U0170437

飞行安全时空大数据理论与实践

黄荣顺　孙华波　卢宾宾　苗凌云　著

科学出版社

北　京

内 容 简 介

时空大数据是大数据科学的重要分支领域,飞行安全是民航工作的重中之重.飞行安全时空大数据是时空大数据的理论方法在民航安全领域的创新应用.本书在内容上尽可能覆盖飞行数据的采集、译码和时空分析全链路的知识体系.全书共 7 章:第 1 章为绪论;第 2 章为飞行数据采集的基础,介绍了飞行数据的记录装置及原理;第 3 章为飞行安全时空大数据理论;第 4—6 章为时空大数据理论在飞行安全领域的应用研究,重点阐述了空中颠簸和不稳定进近事件的时空分析;第 7 章为综合飞行风险分析.

本书主要面向民航业内外从事飞行安全数据分析的专业人员,包括记录器译码、飞行品质监控、飞行技术、安全大数据分析人员及飞机制造商、航空公司和高等院校等相关专业的技术人员和科研工作者.

审图号:GS (2022) 174 号

图书在版编目(CIP)数据

飞行安全时空大数据理论与实践/黄荣顺等著.—北京:科学出版社,2022.10
ISBN 978-7-03-073133-3

Ⅰ.①飞⋯ Ⅱ.①黄⋯ Ⅲ.①飞行安全–数据处理–研究 Ⅳ.①V328

中国版本图书馆 CIP 数据核字(2022)第 168770 号

责任编辑:李 欣 范培培 / 责任校对:彭珍珍
责任印制:张 倩 / 封面设计:无极书装

科 学 出 版 社 出版
北京东黄城根北街 16 号
邮政编码:100717
http://www.sciencep.com

涿州市般润文化传播有限公司印刷
科学出版社发行 各地新华书店经销
*
2022 年 10 月第 一 版 开本:720 × 1000 1/16
2024 年 1 月第二次印刷 印张:15 1/4
字数:305 000
定价:168.00 元
(如有印装质量问题,我社负责调换)

序　一

安全是民航永恒的主题, 也是民航工作的重中之重. 1997 年, 为扭转中国民航运输航空事故多发的状况, 提高飞行安全水平, 民航局决定在所有运输航空公司强制推行飞行品质监控工程. 中国民航的飞行品质监控自此拉开序幕, 在民航局的指导下, 各运输航空公司根据自身特点积极开展该项工作, 制定监控项目和标准、开展数据分析、发现隐患问题、反馈训练运行, 有效提升了航空公司的飞行安全水平, 行业安全状况不断改善, 运输安全水平迅速提高, 根据 "中国民用航空安全信息系统" 统计, 启动飞行品质监控工程的 1997 年, 我国运输航空百万飞行小时重大事故率十年滚动值为 2.250, 约为当时世界平均水平的两倍, 到 2012 年, 同一滚动值仅为 0.0863, 约为世界平均水平的三分之一. 为了进一步挖掘飞行品质监控在发现行业性和系统性风险中的作用, 巩固安全诚信体系, 2012 年, 我代表飞行标准司向民航局党组提出建设中国民航飞行品质监控系统的建议, 获得原则同意; 2013 年底, 民航局批复中国民航飞行品质监控基站建设项目; 2017 年底, 局方基站一期项目上线运行. 飞行品质监控基站的建设在全球首次打破了航空公司间的数据壁垒, 实现了国家级行业运输航空飞行数据的汇聚, 为探寻行业系统性安全风险, 研究民航安全规律, 进一步提升行业安全水平, 促进民航强国建设奠定了坚实的数据基石.

民航飞机在地表大气环境中运行, 飞行安全与飞行员操控、飞机健康状态及所处的飞行环境息息相关, 如何有效利用海量飞行数据结合气象、地形等时空数据进行融合和深层次挖掘, 探索飞行风险的时空分布规律和飞行风险的预警模型, 成为数据汇聚之后需要解决的科学问题. 飞行品质监控基站的建立, 有效解决了数据获取不易导致的民航飞行安全时空大数据分析挖掘的研究和应用滞后的问题, 促进了相关研究的发展. 本书作者及其团队在国家科研项目的支持下, 与武汉大学地理时空大数据分析团队强强联手, 以飞行安全大数据为基础, 研究飞行数据地理计算与挖掘分析方法, 从时间维度和空间维度对多源融合数据进行抽取和聚类分析, 探索飞行风险的时空分布规律, 实现飞行风险影响要素的定性定量关联分析. 该研究使飞行超限事件发生诱因由定性向定量分析发展, 为飞行安全风险探测和预警提供了更加有效、精确和有针对性的分析参考依据.

飞行安全需要凝聚各方面的力量, 希望有更多的学者、专业技术人员, 包括民航飞行、机务、空管和签派人员投入到飞行安全时空大数据交叉应用领域的研究中, 为提升民航飞行安全贡献技术经验与理论研究成果.

中国民用航空局总飞行师

2022 年 6 月

序　二

2018 年, 中国民航科学技术研究院与武汉大学联合承担了国家自然科学基金民航联合基金重点项目"基于多源数据融合的飞行风险时空分析与预警研究". 面向民航飞行安全, 以行业快速存取记录器 (Quick Access Recorder, QAR) 大数据为基础, 将时空统计、地理加权建模、时空可视化、人工智能等时空大数据挖掘分析技术应用于民航飞行风险感知、模式分析与预警研究, 历经多年的技术探索与应用分析, 汇聚形成了《飞行安全时空大数据理论与实践》一书的主要内容. 该书构建了 QAR 数据采集-译码-处理-分析全链路知识体系, 同时立足民航飞行安全深入探讨了飞行风险时空统计与分析技术理论框架, 从"数智"角度改善民航行业分析、监测与预警决策机制, 对我国民航安全水平提升做出了基础性贡献.

我很高兴看到通过中国民航科学技术研究院与武汉大学科研团队的共同努力, 将时空大数据挖掘分析技术应用于民航 QAR 海量数据分析, 一方面对中国民航飞行品质监控基站 QAR 行业数据金矿的价值进行了挖掘, 另一方面高维、异构、巨量的 QAR 数据分析应用也为时空大数据挖掘分析技术发展与性能提升起到了积极作用, 实现了技术与应用的交互正向反馈. 目前, 民航时空大数据分析挖掘的研究和应用仍处于快速发展阶段, 未来的工作仍面临很大挑战. 此外, 随着遥感测绘技术的发展与成熟, 高分卫星遥感技术在机场选址规划、机场净空区监测、机场环境监测、机场改迁建等全生命周期管理过程中将发挥极大作用, 武汉大学正在发展自主的全球首个专用深度学习遥感框架, 建立一套大范围、高精度、多类型开源样本数据库, 设计遥感专用的深度学习神经网络. 相信随着合作的不断深入, 高分卫星遥感技术也将在民航行业发挥巨大价值, 为提升民航行业机场建设效率、运行效益和民航安全水平等做出基础性贡献.

希望该书的出版能够为行业科技工作者提供有益的启发和参考. 希望有更多学者、技术人员能够投入到这一新的交叉应用领域的研究中, 推动民航行业时空大数据技术的全面发展.

中国科学院院士

2022 年 6 月

前　　言

安全是民航业的生命线, 飞行安全是民航安全的重中之重. 中国民航长期以来坚持安全发展理念, 秉持安全第一、预防为主、综合治理的方针, 形成了系统的安全监管体系, 安全管理水平保持全球领先, 创造了世界民航历史上最好的持续安全飞行记录.

值得注意的是, 飞行安全是一项系统工程, 需要综合考虑飞行状态、飞机保养维修、飞行天气、人员资质、操作技能、人为因素、空防安全等诸多因素, 微小隐患都可能引发重大风险. "墨菲定律" 指出, 防范事故必须从大量的事故征兆、苗头、隐患入手. 以实验验证、理论推演、计算机模拟仿真为代表的传统研究范式难以准确阐述飞行安全风险的演变机理和发展周期, 迫切需要发展以大数据为驱动的研究范式, 对海量数据资源进行高效处理, 对飞行安全风险进行及时预测. 时空大数据作为大数据科学的重要分支, 相关研究为飞行安全提供了良好支撑.

本书吸收了中国民航安全监管的成功经验, 重点围绕飞行安全时空大数据分析理论, 尽可能涵盖飞行数据的采集、译码和分析全链路知识体系, 将时空大数据理论与典型飞行风险案例分析深度融合, 通过数据挖掘和模型推演, 揭示了飞行安全管理的共性规律, 完善了飞行安全风险预测的参考判据. 通过理论联系实践, 本书对时空大数据理论方法在民航安全领域应用进行了创新和探索, 为航空安全从业人员提供了可借鉴的参考. 同时, 本书也总结了通过大数据技术研究更好地保障飞行安全仍面临的一些挑战: 需要发展结构、非结构化数据的建模方法与索引结构, 提升大数据的数据质量; 需要发展新型数据挖掘算法和高维数据分析方法, 提升大数据的分析能力; 需要研制更多的大数据产品和分析工具, 提升大数据的应用水平; 还需要发展新型计算框架和数据管理方法, 提升大数据的决策效率; 等等. 这些都需要行业内外群策群力, 共同研究解决.

全书共 7 章, 第 1 章由黄荣顺研究员撰写, 第 2 章由苗凌云研究员撰写, 第 3 章由孙华波博士、卢宾宾博士共同撰写, 第 4—6 章由黄荣顺、孙华波和卢宾宾共同撰写, 第 7 章由孙华波、卢宾宾撰写, 全书由黄荣顺和孙华波统稿. 参与编写的还有工纯、吴梦月、伍琛、谢嘉仪、王一喆、焦洋、王其新、董锦涛、张潇月、王一等同志. 本书得到了国家自然科学基金民航联合基金项目 (编号: U1833201、U1533102) 的资助, 在此深表谢意.

本书作为民航飞行安全数据分析的专业书籍, 主要面向民航业内外从事飞行安全数据分析的专业人员, 包括记录器译码、飞行品质监控、飞行技术、安全大数据分析人员及飞机制造商、航空公司和高等院校相关专业的技术人员和科研工作者. 限于时间和作者的水平, 书中难免有不足之处, 欢迎读者不吝指正.

作　者

2022 年 6 月

目　录

第 1 章 绪 论

1.1 引 言

随着现代科技的发展, 人类的出行方式越来越多样化, 汽车、火车、轮船、飞机等交通工具大大扩展了人们的活动范围, 并缩短了旅途中的时间. 而在出行的过程中, 安全是人们最关心的问题. 在诸多交通工具之中, 飞机发生事故的概率是较低的, 但是其事故的严重程度较高、造成的社会影响较大, 因此往往最受人们关注. 安全是民航永恒的主题, 也是民航工作的重中之重. 作为世界第二航空运输大国, 中国民航每天约有 1.6 万个航班在起降, 只有保障每一个航班的飞行安全, 才能保障民航的整体安全.

飞行品质监控 (Flight Operational Quality Assurance, FOQA) 是目前国际上公认的保证飞行安全的重要手段, 得到了世界民航业的普遍认可. 1997 年, 为改变中国民航事故频发的状况, 提高飞行安全水平, 中国民用航空总局 (民航局) 决定在所有运输航空公司强制推行飞行品质监控工程, 要求从 1998 年 1 月 1 日起, 在中国境内注册并营运的运输飞机应当安装快速存取记录器 (Quick Access Recorder, QAR) 或等效设备, 利用 QAR 记录的飞行数据, 对飞行操纵、飞机性能等进行监控, 及时发现与标准飞行程序之间的操纵偏差及飞机性能偏差, 分析查找原因, 制定改进措施指导运行, 并通过后续飞行检验措施的有效性, 通过循环往复的改进保障飞行安全. 我国成为世界首个强制开展飞行品质监控的国家, 通过 20 多年的努力, 中国民航运输安全水平取得了长足进步, 实现了从跟跑到并跑再到领跑的转变.

为有效全面掌控所有运输航空公司的飞行安全状况, 2013 年底, 民航局正式批复中国民航飞行品质监控基站建设项目, 指定由中国民航科学技术研究院负责收集、处理与分析中国民航所有运输飞机 QAR 记录的全部数据, 该数据具备了时空大数据的属性 (QAR 记录的参数主要包括时间、经纬度、高度、速度、风速、温度、近地警告、飞行姿态等多达 2000 多个参数, 这些参数可以反映飞机的时间属性、空间属性、飞行员操控属性、发动机性能属性等维度信息, 参数记录频率多为 1 秒 1 次, 部分参数可达 1 秒 8 次). 2017 年 12 月 31 日, 基站一期工程验收通过并上线运行, 截至 2021 年 12 月 31 日, 已实现中国民航全部 54 家按 CCAR-121 (China Civil Aviation Regulations) 部运行的运输航空公司的 3900

余架飞机的飞行数据航后自动汇聚到基站. 该基站的建设在世界上首次实现了国家级全行业飞行数据的汇聚, 为研究飞行风险, 提升飞行安全水平提供了完备的数据保障.

目前, 飞行品质监控多以超限事件探测和统计分析为主, 分析超限事件在不同机型、不同机场和不同航线的发生率, 统计分析方法局限于表象特征的分析, 缺乏结合空间地理信息和气象信息诱因的关联综合分析. 纵观国内外 FOQA 研究领域, 缺乏一本能够系统、深入地讲解 FOQA 数据的采集、译码、监控、挖掘分析及应用的教学参考书, 这也是作者撰写本书的初衷.

1.2 飞行数据监控

飞行品质监控亦称为 FDM(Flight Data Monitoring) 或者 FDA(Flight Data Analysis), 通过收集和分析日常飞行数据, 尽早地识别出不符合标准的操作、存在缺陷的程序、航空器性能的衰减、空中交通管制系统的不完善等安全隐患, 以便提高飞行机组的操作品质、改进标准操作程序、完善飞行训练大纲、优化空中交通管制程序、改善空中航行服务或航空器维修和设计、减少运行和维护成本以及为安全管理中的风险管理提供数据和信息支持, 是国际上公认的保证飞行安全的重要手段之一, 已得到世界民航业的普遍认可.

飞行品质监控作为国际上公认的规避飞行风险的有效技术手段, 于 1958 年由美国民用航空局最早提出, 但由于飞行数据的保密问题, 项目没有开展起来. 1962 年, 英国率先开展飞行品质项目研究, 利用飞机上的记录数据来确认适航标准. 1993 年, 美国飞行安全基金会全面系统地提出了飞行操作质量保证计划的概念和框架, 即飞行品质监控项目. 1995 年, 美国联邦航空局开展了一项为期三年的 FOQA 项目, 目的是对实施 FOQA 项目的成本、航空公司获得的效益和该项目对提高飞行安全的程度进行研究. 2004 年, 美国联邦航空局发布了飞行运行品质保证的咨询通告[1], 强调了飞行数据统计分析的重要性; 2011 年, 澳大利亚民航局 CASA 发布了飞行数据分析纳入安全管理体系 (Safety Management System, SMS) 的要求和指南[2]; 2012 年, 英国民航局发布了 2011—2013 年安全规划[3], 就如何构建基于飞行数据的先兆指标[4] 进行了规定, 安全规划中 7 个关键风险 (Significant Seven) 的安全绩效指标来自典型 QAR 事件. 2013 年, 英国民航局发布了 CAP 739 (《飞行数据监测》)[5], 强调将飞行数据监测与 SMS 融合的必要性和方法; 2014 年, 国际民航组织发布的 Doc 10000 (飞行数据分析方案, Flight Data Analysis Program)[6] 中, 使用大量篇幅提出将飞行数据分析纳入 SMS 的目标和必要性. FOQA 项目的结果显示, 监控飞行品质能够提高民用航空安全系数、发现潜在危险因素, 同时也提高了各个航空公司多方面的效益. 近年来在欧洲航空安全局的指导下, 欧洲各运输航空公司联合成立了欧洲运营商飞行数据管理委员会, 推进各航空公司的飞行品质监控项目开展. 由于各航空公司数据的保密性问题, 国际上关于 FOQA 研究的论文甚少, 无法获取飞行品质监控项目的标准、模型和核心技术.

与国外相比, 我国民航在 20 世纪 80 年代引入了飞行品质监控的译码技术, 但当时只有少数几个航空公司在研究, 我国全面开展飞行品质监控的研究和应用工作开始于 20 世纪 90 年代中后期. 国内的飞行品质监控研究分为两个层面, 一是数据层面, 目前国内各运输航空公司都建立了飞行品质监控相关部门, 负责对各公司的飞机 QAR 数据进行监控与分析, 存在分而治之且相互独立的行业现状. 由于数据保密性的原因, 各公司根据自身的需求和数据, 设立监控标准, 进行数据分析, 研发了一些实用的应用程序 (APP) 等, 对公司提升飞行安全起到了积极作用. 但从全局理论分析的角度来看, 大多数分析以安全事件为中心, 主要围绕对不同机型或超限事件直观分类统计和回归分析, 局限于样本数小, 仅对表象特征分析, 鲜有综合利用多源时空信息和关联事件多方面诱因进行综合分析, 缺乏对飞行品质监控信息深层次、系统性的挖掘与应用. 二是学术研究层面, 开展 FOQA 研究的机构主要集中在民航领域的院所, 如中国民航科学技术研究院、中国民航大学等, 少量业外的高校参与其中, 主要原因还是在于数据的分散和保密问题, 由于缺乏多学科的介入和融合, 学术研究成果相对较少. 研究成果主要集中在风险预测[7]、事故分析[8]、发动机监控[9]、飞机系统故障预测与诊断[10] 等专题领域, 关于民航时空大数据分析的研究几乎还是空白. 随着行业飞行品质监控基站的建立和大数据技术的发展和应用, 整合集成全行业的 QAR 数据, 消除数据孤岛, 进行多学科、深层次的交叉融合研究, 已成为满足民航大数据建设战略需求的重要手段和提升民航飞行安全的重要抓手.

中国民航飞行品质监控基站的建设, 为研究飞行风险、提升飞行安全提供了完备的数据保障. FOQA 的研究, 经历了从 QAR 到 WQAR (Wireless Quick Access Recorder), 直至将来的 ATG (Air to Ground), 硬件采集装置逐步升级换代.

1.3 时空大数据

1.3.1 时空大数据概述

随着人工智能以及物联网等新型技术的迅速发展, 人们的位置、行为以及环境中的每一点变化都成为可以用来感知、记录、存储、分析以及利用的数据, 全球信息化的进程已经迈入 "大数据时代". 与时空位置相关的时空大数据是当今最重要的大数据之一, 时空大数据通过所在空间的空间实体与空间现象在时间、空间以及属性三个方面的固有特征, 呈现出多维、语义以及时空动态关联的复杂性.

时间、空间和属性是构成地理信息的三个基本要素. 时空数据是指以地球为对象, 基于统一时空基准, 与位置相关联的地理要素或现象的数据集, 具有空间维、属性维和时间维等基本特征. 其中, 空间维指地理信息具有精确的三维空间位置 (S-XYZ) 或空间分布特征; 属性维指空间维上可加载的各种相关信息具有多维特征, 需要一个科学的分类体系和标准编码体系; 时间维指地理信息是随时间的变化而变化的, 具有时态性, 需要一个精确的时间基准.

时空数据的本质功能, 是反映地理世界各要素或现象的数量和质量特征、空间结构和空间关系及其随时间的变化, 是人类认知地理世界的基础. 时空数据反映人类活动的时空规律, 是一切大数据集合和聚合的基础时空框架, 是各部门各行业信息系统的基础时空信息共享平台. 随着卫星导航定位技术、天地空一体化遥感技术、地理信息系统技术以及计算机网络技术的发展, 地球表面的集合特征和物理特征等, 已经成为可被感知、记录、存储、分析和利用的地理时空数据.

因为时空大数据所在的空间以及空间现象中有时间、空间以及属性三个方面的属性, 呈现出了多维、语义以及时间动态关联的复杂性. 同时, 通过时空模式挖掘、时空聚类、时空分类、时空异常检测等手段对时空大数据进行挖掘, 挖掘时空大数据中有价值的模式[11]. 通过时空数据挖掘多维关联描述的形式化的表达以及关联挖掘分析, 时空大数据的协同计算以及重构可以提供快速而准确的面向任务的关联约束, 并展现出以下的特点[12]:

(1) 时空大数据包含对象、过程、事件在空间、时间、语义等方面的关联关系.

(2) 时空大数据具有时变、空变、动态、多维演化特点, 这些基于对象、过程、事件的时空变化是可度量的, 其变化过程可作为事件来描述, 通过对象、过程与事件的关联映射, 建立时空大数据的动态关联模型.

(3) 时空大数据具有尺度特性, 可建立时空大数据时空演化关联关系的尺度选择机制; 针对不同尺度的时空大数据的时空演化特点, 可实现对象、过程、事件关联关系的尺度转换与重建, 进而实现时空大数据的多尺度关联分析.

(4) 时空大数据时空变化具有多类型、多尺度、多维、动态关联特点, 对关联约束可进行面向任务的分类分级, 建立面向任务的关联约束选择、重构与更新机制, 根据关联约束之间的相关性, 可建立面向任务的关联约束启发式生成方法.

(5) 时空大数据具有时间和空间维度上的特点, 实时地抽取阶段行为特征, 以及参考时空关联约束建立态势模型, 实时地觉察、理解和预测导致某特定阶段行为发生的态势. 可针对时空大数据事件理解与预测问题, 研究空间大数据事件行为的本体建模和规则库构建, 为异常事件的模式挖掘和主动预警提供知识保障, 可针对相似的行为特征、时空约束和事件级别来挖掘事件模式并构建大尺度事件及其应对方案的规则库.

1.3.2 时空大数据研究进展

近年来, 面向人类活动的时空大数据逐渐被挖掘、利用, 生成各类智慧服务并渗透到人们生活的各方面, 如图 1-1 所示. 在智慧经济方面, 企业利用数据挖掘技术, 从客户消费的时空大数据中获取人们消费习惯, 并划分成不同的消费群体, 从而有针对性地投放产品, 实现精准营销[13]; 在智慧交通方面, 通过分析人流和车辆移动轨迹的时空大数据, 可以预测路段的人流密度与交通状况, 从而有效改善交通拥堵现象[14]; 在智慧医疗方面, 通过对海量病历数据进行分析建模, 可以了解人群疾病的时空分布规律, 从而及时进行疾病的预防和控制[15].

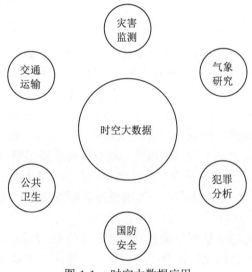

图 1-1 时空大数据应用

时空大数据分析应用遍及智能交通[16]、人类行为[17]、城市信息学[18] 等诸多领域. 特别在交通运输领域方面, 出租车轨迹[19]、公交地铁数据[20]、铁路数据和移动互联网位置数据[14] 等时空大数据在行为模式分析、客流量预测、城市交通状况评估等方面进行了深入的应用. 而在民航交通领域, 海量 QAR 大数据的整理与收集为飞行风险方面的研究与探索提供了一个巨大的 "数据金矿". 例如, 根据四川航空公司航线飞行的 A319 和 A320 机型的 QAR 过载数据分析了高原航线上飞机颠簸出现航线分布及高度分布规律[22]. 但受限于之前的数据采集渠道, 针对民航行业 QAR 飞行大数据全面分析的挖掘还非常缺乏. 借助于中国民航飞行品质监控基站所采集的民航全行业 QAR 数据, 本书将围绕民航行业 QAR 大数据, 采用机器学习、时空统计、大数据分析等技术手段针对典型的飞行风险进行全面挖掘与分析, 充分发挥 QAR 大数据价值, 探索大数据时代民航飞行风险挖掘与分析的新方法.

1.3.3 时空大数据挖掘

时空数据分析主要是对时空数据通过数据转换、处理以及信息提取等操作, 为用户提供决策依据. 而相较于一般的时空数据分析, 时空数据挖掘综合了人工智能、机器学习等交叉领域方法, 旨在从大规模数据集中发现高层次的模式和规律, 揭示时空数据中具有丰富价值的知识, 为对象的时空行为模式和内在规律探索提供支撑. 目前, 时空大数据挖掘作为一个新兴的研究方法, 已在众多领域得到广泛应用, 如交通监管[23]、犯罪预测[16]、环境监测[17]、社交网络[18] 等.

1. 面向地理环境的时空大数据挖掘

随着对地观测技术的进步, 各类遥感数据呈现指数级增长并逐步积累, 成为一类典型的时空大数据, 即 "遥感大数据". 2018 年 2 月, 中国科学院正式启动 A类战略性先导科技专项 "地球大数据科学工程" (CASEarth), 它的目标是建成具有全球影响力的、开放性的国际地球大数据科学中心, 逐渐突破技术瓶颈, 形成资源、环境、生态等多学科领域融合、独具特色的地球大数据云服务平台, 肩负起国家宏观决策与重大科学发现的重任. 但是目前的遥感影像分析与处理技术与"遥感大数据" 之间不匹配导致现有的技术难以对遥感大数据进行充分的挖掘, 因此, 基于遥感大数据的特点对遥感大数据进行数据挖掘是目前遥感领域的前沿问题之一.

目前可以通过遥感大数据挖掘发现不同尺度下的地理空间演变规律, 同时还被应用在反映人类社会活动的社会经济估算、环境污染监测以及城市化检测等方面, 例如基于遥感大数据实现夜光遥感影像支持下的全球社会经济动态监测[24]. 传统方式调查全球社会经济数据主要依赖于统计部门、国际组织以及各国媒体. 一般而言, 传统调查方式获得全球社会经济数据的时效性较差. 特别对于统计力量薄弱或政局不稳定的国家而言, 获取社会经济信息较为困难并且可信度较低. 夜间灯光 (夜光) 遥感为监测全球社会经济动态提供了一条新的途径. 大量的统计分析表明, 世界各国生产总值的空间分布与夜间灯光存在较强的相关性. 同时, 李德仁等在 2013 年提出了基于 "OpenRS-Cloud" 的遥感大数据挖掘平台, 充分利用分布式计算的优势对多源、海量遥感数据进行存储、分析等, 实现了遥感大数据的高效存取, 进而利用机器学习、人工神经网络、云模型等方法逐步探索遥感大数据间蕴藏的内在联系及知识, 进一步实现从遥感数据到知识的转变.

2. 面向人类社会活动的时空大数据挖掘

随着互联网技术以及社交媒体平台的不断发展和进步, 人类活动每时每刻都会产生大量的时空数据, 具有位置坐标和时间标签, 具体包括移动轨迹数据、社交媒体数据、购物订单数据、手机信令数据等. 这些数据记录人类的日常生活, 蕴含着人类活动的潜在规律, 且它们正以前所未有的速度和规模增长和累积, 亟待被合理、高效、充分地挖掘应用. 移动轨迹大数据挖掘与社交媒体大数据挖掘是两种最具有代表性的面向人类社会活动的时空大数据挖掘. 移动轨迹数据是在时空维度下对运动物体的移动过程进行数据收集所获得的数据信息, 具有规模大、种类多、变化快、价值高但同时也拥有密度低、精度低等特点, 包括浮动车轨迹数据以及人类出行轨迹数据等. 这类大数据刻画了个体和群体在时空环境下的时空的动态性, 蕴含着人类与车辆等对象的移动模式以及行为特征, 在城市规划、交通预测以及个性化推荐服务等应用中展现了重要的价值[21]. 上述的云计算等数据处理方法为移动轨迹数据分析以及深度挖掘提供了新的发展方向.

文献 [14] 提出了一种实时预测框架, 用于预测短期的交通状况, 帮助用户避免陷入交通阻塞. 文献 [15] 分析全球 2009 年甲型 H1N1 流感大流行早期疫情的点空间分布模式, 通过对比历史数据, 发现国际旅行是流感传播的重要途径, 并在本次流感大流行前期主导着流感跨国传播方向, 这为以后的高致病性禽流感灾害的防控提供借鉴和依据. 文献 [16] 发现诈骗犯罪活动具有明显的时间选择性, 而盗窃和侵权犯罪活动在一天之内分布得比较平均, 通过对罪犯行为、动机、罪案现场、时间和被害人信息进行时空分析, 可以为犯罪案件侦查、犯罪预防提供帮助. 文献 [17] 对美国艾奥瓦州东部 66 个气象观测站, 从 1951 年至 2000 年的月平均最低气温数据进行时空特征分析和建模, 研究气温的时空变化趋势, 为气象的准确预报提供依据. 文献 [18] 通过用户共享的全球定位系统 (Global Position System, GPS) 轨迹数据, 为用户推荐最感兴趣的旅游景点和游览次序.

1.4　飞行安全时空大数据

飞行数据本身具有时空属性, 民航飞机在地表大气环境中运行, 在对流层起降、在平流层巡航, 地形、地貌和气象等不同时空的地理因素对飞机安全均产生直接的影响, 不同尺度的地形、地貌在不同时间会在对流层产生不同的局部气象条件, 不同季节及不同的光照、温度条件也会对平流层的气流扰动产生影响, 从而可能出现影响飞行安全的雷暴、雷雨、冰雪、风切变、扬沙、低能见等不良天气条件, 导致飞机出现遭雷击、结冰、颠簸、失速、近地告警等危及飞行安全的风险事件. 如何有效利用海量 QAR 数据结合气象、地形等时空数据进行融合和深层次挖掘, 探索显性飞行风险的时空分布规律和隐性飞行风险的预警模型, 成为迫切需要解决的科学问题.

通过 QAR 数据与气象、地形等时空数据的融合与关联分析, 研究 QAR 数据地理计算与挖掘分析方法, 探索飞行风险的时空分布规律, 构建民航飞行风险预警模型, 开发可视化分析平台, 可以填补 QAR 数据在时空分析方面的研究空白. 飞行安全时空大数据研究将使飞行超限事件发生诱因由定性向定量分析发展, 推进超限事件发生发展趋势预测, 为飞行安全预警管理提供更加有效、精确和有针对性的分析参考依据. 从时间维和空间维对多源融合数据进行抽取和聚类分析, 实现飞行风险影响要素的定性定量关联分析; 构建飞行风险时空预警模型及时空可视化平台, 为全行业减少或规避飞行风险的发生提供精准预警的可能. 本项研究具有全局性、前瞻性和较大的理论价值, 在进一步提升飞行安全水平方面, 具有广泛的应用前景.

总体来说, QAR 数据所表征的飞行风险与气象、地形等要素密切相关. 从查阅的参考文献来看, 尽管国内外学者在时空大数据和飞行风险方面做了许多研究工作, 但由于学界难以获取行业 QAR 数据, 有关 QAR 数据与气象、地形等数据进行融合与时空分析的研究很少. 在国家自然科学基金民航重点基金项目的资助下, 本书重点阐述了已开展的基于多源数据融合的飞行风险时空分析与预警研究, 以数据融合为基础, 以时空分析为手段, 以风险预警为目标, 将时空大数据的新理论和新方法引入到飞行风险时空分析与预警研究领域, 为减少、规避飞行风险、提升飞行安全探索一种全新的数据分析模式和解决方案, 从而为提升我国的民航飞行安全做出原创性、基础性贡献.

本书的研究成果, 主要体现在如下两点:

(1) 构建飞行安全时空大数据的理论和方法体系. 围绕时空大数据科学理论、时空大数据计算系统与科学理论、时空大数据驱动的颠覆性应用模型探索等, 开展重大基础研究, 包括全球时空基准统一理论、时空大数据不确定性理论、多源异构时空大数据集成、融合与同化理论、时空大数据尺度理论、时空大数据统计分析模型与挖掘算法、时空大数据快速可视化方法等, 构建时空大数据理论与方法体系.

(2) 构建飞行安全时空大数据的技术体系. 采用 "政产学研用" 相结合协同创新模式和基于开源社区的开放创新模式, 围绕时空大数据存储管理、时空大数据智能综合与多尺度时空数据库自动生成及增量级联更新、时空大数据清洗、分析与挖掘、时空大数据可视化、自然语言理解、深度学习与深度增强学习、人类自然智能与人工智能深度融合、信息安全等领域进行创新性研究, 形成时空大数据的技术体系, 提升时空大数据分析与处理能力、知识发现能力和决策支持能力, 实现 "数据 → 信息 → 知识 → 辅助决策" 到 "数据 → 知识 → 辅助决策" 的转变.

1.5 小 结

本章分析了国内民航在飞行品质监控方面发展不均衡不完善的问题, 立足于当下的大数据时代, 分析了时空大数据的广泛应用, 结合丰富的 QAR 数据资源, 以此为基础, 提出了基于多源数据融合的飞行风险时空分析与预警的研究.

第 2 章　飞行数据记录系统

2.1　飞行数据记录器

2.1.1　飞行记录器概述

飞行记录器 (Flight Recorder) 俗称 "黑匣子", 与航空本身同样具有悠久的历史, 最初的主要目的是在飞机上记录一组参数满足飞行后分析的需要, 以便在飞行试验中改进飞机设计. 真正意义的飞行记录器出现在 20 世纪 40 年代, 二战之后, 飞行记录器实际使用, 伴随调查需求和记录技术的提高逐步发展完善. 首架喷气式飞机的引入, 以及随后发生的一系列事故, 导致政府要求安装具有保护装置的碰撞记录仪, 用于协助调查飞机事故. 目前, 飞行记录器按记录内容分主要包括四种类型:

(1) 飞行数据记录器 (Flight Data Recorder, FDR), 实物如图 2-1 所示, 可以记录航空器飞行状态、机组操作、系统及设备运行、外界环境等各种数据. FDR 要求至少记录最后 25h 的飞行数据, 以循环方式记录.

(2) 驾驶舱话音记录器 (Cockpit Voice Recorder, CVR), 实物如图 2-2 所示, 记录驾驶舱内的各种声音, 包括: 空地通话、机组内话及环境背景声音. CVR 要求至少记录最后 30min、2h 或 25h 的舱音信息, 以循环方式记录.

(3) 组合式飞行记录器, 实物如图 2-3 所示, 同时记录飞行数据、驾驶舱话音的信息, 可以记录 25h 的数据和至少 30min 的声音.

(4) 组合式飞行记录器 FDR/CVR/AIR-DLK, 记录飞行数据、驾驶舱话音以及空地数据链的信息.

(a) Honeywell 固态飞行数据记录器　　　　(b) L-3 COM 固态飞行数据记录器

图 2-1　飞行数据记录器

(a) Honeywell 固态驾驶舱话音记录器　　　(b) L-3 COM 固态驾驶舱话音记录器

图 2-2　驾驶舱话音记录器

图 2-3　L-3 COM 固态组合式飞行记录器

　　飞行记录器还可以分为带防损毁保护装置的记录器和不带防损毁保护装置的记录器. FDR 和 CVR 都是带保护装置的记录器, 主要用于事故/征候调查使用, 外形特征有白色荧光条带 (反射外部光源, 用于晚间搜寻)、水下定位信标 (自备电池, 水导电接通, 自动发射 37.5kHz 固定频率的超声波信号, 可以在水下 6000m 连续工作 30 天); 快速存取记录器 (Quick Access Recorder, QAR)、数字式飞机状态监控系统记录器 (Digital ACMS Recorder, DAR) 和快速舱音记录器 (Easy Cockpit Voice Recorder, ECVR) 则是不带保护装置的记录器, 主要用于日常数据分析.

2.1.2　记录参数的发展

　　早期的飞行数据记录器仅记录高度、空速、航向、垂直加速度和时间 5 个参数. 1972 年 12 月 10 日, 美国联邦航空管理局 (Federal Aviation Administration, FAA) 对飞行数据记录器法规进行了修订, 要求增加自 1969 年 9 月 30 日以后获得型号认证的运输类飞机记录参数的数量. 除现有参数外, 还要求增加记录俯仰、滚转、每台发动机推力、襟翼位置、飞行控制输入或操纵舵面 (升降舵、方向舵、副翼) 位置、横向过载、俯仰配平、每台发动机反推等参数.

　　美国国家运输安全委员会 (National Transportation Safety Board, NTSB) 在 1957 年颁布的 FDR 法规后的 30 年间, 多次向 FAA 建议, 要求提高记录器记录标准, 以满足事故调查工作的需要. 例如: 改装现有记录 5 个参数的运输类飞机, 使其能记录 11 个参数; 对于新出厂的运输类飞机, 增加参数记录量; 等等. 但是, FAA 因费用原因没有采纳 NTSB 的相关建议. 20 世纪 80 年代, 接连发生的一系列飞行事故, 促使 FAA 在原有记录器法规的基础上, 分别于 1987 年和 1988 年对法规进行了修订, 有关记录参数方面的调整包括: 1969 年 10 月前取得型号合格证的飞机, 记录参数应增加俯仰和滚转姿态、侧向过载、每台发动机推力、驾驶杆位置或俯仰控制舵面位置等; 1991 年 10 月 11 日以后生产的 20 座以上运输类飞机, 要求以数字方式记录 28 个参数; 等等, 美国联邦航空条例 121.344 条款对记录参数的要求如图 2-4 所示.

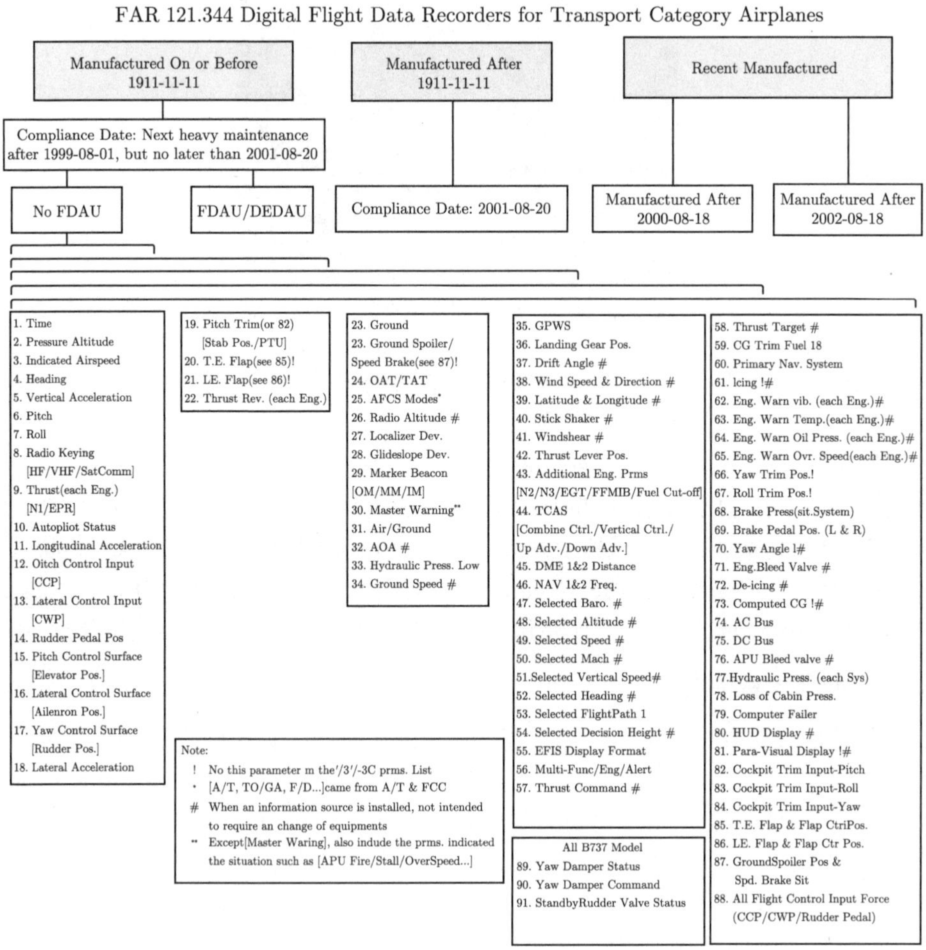

FAR 121.344 Digital Flight Data Recorders for Transport Category Airplanes

Manufactured On or Before 1911-11-11	Manufactured After 1911-11-11	Recent Manufactured

Compliance Date: Next heavy maintenance after 1999-08-01, but no later than 2001-08-20

No FDAU	FDAU/DEDAU	Compliance Date: 2001-08-20	Manufactured After 2000-08-18	Manufactured After 2002-08-18

1. Time	19. Pitch Trim(or 82) [Stab Pos./PTU]	23. Ground	35. GPWS	58. Thrust Target #
2. Pressure Altitude	20. T.E. Flap(see 85)!	23. Ground Spoiler/ Speed Brake(see 87)!	36. Landing Gear Pos.	59. CG Trim Fuel 18
3. Indicated Airspeed	21. LE. Flap(see 86)!	24. OAT/TAT	37. Drift Angle #	60. Primary Nav. System
4. Heading	22. Thrust Rev. (each Eng.)	25. AFCS Modes*	38. Wind Speed & Direction #	61. Icing !#
5. Vertical Acceleration		26. Radio Altitude #	39. Latitude & Longitude #	62. Eng. Warn vib. (each Eng.)#
6. Pitch		27. Localizer Dev.	40. Stick Shaker #	63. Eng. Warn Temp.(each Eng.)#
7. Roll		28. Glideslope Dev.	41. Windshear #	64. Eng. Warn Oil Pres. (each Eng.)#
8. Radio Keying [HF/VHF/SatComm]		29. Marker Beacon [OM/MM/IM]	42. Thrust Lever Pos.	65. Eng. Warn Ovr. Speed(each Eng.)#
9. Thrust(each Eng.) [N1/EPR]		30. Master Warning**	43. Additional Eng. Prms [N2/N3/EGT/FFMIB/Fuel Cut-off]	66. Yaw Trim Pos.!
10. Autopliot Status		31. Air/Ground	44. TCAS [Combine Ctrl./Vertical Ctrl./ Up Adv./Down Adv.]	67. Roll Trim Pos.!
11. Longitudinal Acceleration		32. AOA #	45. DME 1&2 Distance	68. Brake Press(sit.System)
12. Oitch Control Input [CCP]		33. Hydraulic Press. Low	46. NAV 1&2 Freq.	69. Brake Pedal Pos. (L & R)
13. Lateral Control Input [CWP]		34. Ground Speed #	47. Selected Baro. #	70. Yaw Angle !#
14. Rudder Pedal Pos.			48. Selected Altitude #	71. Eng.Bleed Valve #
15. Pitch Control Surface [Elevator Pos.]			49. Selected Speed #	72. De-icing !#
16. Lateral Control Surface [Ailenron Pos.]			50. Selected Mach #	73. Computed CG !#
17. Yaw Control Surface [Rudder Pos.]			51.Selected Vertical Speed#	74. AC Bus
18. Lateral Acceleration			52. Selected Heading #	75. DC Bus
			53. Selected FlightPath 1	76. APU Bleed valve #
			54. Selected Decision Height #	77.Hydraulic Press. (each Sys)
	Note:		55. EFIS Display Format	78. Loss of Cabin Press.
	! No this parameter m the'/3'/-3C prms. List		56. Multi-Func/Eng/Alert	79. Computer Failer
	* [A/T, TO/GA, F/D...]came from A/T & FCC		57. Thrust Command #	80. HUD Display #
	# When an information source is installed, not intended to require an change of equipments			81. Para-Visual Display !#
				82. Cockpit Trim Input-Pitch
	** Except[Master Waring] also indude the prms. indicated			83. Cockpit Trim Input-Roll
	the situation such as [APU Fire/Stall/OverSpeed...]			84. Cockpit Trim Input-Yaw
				85. T.E. Flap & Flap CtriPos.
				86. LE. Flap & Flap Ctr Pos.
			All B737 Model	87. GroundSpoiler Pos & Spd. Brake Sit
			89. Yaw Damper Status	88. All Flight Control Input Force (CCP/CWP/Rudder Pedal)
			90. Yaw Damper Command	
			91. StandbyRudder Valve Status	

图 2-4　美国联邦航空条例 121.344 条款对记录参数的要求[25]

NTSB 基于两起波音 737 飞机事故的调查结果, 重新审查了 FDR 的参数要求, 并于 1995 年 2 月 22 日向 FAA 提出安全建议, 建议增加 B727、B737、L1011 机型以及所有联邦航空条例 121 部、125 部和 135 部飞机的 FDR 参数记录数量. FAA 接受了该项建议, 并在 1997 年 7 月 17 日发出最后规定 (62FR 38362), 即 "97 规则", 要求如下:

(1) 1969 年 10 月 1 日以前取证和 1991 年 10 月 11 日前制造的运输类飞机, 在 2001 年 8 月 18 日前, 必须至少记录通告规定要求的前 18 个 (未安装飞行数据获取组件) 或 22 个 (安装了飞行数据获取组件) 参数;

(2) 1991 年 10 月 11 日以后和 2001 年 8 月 18 日前制造的运输类飞机, 在 2001 年 8 月 18 日前, 必须至少记录通告规定要求的前 34 个参数;

(3) 2000 年 8 月 18 日以后制造的运输类飞机, 必须至少记录通告规定要求的前 57 个参数;

(4) 2002 年 8 月 18 日以后制造的飞机, 必须至少记录通告规定要求的全部 88 个参数.

2.2　飞行数据的记录及传输

飞行数据是指通过飞机传感器采集的、经过数据总线传输的用于描述飞机运动状态以及飞机各系统工作状态的参数的集合, 其被广泛应用于事故/安全事件调查、飞行品质监控以及飞机维修等领域.

2.2.1　飞行数据的传输规范

为了使航空电子设备的技术指标、电气性能、外形和插件等规范统一, 美国各航空电子设备制造商、部分航空公司、飞机制造商以及其他一些国家的航空公司联合成立了航空无线电通信公司 (Aeronautical Radio Inc., ARINC), 该公司制定了一系列统一的工业标准和规范, 称为 ARINC 规范.

ARINC 429 是航空通用数据传输规范, 用于定义各机载设备之间的数据传输, ARINC 542、ARINC 573、ARINC 717 以及 ARINC 767 (B787 使用) 是飞机综合数据系统规范. 源系统不断地在 ARINC 429 总线上输出参数, 在数据传输总线上按开环方式进行 (单向数据总线). 数据传输是以电脉冲的形式发送的, 一个电脉冲就是一位, 数据一位一位地串行传输, 如图 2-5 所示, 每 32 位是一个参数, 每个参数之间间隔 4 位.

一个数据字有 32 位, 记录系统通过识别码按一定的记录格式和字帧格式将有效数据记录下来, 分为五部分, 如表 2-1 所示.

ARINC 429 数字信息传输系统奇偶校验位逻辑值提供的是奇偶校验. 数据发送器根据当前 1—31 位的逻辑 "1" 来决定第 32 位的逻辑值, 使整个 32 位的逻辑

图 2-5　参数输出序列

"1" 的个数始终是奇数. 经过传输后, 接收系统再计算一次每个字的逻辑 "1" 的个数, 如果仍为奇数, 则可认为传输有效, 否则认为无效, 见表 2-1, 各个比特传递的信息如下所示:

表 2-1　数据字包含的信息与对应的位数

奇偶校验位	符号状态位	参数的数据位	源/目的地识别位	参数标识码
32	31—30	29—11	10—9	8—1

(1) 第 1—8 位, 参数标号, ARINC 429 规范定义了 256 类标号, 用八进制数表示, 标识码是唯一的, 通过标识码可以识别这个字是什么参数. 例如: 230 代表真空速、125 代表格林尼治时间;

(2) 第 9—10 位, 源目的标识, 如果使用, 用于标识参数的来源系统 (左、中、右);

(3) 第 11—28 位, 参数的数据位;

(4) 第 29 位, 符号位, 1 为负, 0 为正;

(5) 第 30—31 位, 状态位, 用于标识参数的状态: 有效、无效、测试数据、无计算数据;

(6) 第 32 位, 奇偶校验位, 根据前 31 位中 "1" 的个数自动调整, 如为奇数, 则设为 0.

2.2.2　飞行参数的记录原理

数字式飞行数据采集组件 (Digital Flight Data Acquisition Unit, DFDAU) 接收飞机传感器的输入并将数据压缩成多路复用的数字数据流, 传输到飞行数据记录器上, 飞行数据记录器遵循 ARINC 717 规范, 将输入的数据流以帧为单位记录下来. 所谓 "帧" 是信息记录的一种单位, 记录信息的编排格式称为帧结构. 每帧分为 4 个副帧, 每个副帧记录一秒时长, 副帧可用 1—4 表示. 数据帧通常每秒记录 64 个字槽的倍数, 例如每秒 64、128、256、512 或 1024 个字槽 (wps), 每个字槽 12 个数据位, 如图 2-6 所示. 飞行参数被逐个采样再填充到数据帧的字或位中, 记录器的容量决定记录参数的个数及频率, 新型记录器的存储容量大大提高, 其剩余空间可以选择记录更多的飞行数据 (非强制性数据).

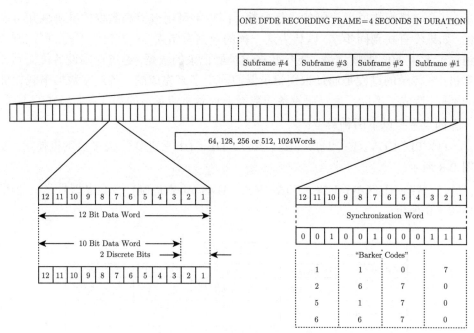

图 2-6 飞行参数记录与传递的帧结构

每个副帧的第一个字槽用来记录该副帧的同步字, 如图 2-7 小灰框标注所

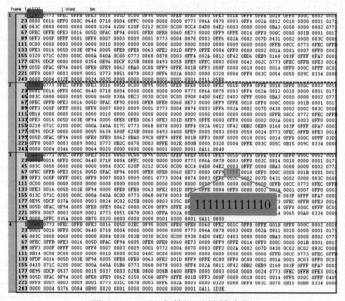

图 2-7 飞行参数记录的帧实例

示, 其余字槽编排所要记录的飞行参数. 同步字可用来提高数据的准确性和可靠性, 如果没有找到同步字, 则认为这一帧的数据有错误, 根据软件不同, 可以删除错误或者用 "0" 把帧填满. 飞行数据记录器记录的数据, 通过译码设备传输到计算机中; 转录的过程是通过识别记录器的同步字来完成的. 各厂家数据下载软件的不同, 造成了不同厂家译码设备或数据下载器所转录后的数据存储格式的不同.

同步字有以下两种类型:

(1) TELEDYNE：247、5B8、A47、DB8 (十六进制), 大多数飞机使用, 如图 2-8 所示;

(2) HAMILTON：E24、1DA、E25、1DB (十六进制), 少数老型号飞机使用, 如图 2-9 所示.

Frame(4 sec)				
Words	Subframe #1	Subframe #2	Subframe #3	Subframe #4
1	Sync(1107)	Sync(2670)	Sync(5107)	Sync(6670)
2	12 bit	12 bit	12 bit	12 bit
3	-"-	-"-	-"-	-"-
4	-"-	-"-	-"-	-"-
Through	-"-	-"-	-"-	-"-
↓	-"-	-"-	-"-	-"-
↓	-"-	-"-	-"-	-"-
64/128/256/512	-"-	-"-	-"-	-"-
1	Sync(1107)	Sync(2670)	Sync(5107)	Sync(6670)
2	12 bit	12 bit	12 bit	12 bit
3	-"-	-"-	-"-	-"-

图 2-8 TELEDYNE 同步字

Frame(4 sec)				
Words	Subframe #1	Subframe #2	Subframe #3	Subframe #4
1	Sync(7044)	Sync(0732)	Sync(7045)	Sync(0733)
2	12 bit	12 bit	12 bit	12 bit
3	-"-	-"-	-"-	-"-
4	-"-	-"-	-"-	-"-
Through	-"-	-"-	-"-	-"-
↓	-"-	-"-	-"-	-"-
64/128/256/512	-"-	-"-	-"-	-"-
1	Sync(7044)	Sync(0732)	Sync(7045)	Sync(0733)
2	12 bit	12 bit	12 bit	12 bit
3	-"-	-"-	-"-	-"-

图 2-9 HAMILTON 同步字

2.2.3 飞行参数的信号类型

输入至飞行数据采集组件的信号类型通常包括模拟信号、离散信号以及数字信号. 有时也将离散信号归类为模拟信号而称为开关量模拟信号, 而将传统意义上的模拟信号称为连续量模拟信号. 描述飞机本身运动状态和工作状态的参数仅有模拟信号参数和离散信号参数, 而数字信号参数由机载计算机处理模拟信号与离散信号而产生.

模拟信号传递中一个端口一般对应一个参数, 传感器线路直接和采集组件相连, 包括连续量模拟参数 (Analog Parameter) 以及开关量模拟参数 (Discrete Parameter). 连续量模拟参数通过测量传感器的电压、电流或相位等得出参数的值. 根据传感器电压、电流或相位等特性分为: LLDC、HLDC、SYNCRO、AC 等类型, 常见的参数有: 操纵舵面位置、驾驶杆位置、油门杆角度等. 例如 B737NG 飞机升降舵位置 (Elevator Position), 可通过其了解参数的端口编号、接线、类型及工程值转换.

开关量模拟参数通过测量信号的电压值得出开关或继电器的状态, 串联类型 Series, 高电平为 1, 低电平或悬空为 0; 并联类型 Shunt, 高电平或悬空为 1, 低电平为 0. 常见参数有起落架空地电门, 各种程序销钉状态等, 例如 B737NG 飞机右起落架空地状态 Right_Gear_Air/Ground, 可了解参数的端口编号、接线、类型及工程值转换.

数字信号是指传感器首先接入功能部件, 如大气数据计算机, 再通过 ARINC 429 数据总线和采集组件相连, 一个端口对应多个参数, 一般称为 ARINC 429 总线参数或 DITS 参数. ARINC 429 参数的类型: 二进制 BNR, 常见于一些量的参数, 如速度、高度、燃油流量等; 十进制用二进制表示 BCD, 常见于一些代码参数, 如日期、时间等; 开关量组合 DISCRETE 常见于一些警告或状态参数, 如近地警告、TCAS 警告等. ARINC 429 参数的计算如图 2-10 所示.

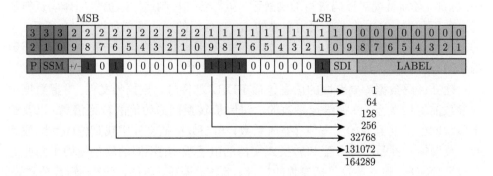

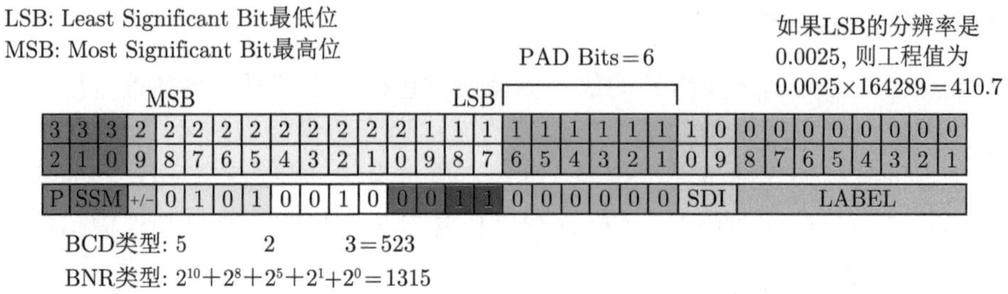
LSB: Least Significant Bit最低位
MSB: Most Significant Bit最高位
如果LSB的分辨率是
0.0025, 则工程值为
0.0025×164289=410.7
PAD Bits=6
MSB
LSB
3 3 3 2 2 2 2 2 2 2 2 2 2 1 1 1 1 1 1 1 1 1 1 0 0 0 0 0 0 0 0 0
2 1 0 9 8 7 6 5 4 3 2 1 0 9 8 7 6 5 4 3 2 1 0 9 8 7 6 5 4 3 2 1
P SSM +/- 0 1 0 1 0 0 1 0 0 0 1 1 0 0 0 0 0 0 SDI LABEL
BCD类型: 5 2 3=523
BNR类型: 2^10+2^8+2^5+2^1+2^0=1315

图 2-10 ARINC 429 参数计算原理

2.3 飞行数据译码

2.3.1 数据转换原理

飞行数据译码是指将飞行数据记录器存储的以二进制方式排列的原始数据流转换成有单位的、直观的工程数据值, 译码是记录的逆过程, 其关键在于建立 ARINC 717 规范的映射关系, 译码的主要步骤如下:

(1) 定位: 根据数据记录映射图找出参数的记录位置 (Subframe、Word、Bits、Superframe Cycle);

(2) 计算原始值: 根据飞机参数规范手册中定义的参数类型 (BNR、BCD、Discrete 等) 计算参数的原始值 (Raw Data);

(3) 计算工程值: 根据飞机参数规范手册中定义的参数特性 (BNR 参数最低位分辨率, DIS 参数 0、1 含义等) 计算参数的工程值 (Engineering Value).

译码的三个核心要素包括记录器转录或下载的原始数据、译码软件以及译码数据库. 译码数据库的构建是整个译码过程的核心, 根据飞机参数规范手册的 “Data Recording Map”, 包含飞机所有参数的记录位置、参数类型和工程值计算方法建立译码数据库, 本质是把译码资料中包含的映射关系反映在译码计算过程中, 因此, 必须重视对译码资料准确解读. 虽然各飞机制造厂家提供的译码资料形式上各不相同, 但本质上是大同小异的, 波音公司的译码资料如图 2-11 所示, 空客公司的译码资料如图 2-12 所示, 如译码时发现参数不合理, 一般要检查译码数据库的有关设置.

建立译码数据库要获取的信息包括 FDIU 部件号、数据帧文件, 掌握数据位与参数的对应关系, 掌握给定参数的二进制值转换回原始值的转换信息, 以及给定参数的值返回到原始工程值 (缩放系数) 和在数据帧文件中找到位图和缩放比例. 数据帧文件是参数分配和转换式文档的电子版本, 不同的软件使用不同的专有数据帧文件, 建立参数包括参数的标号、名称、缩写、单位、符号、转换公式等, 参数定义的要点包括参数缩写名 (Mnemonic)、单位 (Unit)、类型 (Type)、记录格

式 (Format)、记录频率 (Recording Rates)、数据源 (Port)、字槽位置 (Location)、工程值转换 (EU Conversion)、工程值范围 (EU Range)、符号 (Sign) 、开关量含义 (Logic).

波音译码资料-ICD

CAGE Code 81205

DIGITAL FLIGHT DATA ACQISITION UNIT
737-600/-700/-700C/-800/-900
DATA FRAME INTERFACE CONTROL AND
REQUIREMENTS DOCUMENT

DOCUMENT NUMBER:	RELEASE/REVISION:	RELEASE/REVISION DATE:
D226A101-2	REV H	July 28, 2010
文档号	版本号	

CONTENT OWNER:

Boeing Commercial Airplane Group

Engineering Maintenance/Recording/Audio Systems, 66-ZB-E112

All future revisions to this document shall be approved by the content owner prior to release.

图 2-11 波音公司的译码资料

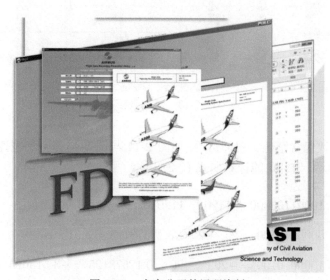

图 2-12 空客公司的译码资料

2.3.2 译码参数库构建

上文初步介绍了飞行数据的采集、记录和译码过程. 其中, 准确判定数据类型 (DFDR/QAR/DAR) 是前提, 正确理解参数采集的定义 (ARINC 429) 是基础, 定义参数的译码过程 (ARINC 717) 是关键, 综合判断是保障. 要保证记录器的译码数据准确可信, 最关键的问题是建立各机型适配的数据库, 只有在实际工作中不断实践, 才能丰富经验, 熟能生巧. 译码过程中主要包含的参数有 BNR 参数、BCD 参数以及高低位合成参数, 三种参数分别对应着不同的参数类型, 译码数据如图 2-13 所示.

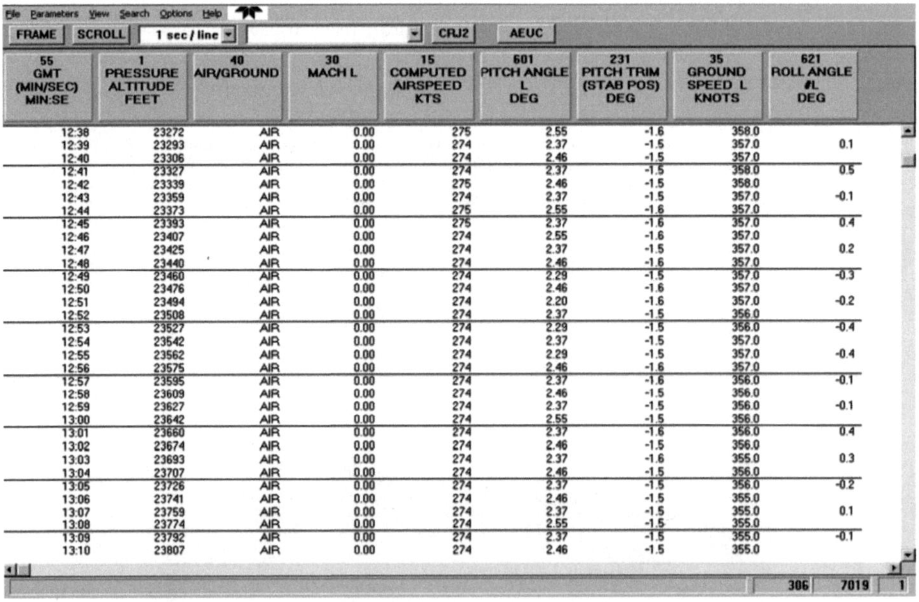

55 GMT (MIN/SEC) MIN:SE	1 PRESSURE ALTITUDE FEET	40 AIR/GROUND	30 MACH L	15 COMPUTED AIRSPEED KTS	601 PITCH ANGLE L DEG	231 PITCH TRIM (STAB POS) DEG	35 GROUND SPEED L KNOTS	621 ROLL ANGLE #L DEG
12:38	23272	AIR	0.00	275	2.55	-1.6	358.0	
12:39	23293	AIR	0.00	274	2.37	-1.5	357.0	0.1
12:40	23306	AIR	0.00	274	2.46	-1.5	357.0	
12:41	23327	AIR	0.00	274	2.37	-1.5	358.0	0.5
12:42	23339	AIR	0.00	275	2.46	-1.5	358.0	
12:43	23359	AIR	0.00	274	2.37	-1.5	357.0	-0.1
12:44	23373	AIR	0.00	275	2.55	-1.6	357.0	
12:45	23393	AIR	0.00	275	2.37	-1.6	357.0	0.4
12:46	23407	AIR	0.00	274	2.55	-1.6	357.0	
12:47	23425	AIR	0.00	274	2.37	-1.5	357.0	0.2
12:48	23440	AIR	0.00	274	2.46	-1.6	357.0	
12:49	23460	AIR	0.00	274	2.29	-1.5	357.0	-0.3
12:50	23476	AIR	0.00	274	2.46	-1.6	357.0	
12:51	23494	AIR	0.00	274	2.20	-1.6	357.0	-0.2
12:52	23508	AIR	0.00	274	2.37	-1.5	356.0	
12:53	23527	AIR	0.00	274	2.29	-1.5	356.0	-0.4
12:54	23542	AIR	0.00	274	2.37	-1.5	357.0	
12:55	23562	AIR	0.00	274	2.29	-1.5	357.0	-0.4
12:56	23575	AIR	0.00	274	2.46	-1.6	357.0	
12:57	23595	AIR	0.00	274	2.37	-1.6	356.0	-0.1
12:58	23609	AIR	0.00	274	2.46	-1.5	356.0	
12:59	23627	AIR	0.00	274	2.37	-1.5	356.0	-0.1
13:00	23642	AIR	0.00	274	2.55	-1.5	356.0	
13:01	23660	AIR	0.00	274	2.37	-1.6	356.0	0.4
13:02	23674	AIR	0.00	274	2.46	-1.5	356.0	
13:03	23693	AIR	0.00	274	2.37	-1.6	355.0	0.3
13:04	23707	AIR	0.00	274	2.46	-1.5	356.0	
13:05	23726	AIR	0.00	274	2.37	-1.5	356.0	-0.2
13:06	23741	AIR	0.00	274	2.46	-1.5	355.0	
13:07	23759	AIR	0.00	274	2.37	-1.5	355.0	0.1
13:08	23774	AIR	0.00	274	2.55	-1.5	355.0	
13:09	23792	AIR	0.00	274	2.37	-1.5	355.0	-0.1
13:10	23807	AIR	0.00	274	2.46	-1.5	355.0	

图 2-13　译码数据

BNR 参数包含空速、俯仰角等, 如图 2-14 与图 2-15 所示. 空速的计算过程如式 (2-1) 所示, 俯仰角的计算如式 (2-2) 所示.

$$10001100000 = 1120, \quad 1120 \times 0.25 = 280 \tag{2-1}$$

$$0000010100 = 20, \quad 20 \times 0.17578125 = 3.515625$$

$$1000010100 = -20, \quad -20 \times 0.17578125 = -3.515625 \tag{2-2}$$

通常采用 BCD 参数记录日期、时间等, 如图 2-16 所示.

172	…	2D5	DIGITAL	COMPUTED AIRSPEED	L0	BNR	206	…	0—512	0.25+/−4to+/−1

图 2-14　BNR 参数空速计算示例

195	…	3D16	DIGITAL	CAPT DISPLAY PITCH ATT	H1	BNR	324	…	+/−90	0.17578125N/A
195	…	3D17	DIGITAL	CAPT DISPLAY PITCH ATT	H1	BNR	324	…	+/−90	0.17578125N/A

图 2-15　BNR 参数俯仰角计算示例

All the information in this file is a correct and true copy of the original at the time of being loaded to this file.
The BE-112 FDRS group cannot guarantee the accuracy or correctness of the data after it has been copied to another location and opened.

WORD	SUBF	SUPF	O-MSB	O-LSB	PORT	PORT NAME	SIGNAL TYPE	PARAMETER ASSIGNMENT	SPEED	FMT	LBL	SDI 9-10	SIGN	I-MSB	I-LSB	PEG	VALID	UNITS	OUT RANGE	OUT RES	ACCURACY	POS SENSE	ONE LOGIC	ZERO LOGIC
256	4	4	12	12	D7	CLOCK-1	DIGITAL	MONTH X10	LO	BCD	260	XX		23	23			MON	0-10	10.0		ALWAYS POS		
256	4	4	11	8	D7	CLOCK-1	DIGITAL	MONTH X 1	LO	BCD	260	XX		22	19			MON	0-9	1.0		ALWAYS POS		
256	4	4	7	6	D7	CLOCK-1	DIGITAL	DAY X10	LO	BCD	260	XX		29	28			DAYS	0-30	10.0		ALWAYS POS		
256	4	4	5	2	D7	CLOCK-1	DIGITAL	DAY X 1	LO	BCD	260	XX		27	24			DAYS	0-9	1.0		ALWAYS POS		
256	4	4	1	1	B119	CONFIG	SHUNT	CUSTOMER UNIQUE FRAME															NOT UNIQUE	UNIQUE
256	4	5	12	9	D7	CLOCK-1	DIGITAL	YEAR X10	LO	BCD	260	XX		18	15			YR	0-90	10.0		ALWAYS POS		
256	4	5	8	5	D7	CLOCK-1	DIGITAL	YEAR X 1	LO	BCD	260	XX		14	11			YR	0-9	1.0		ALWAYS POS		

Frame 2 of 167709 | Word 256 bin 0000 0010 0000 0000

1	1	64	1921	28	4071	4056	4002	30	200	4037	11	3988	58	4092	27	4076	2	4090	4052	4076	1	5	36	35	3725
	25	4076	2991	1725	3445	8	4093	0	0	0	1922	3446	2116	4087	8	64	2040	3072	3072	3074	3793	2184	3584	0	0
	49	0	576	330	525	302	222	48	3260	2440	770	2655	0	0	2954	1024	0	15	1921	28	4071	4056	4002	30	4020
	73	4039	12	3988	59	4095	3699	3410	3	4090	24	4076	16	2049	2	35	59	4079	39	6	3485	4	15	6	4092
	97	409	1923	3686	2116	4087	2	64	14	1725	2441	4088	9	2184	2652	2653	2412	1384	4	0	4080	2896	768	208	288
	121	200	48	208	24	1865	1904	1038	1728	60	1923	28	4071	4052	4002	30	31	4036	12	3988	58	4095	26	4075	3
	145	4089	6	4083	0	4095	34	34	0	4076	0	0	1820	0	45	2060	74	0	1922	3444	2116	4087	0	64	2041
	169	3072	3072	3072	2444	2183	862	1840	1844	2481	1347	0	156	614	610	2052	3071	461	515	2652	16	0	0	384	0
	193	12	1923	28	4072	4052	4002	30	4028	4036	12	3989	59	4094	2952	40	3	4089	27	4083	19	2049	231	35	52
	217	4076	36	6	765	4	15	6	4092	3072	1923	2065	2116	4087	4090	64	4095	0	3080	4092	1	2184	2652	2653	2392
	241	1384	4	0	16	2908	760	220	292	88	184	136	56	1577	2472	0	628								
2	1	65	1923	28	4070	4052	4002	30	90	4037	12	3988	58	4092	26	4076	2	4090	0	4076	1	6	36	35	1
	25	4076	3079	1725	3445	8	3	0	0	0	1922	3446	2116	4087	4092	64	2041	4092	0	2	3793	2184	3584	0	0
	49	3072	1600	516	3765	48	2	3072	2312	2440	770	3	0	0	2954	1024	0	15	1925	28	4071	4052	4002	30	4020
	73	4039	11	3988	59	4095	3699	3408	3	4091	24	4076	12	1	10	36	67	4075	43	6	3485	4	15	6	4093
	97	409	1923	3686	2116	4087	10	64	14	1725	2440	4088	11	2184	2652	2953	2412	1384	4	0	3928	2896	768	292	288
	121	200	48	200	24	1857	1904	1038	1728	60	1924	28	4071	4056	4002	30	31	4036	12	3984	58	4095	27	4076	3
	145	4091	6	4075	0	8	42	36	4	4072	0	0	1820	0	45	2060	74	0	1921	3444	2116	4087	12	64	2041
	169	4088	0	0	2444	2187	862	1848	1844	2487	1333	32	156	469	456	3	3067	793	515	0	16	0	0	384	1314
	193	12	1921	28	4071	4052	4002	30	4028	4036	12	3989	59	4094	2952	4	3	4091	27	4079	15	1	267	36	64
	217	4072	40	6	733	4	15	6	4093	3072	1921	2665	2112	4087	10	64	19	0	3080	4092	3	2184	2652	2953	2392
	241	1384	8	0	8	2908	760	300	292	88	192	136	56	1601	2472	0	0								
3	1	66	1921	28	4071	4052	4002	30	3840	4037	12	3988	58	4092	26	4077	2	4091	64	4076	1	5	40	36	453
	25	4072	2991	1725	3445	8	4093	0	0	0	1921	3446	2112	4086	12	64	2041	0	0	2	3793	2184	3584	0	0
	49	0	132	582	525	302	2	0	3260	2440	770	2899	0	0	2954	1024	0	15	1920	28	4070	4052	4002	30	4020
	73	4039	12	3988	59	3	3699	3408	3	4091	24	4072	12	257	2	37	67	4075	43	6	3485	4	15	6	4092
	97	409	1918	3686	2112	4086	14	64	26	1725	2441	4088	9	2180	2652	2653	2412	1388	12	0	4088	2896	772	1168	288
	121	200	48	200	24	1841	1904	1038	1728	60	1919	28	4070	4052	4002	30	31	4036	12	3988	58	4095	26	4076	1
	145	4091	6	4075	0	8	42	37	4	4072	0	0	1820	0	45	2060	74	40	1920	3444	2116	4086	20	64	2040
	169	0	0	0	2442	2187	862	1844	1844	2493	1320	857	156	2139	2108	2628	3067	0	1311	2908	16	256	0	384	3792
	193	12	1920	28	4070	4052	4002	30	4028	4036	12	3989	59	4094	1844	0	1	4091	27	4075	15	257	227	36	64
	217	4072	40	6	761	4	15	6	4092	3072	1920	2065	2116	4086	26	64	27	0	3080	4092	3	2180	2652	2653	2392
	241	1384	4	0	16	2908	764	2152	292	88	184	136	56	1601	2488	0	1024								
4	1	67	1921	28	4069	4052	4002	30	1	4037	12	3988	58	0	26	4075	2	4090	3072	4076	1	0	40	36	3073
	25	4072	3079	1725	3445	8	3	0	0	0	1920	3446	2116	4086	8	64	2041	4088	0	2	3793	2180	3584	0	0
	49	3072	132	0	25	48	350	308	2312	2440	770	3	0	0	2954	1024	0	15	1922	28	4070	4052	4002	30	4020
	73	4039	12	3988	59	3	3699	3409	3	4090	24	4076	16	1	2	35	59	4079	39	6	3485	4	15	6	4092
	97	409	1921	3686	2116	4087	6	64	14	1725	2440	4088	11	2180	2652	2953	2412	1388	0	0	0	2896	772	1172	288
	121	200	56	200	16	1857	1904	1038	1729	60	1923	28	4071	4052	4002	30	31	4036	12	3988	58	3	26	4076	3
	145	4090	6	4079	0	2	38	35	0	4076	0	44	1820	0	45	2060	74	38	1921	3444	2112	4087	4	64	2041
	169	4092	0	0	2444	2183	862	1836	1844	2500	1306	1370	156	1209	30	1	3071	0	1531	0	16	8	0	384	424
	193	12	1923	28	4071	4052	4000	30	4028	4036	12	3993	59	2	0	0	3	4090	27	4079	19	1	267	36	56
	217	4076	36	6	733	4	15	6	4093	3072	1923	1884	2112	4086	10	64	23	0	3080	4092	1	2184	2652	2953	2392
	241	1384	4	0	8	2908	764	2888	292	88	176	136	56	1601	2488	0	512								

图 2-16　BCD 参数记录时间示例

根据波音公司提供的译码资料第 256 字槽第 4 副帧第 5 个超级帧循环第 5—12 位记录参数“年”, 其译码过程如图 2-17 所示, 年为 20; 第 256 字槽第 4 副帧第 4 个超级帧循环第 8—12 位记录参数“月”, 如图 2-18 所示, 月为 01; 第 256 字槽第 4 副帧第 4 个超级帧循环第 2—7 位记录参数“日”, 如图 2-19 所示, 日为 28, 故飞行数据记录日期为 20 年 01 月 28 日.

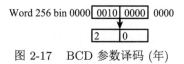

Word 256 bin 0000 0010 0000 0000
2
0

图 2-17　BCD 参数译码 (年)

Word 256 bin 0000 0000 1101 0001
0
1

图 2-18　BCD 参数译码 (月)

Word 256 bin 0000 0000 1101 0001
2
8

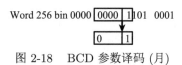

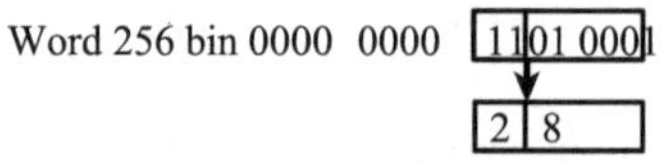

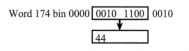

图 2-19　BCD 参数译码 (日)

采用高低位合成记录的参数有气压高度、无线电高度、经纬度、VOR/ILS 频率等. 根据波音公司提供的译码资料第 174 字槽第 1—4 副帧第 5—12 位记录气压高度高位, 如图 2-20 所示, 二进制 00101100 转为十进制为 44; 根据波音公司提供的译码资料第 175 字槽第 1—4 副帧第 3—11 位记录气压高度低位, 转换系数为 1, 如图 2-21 所示, 气压高度高位为 72; 根据波音公司提供的译码资料第 7 字槽第 1—4 副帧第 2 位记录空地开关, “0” 为 “地面”, “1” 为 “空中”, 如图 2-22 所示, 目前第二位为 1, 故译码结果为 “空中”. 译码之后的工程值数据如图 2-13 所示.

Word 174 bin 0000 0010 1100 0010
44

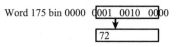

图 2-20　高低位合成译码 (气压高度高位)

Word 175 bin 0000 0001 0010 0000
72

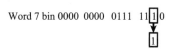

图 2-21　高低位合成译码 (气压高度低位)

Word 7 bin 0000 0000 0111 1110
1

图 2-22　高低位合成译码 (空地开关)

2.3.3 译码数据的应用

　　飞行数据的记录与应用广泛存在于与飞行相关的各个阶段, 如事故调查、飞行安全评估、航线规划、维护维修等, 如图 2-23 所示.

图 2-23　飞行数据的广泛应用

　　飞行记录器在航空事故调查中的作用是无可取代的, 但也不是万能的, 用好记录器信息必须了解: 各参数的准确定义、数据来源、记录精度、记录频率; 与其他数据的比较并注意相关数据的比较分析. 飞行记录器分析与其他调查手段的关系是相辅相成的, 不能替代其他手段. 调查中各种手段应同时使用, 独立进行, 相互验证. 在使用中应关注所有信息源: GPS、智能手机等, 根据所了解的信息选择适配的数据库, 建立相应的剖面, 对事件进行分析. 建立剖面时要把与事件相关的参数排列在一起, 参数要相互对应, 为事件分析提供尽可能多的参考. 例如: 左右发动机参数要排在一起, 进行对比. 由于记录的参数众多, 可按照不同飞行阶段与分析类型问题重点关注的参数进行分类, 按照不同飞行阶段与主要相关记录参数如表 2-2 所示, 不同事件与主要相关参数如表 2-3 所示.

表 2-2　不同飞行阶段与主要相关记录参数

飞行阶段	参数	飞行阶段	参数
滑行阶段	UTC Time		Parking Brake
(Taxi Out &	Calibrated Airspeed		Brake Pressures
Taxi In)	Groundspeed		Brake Pedal Movement
	Magnetic Heading		Nose Wheel Steering
	Engine EPR/N1/N2		VHF Keying
	Longitude	起飞阶段	UTC Time
	Latitude	(Take Off)	Pressure Altitude

续表

飞行阶段	参数	飞行阶段	参数
起飞阶段 (Take Off)	Radio Altitude		Latitude
	Weight on Wheels		Pitch Angle
	Weight on Wheels		Groundspeed
	Pitch Angle		Control Column
	Roll Angle		Rudder Pedal Movement
	Magnetic Heading		Flap Position
	Calibrated Airspeed		Longitude
	Groundspeed	巡航阶段 (Cruise)	UTC Time
	TOGA Switch		Magnetic Heading
	Throttle Angle		Throttle Angle
	Engine EPR/N1/N2		Elevator Surface Position
	Landing Gear Position		Longitudinal Acceleration
	Control Column		Pressure Altitude
	Control Wheel		Calibrated Airspeed
	Elevator Surface Position		Engine EPR/N1/N2
	Aileron Surface Position		Aileron Surface Position
	Rudder Pedal Movement		Pitch Angle
	Rudder Surface Movement		Groundspeed
	Landing Gear Lever Po		Control Column
	Flap Lever Position		Auto Pilot Status
	Flap Position		Latitude/Longitude
	Slat Lever Position		Roll Angle
	Slat Position		Drift Angle
	Latitude		Control Wheel
	Longitude		Vertical Acceleration
	VHF Keying		VHF Keying
爬升阶段 (Initial Climb & Climb)	UTC Time	下降阶段 (Descent)	UTC Time
	Roll Angle		Magnetic Heading
	Throttle Angle		Throttle Angle
	Control Wheel		Elevator Surface Position
	Rudder Surface Movement		Longitudinal Acceleration
	Slat Lever Position		IVV
	IVV		Pressure Altitude
	Pressure Altitude		Calibrated Airspeed
	Magnetic Heading		Engine EPR/N1/N2
	Engine EPR/N1/N2		Aileron Surface Position
	Elevator Surface Position		Lateral Acceleration
	Landing Gear Lever Pos		VHF Keying
	Slat Position		Pitch Angle
	VHF Keying		Groundspeed
	Radio Altitude		Control Column
	Calibrated Airspeed		Auto Pilot Status
	Landing Gear Position		Latitude
	Aileron Surface Position		Roll Angle
	Flap Lever Position		Drift Angle

续表

飞行阶段	参数	飞行阶段	参数
	Control Wheel		Glideslope Deviation
	Vertical Acceleration		VOR
	Longitude	着陆阶段	UTC Time
进近阶段	UTC Time	(Landing)	Roll Angle
(Approach &	Roll Angle		Drift Angle
Final Approach)	Drift Angle		Control Wheel
	Control Wheel		Rudder Pedal Position
	Flap Lever Position		Landing Gear Position
	Speed brake Position		Lateral Acceleration
	Longitudinal Acceleration		Glideslope Deviation
	Lateral Acceleration		Ground Spoiler
	ILS Frequency		Pressure Altitude
	Pressure Altitude		Magnetic Heading
	Magnetic Heading		Throttle Angle
	Throttle Angle		Elevator Surface Position
	Elevator Surface Position		Auto Pilot Status
	Flap Position		Landing Gear Lever Pos
	Landing Gear Position		Latitude\Longitude
	VHF Keying		DME/ILS/VOR Frequency
	Latitude		IVV
	DME		Radio Altitude
	Radio Altitude		Calibrated Airspeed
	Calibrated Airspeed		Engine EPR/N1/N2
	Engine EPR/N1/N2		Aileron Surface Position
	Aileron Surface Position		Flap Position
	Slat Lever Position		Vertical Acceleration
	Landing Gear Lever Pos		VHF Keying
	Localizer Deviation		T/R
	Longitude		Pitch Angle
	IVV		Groundspeed
	Pitch Angle		Control Column
	Groundspeed		Rudder Surface Position
	Control Column		Speed brake Position
	Auto Pilot Status		Longitudinal Acceleration
	Slat Position		Localizer Deviation
	Vertical Acceleration		Brake Pressure

表 2-3 不同事件与主要相关参数

事件类型	相关参数	事件类型	相关参数
有关发动	UTC Time		Engine EPR/ N1/ N2
机的问题	Fuel Flow		Outside Air Temperature
	Pressure Altitude		Auto Throttle Status
	Throttle Angle		EGT
	Vibration		Calibrated Airspeed
	Auto Pilot Status		

续表

事件类型	相关参数	事件类型	相关参数
有关 TCAS 问题	UTC Time		Engine EPR/N1
	Calibrated Airspeed		Elevator Surface Position
	Control Wheel		Vertical Speed (Rate of Descent)
	Pressure Altitude		Auto Throttle Status
	Longitudinal Acceleration		Latitude/ Longitude
	Rudder Surface Position		EGPWS Alert Status
	TCAS Command	有关 REJECTED TAKE-OFF 问题	UTC Time
	Magnetic Heading		Engine EPR /N1
	Control Column		Rudder Surface Movement
	Roll Angle		Control Wheel
	Auto Pilot Status		Pitch Rate
	Lateral Acceleration		Radio Altitude
	Rudder Pedal Position		Slat Position
	TCAS Target ROD or ROC		Magnetic Heading
	Throttle Angle		Calibrated Airspeed
	Pitch Angle		Control Column
	Aileron Surface Position		Roll Angle
	Auto Throttle Status		Landing Gear Lever Position
	Latitude		Flap Lever Position
	TCAS RA Status		Brake Pressures
	TCAS TFC Bearing and Altitude difference		TOGA Switch
	Engine EPR /N1		Groundspeed
	Elevator Surface Position		Pitch Angle
	Vertical Speed (Rate of Descent)		Aileron Surface Position
	Vertical Acceleration		Landing Gear Position
	Longitude		Flap Position
	TCAS Reference Code		Throttle Angle
	VHF Keying		Rudder Pedal Movement
有关 EGPWS 问题	UTC Time		Elevator Surface Position
	Calibrated Airspeed		Vertical Speed (Rate of Climb)
	Control Wheel		Pressure Altitude
	Pressure Altitude		Slat Lever Position
	Vertical Acceleration	有关 EGPWS 问题	Throttle Angle
	Magnetic Heading		Pitch Angle
	Control Column		Aileron Surface Position
	Roll Angle		Auto Pilot Status
	Radio Altimeter		Lateral Acceleration
	Longitudinal Acceleration		Rudder Pedal Position
	Rudder Surface Position		

2.4   超限事件

2.4.1   超限事件定义

飞行数据最直接的应用体现在超限事件的触发、探测和监控分析. 超限事件, 顾名思义是指超出监控项目和标准设定的阈值而触发的安全事件, 该类事件对飞行安全造成不同程度的影响. 根据影响的程度不同, 分为不同等级的超限事件. 常规来说, 一级事件指稍微偏出正常值范围, 几乎不影响安全; 二级事件指较大偏差, 需要注意采取一定措施; 三级事件指严重偏差, 可能影响安全, 应采取纠正措施.

2.4.2 超限程序设计

超限事件的程序设计是指按照预设的监控项目和标准, 通过计算机语言来实现对超限事件的监控. 根据监控项目标准的要求设计监控程序, 不同的公司、机型对应的监控程序亦不相同. 目前, 中国民航有 54 家按 CCAR-121 部运行的运输航空公司, 运营包括 A319、A320、A321、A330、A350、B737-700、B737-800、B787-9、ARJ21、CRJ-900、E190 机型在内的近 4000 架飞机, 由于不同的机型对应的参数库不同, 需要对上述机型分类别进行监控程序设计.

具体的监控项目由航空公司或民航局按照飞行运行监控的需求来设置, 按照监控事件的等级分类, 以离地俯仰角大监控程序为例, 详细算法如图 2-24 所示.

```
IF(FLIGHT_PHASE = LANDING) THEN
    MAX(VRTG, vrtg_max, tmax)
    MIN(VRTG, vrtg_min, tmin)
    IF(vrtg_max-vrtg_min>0.3) THEN
        chock_cond = 1
    ENDIF
ENDIF
IF(AC_TYPE = CL605) THEN
lim3 = 2.0
lim2 = 1.8
lim1 = 1.6
ENDIF
```

图 2-24 离地俯仰角大监控程序

2.4.3 超限事件案例分析

2018 年 4 月 2 日, 某航空公司 A319-100 型飞机执行西安咸阳 (ZLXY) 至甘南夏河 (ZLXH) 航班任务. 01:13:18 (UTC) 飞机在巡航阶段触发客舱高度警告事件, 警告持续 129s. 夏河机场标高 10465ft[①], 如图 2-25 所示. 警告触发时飞机空速 307kt[②], 气压高度 27564ft, 客舱压力相当于高度 9568ft 大气压力, 压差 5.37psi[③];

---

① 1ft $= 3.048 \times 10^{-1}$m.

② 本书航速单位统一用 kt (节) 表示, 1kt $=$ 1kn.

③ 1psi $=$ 6.895kPa.

随后飞机开始下降, 气压高度下降到 26496ft 时警告结束, 此时客舱压力相当于高度 9200ft 大气压力, 压差 5.29psi, 此间最大下降率 3040ft/min, 航向 286°, 风向由 280° 减小到 274°, 风速最大值为 34kt, 自动驾驶仪处于接通位.

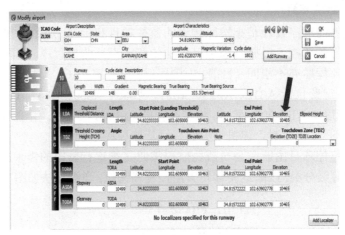

图 2-25　夏河机场信息

事件中 A319 飞机增压系统座舱压力控制器 (Cabin Pressure Controller, CPC) 提前进入 "下降" 模式 (空客手册中指出, 颠簸等扰动或梯级巡航下降等情况, CPC 会提前进入下降模式), 飞高高原机场 CPC 进入下降模式后, 座舱高度会逐渐升高至着陆机场标高. 但是, 当时飞机的 FMGC 仍在 "巡航" 模式, 在巡航模式下当座舱高度高于 9550ft 时, "客舱高度过高" 警告会触发.

2018 年 4 月 10 日, 某航 A319-115 型飞机执行林芝 (ZUNZ) 至拉萨 (ZULS) 航班任务. 01:13:05 (UTC) 飞机在巡航阶段触发客舱高度警告事件, 警告持续 107s. 拉萨机场标高 11704ft. 警告触发时, 高度选择按钮接通, CPC 模式为下降模式, 飞机空速 213kt, 气压高度 27604ft, 客舱压力相当于高度 9584kt 大气压力, 压差 5.43psi, 下降率 32ft/min, 风速 13kt, 风向 236°, 航向 169°; 警告触发期间, 客舱高度逐渐下降, 下降到 9200ft 时警告结束, 飞机在拉萨机场最终进近和着陆阶段未出现座舱压力告警.

这两起事件发生的原因是 "增压系统的模式" 与飞机 "FMGC 模式" 不一致, 而与高度电门无关 (高度电门只提高氧气面罩自动释放高度, 与座舱高度警告无关). 为了避免上述不必要的警告, 有两种解决方式: 一种是机组发现 CPC 提前进入下降模式后, 应当按照补充程序, 人工设置着陆标高到 "8000ft", 待飞机开始下降时按要求设置成自动位; 另一种是指令飞机 FMGC 脱离巡航模式, 进入下降模式. 为避免此类飞行事故, 可见飞行操作手册, 如图 2-26 所示.

在不低于9200ft的机场运行

Ident.: PRO-SPO-32-00009135.0001001/23 JUN 15
适用于: **ALL**

巡航至不低于9200ft的机场

　　如果CAB ALT (座舱高度)异常增加超过8000ft:

　　LDG ELEV (着陆标高)...人工调节到8000ft

　　注意:　梯级下降或颠簸可能提前触发CPC下降方式探测,导致CPC开始控制至
　　　　　着陆机场标高气压. 人工选择着陆机场标高可以在之后的巡航过程中
　　　　　超控 FMGS 的着陆机场标高.

在下降顶点

　　注意:　对于按FAA要求运行的飞机,至少有一名飞行员必须持续使用氧气面罩
　　　　　直至着陆.

　　HIGH ALT LDG(高高度着陆)电门 .... ON

　　注意:　如果 HIGH ALT LDG(高高度着陆)在OFF位, 座舱高度高于14000ft
　　　　　+250ft/−750ft时, 旅客氧气面罩会掉下. 如果HIGH ALT LDG (高高度
　　　　　着陆)在ON位, 高于16000ft +250ft/−750ft座舱高度会掉下.

图 2-26   A320 飞行操作手册

2.5　飞行数据仿真

　　飞行数据仿真是指将译码后的 QAR 数据导入仿真软件, 再现真实的飞行过程, 仿真主要用在事故调查、飞行日常训练等方面. 目前, 国内外约有五六种主流的仿真软件, 其中 CEFA FAS 是由法国 CEFA aviation 公司设计研发的一款针对飞行数据分析以及安全事件调查的仿真软件, 目前已被全球 50 余家航空公司和机构采用, 在飞行数据分析、安全事件调查、飞行员培训等方面发挥了积极的作用, 其主操作界面如图 2-27 所示.

图 2-27   CEFA FAS 显示界面

2.6　小　　结

本章介绍了飞行数据的采集、记录和译码, 其中准确判定数据类型是前提, 正确理解参数采集的定义是基础, 定义参数的译码过程是关键, 综合判断是保障. 要保证记录器的译码数据准确可信, 最关键的问题是建立各机型适配的数据库. 最后结合实际案例, 阐述了译码数据的典型应用.

第 3 章　飞行安全时空大数据理论

飞行安全是民航工作最为重要的主题之一, 近些年来, 为了保障持续的飞行安全, 降低飞行事故的发生水平, 民航安全风险管理已从之前的事后调查和分析转变到事前预警, 旨在通过创新并主动识别当前未跟踪的重大安全事件, 将飞行安全事件在发生前进行有效的规避和预防, 从而使每年的事故率保持在历史的较低水平. 民航飞机在对流层起降, 在平流层巡航, 地形和气象等外部时空要素对飞行产生重要的影响, 如何有效地探测和识别飞行安全事件, 分析其时空分布规律, 并进一步挖掘其与时空要素的成因机理, 进而对飞行风险进行预警, 降低飞行事故率具有重要的理论和实际意义.

3.1　飞行品质监控

目前在飞行品质监控中常用的分析方法有两种: 超限分析和统计分析. 超限分析是通过相应的监控标准对超限事件进行筛选, 当某些飞行参数监测内容的记录值达到或超过了预先设定的监控标准, 便探测到一个超限事件. 统计分析则是对超限事件进行统计, 着重于飞行运行的整体情况, 评估整个系统的风险. 超限事件是飞行品质监控数据分析的基础, 超限事件并不等同于飞行事故, 它是基于监控标准得到的飞行参数异常, 轻度的超限事件会对飞行品质产生一定的影响, 严重的超限事件则有可能引发飞行事故. 基于超限事件的研究分析, 对航空飞行安全具有重要的指示意义.

3.1.1　监控项目与标准

监控项目是根据不同的飞行阶段预先设定的飞行参数监测内容, 飞行品质监控的内容涉及起飞滑跑、起飞、爬升、巡航、下降、进近、着陆和落地后滑行等各飞行阶段的重要飞行参数, 通过设计具体的监控项目实现对这些参数及其组合的监控. 其对应的飞行参数主要集中在飞行高度、速度、姿态角、垂直过载、升降率、姿态角变化率等方面, 如图 3-1 所示.

2010 年 1 月 4 日颁布的中国民用航空规章《大型飞机公共航空运输承运人运行合格审定规则》(CCAR-121-R4) 以规章的形式对飞行品质监控提出了要求. 随着中国民航飞行品质监控基站的建设运行, 其平台如图 3-2 所示, 覆盖的机型越

来越多, 基站负责制定全行业的不同机型监控项目与标准, 并适时向行业发布, 提
供参考依据.

民航飞行品质监控-飞行品质监控项目示例

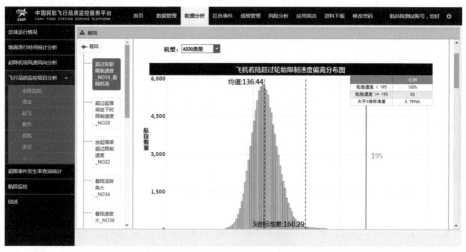

图 3-1   部分飞行阶段与监控项目

图 3-2   民航飞行品质监控服务平台

飞行品质监控服务平台系统实现了对全行业各机型的监控, 包括直线滑行速
度大、转弯滑行速度大、起飞滑跑方向不稳定、超过最大起飞重量、中断起飞、起
飞形态警告、抬前轮速度大、抬前轮速度小、离地速度大、离地速度小、离地俯

仰角大等 64 个飞行品质监控项目, 部分监控项目如表 3-1 所示.

表 3-1   监控项目及超限事件分类代码示例

事件代码	事件名称	事件代码	事件名称
101	直线滑行速度大	133	着陆滚转角大
102	转弯滑行速度大	134	低高度使用减速板
103	起飞滑跑方向不稳定	135	进近速度小
104	超过最大起飞重量	136	进近速度大
105	中断起飞	137	着陆速度大
106	起飞形态警告	138	ILS 下滑道偏离
107	抬前轮速度大	139	ILS 航向道偏离
108	抬前轮速度小	140	选择着陆构型晚
109	离地速度大	141	复飞形态不正确
110	离地速度小	142	非着陆构型落地
111	离地俯仰角大	143	接地俯仰角大
112	抬前轮速率大	144	接地俯仰角小

3.1.2 飞行数据品质优化

传感器采集记录误差以及译码过程中不可预知的影响因素的存在, 导致飞行数据存在一定的噪声误差. QAR 数据中存在部分噪声, 如果不对噪声数据加以处理, 在实际应用中则可能会出现轨迹 "打结""回跳" 等现象, 严重影响了轨迹的展示效果. 为了尽可能提升飞行数据品质, 优化数据应用的效果, 需要对 QAR 数据进行噪声处理.

卡尔曼滤波是一种利用观测值对预测值进行修正从而得到最优状态估计的算法, 其实质是寻找满足均方误差最小条件下的状态估计值. 卡尔曼滤波算法在实际应用中仅需要保存上一时刻的状态估计值而无须保存所有的历史数据, 借助系统的状态转移方程, 利用上一时刻的状态估计值就可以对当前时刻的状态观测值进行修正, 从而得到当前时刻的状态估计值, 并以此为一个周期进行迭代, 继续对下一时刻的状态值进行估计. 卡尔曼滤波递推算法计算的时间复杂度较低, 所需要的内存空间较小, 非常适用于实时连续系统, 本书以优化飞行轨迹数据为例进行阐述.

基于卡尔曼滤波的 QAR 数据噪声处理, 是利用 QAR 数据中记录的丰富信息对飞行轨迹点进行有效的纠正, 使纠正后的轨迹点更接近于真实的飞行轨迹点. $[X_t, Y_t, V_t]$ 矩阵表示 t 时刻飞机的位置状态, X_t 表示 t 时刻飞机的经度, Y_t 表示 t 时刻飞机的纬度, V_t 表示 t 时刻飞机相对地面在水平方向上的飞行速度, 如果将飞机从该时刻飞行至下一时刻的运动视为匀加速直线运动, 根据牛顿运动学定律,

则可以得到公式 (3-1) 所示的状态转移方程

$$
\begin{cases}
X_{(t+1)} = X_t + \left(V_t\Delta_t + 0.5a_t\Delta_t^2\right)\sin(\theta_t)\,\omega_x, \\
Y_{(t+1)} = Y_t + \left(V_t\Delta_t + 0.5a_t\Delta_t^2\right)\cos(\theta_t)\,\omega_y, \\
V_{(t+1)} = V_t + a_t\Delta_t
\end{cases}
\tag{3-1}
$$

其中 Δ_t 表示从 t 时刻到 $t+1$ 时刻的时间间隔, a_t 表示 t 时刻飞机的水平加速度, 则括号内部表示从 t 时刻到 $t+1$ 时刻飞机在水平方向上的位移. θ_t 表示 t 时刻飞机的航向角 (角度范围为 0°—360°, 正北方向为 0°), 水平方向上的位移分别乘以 $\sin(\theta_t)$ 和 $\cos(\theta_t)$ 后可以得到 x 方向上的位移和 y 方向上的位移. ω_x 和 ω_y 分别表示把飞行距离 (单位: m) 转化成经度和纬度分别需要乘上的系数, ω_x 和 ω_y 的计算方法如公式 (3-2) 所示

$$
\begin{aligned}
\omega_x &= \frac{360}{2\pi\cos\left(\mathrm{Lat}_t\right)\cdot\mathrm{Earth\_Radius\_Long}} \\
\omega_y &= \frac{360}{2\pi\,\mathrm{Earth\_Radius\_Short}}
\end{aligned}
\tag{3-2}
$$

其中 Lat_t 表示 t 时刻飞机所处的纬度, Earth_Radius_Long 表示地球长半轴半径 (单位: m), Earth_Radius_Short 表示地球短半轴半径 (单位: m).

将公式 (3-1) 所示的三个方程写成公式 (3-3) 所示的矩阵形式

$$
\begin{bmatrix} X_{t+1} \\ Y_{t+1} \\ V_{t+1} \end{bmatrix} = F_t \begin{bmatrix} X_t \\ Y_t \\ V_t \end{bmatrix} + B_t a_t
\tag{3-3}
$$

将公式 (3-3) 所示的方程记为公式 (3-4) 所示的方程

$$
\mathrm{State}_{t+1}^- = F_t\mathrm{State}_t + B_t a_t
\tag{3-4}
$$

其中 State_{t+1}^- 矩阵表示 $t+1$ 时刻飞机状态的估计值, 该状态是上一时刻状态推导值, 后面需要借助观测值进行修正. F_t 和 B_t 分别是卡尔曼滤波中的状态转移矩阵和控制矩阵, 前者表示飞机如何从 t 时刻的状态转移到 $t+1$ 时刻的状态, 后者表示飞机的动力装置如何影响状态转移的过程.

上述飞机状态必然会包含噪声, 本书用协方差矩阵来表示飞机的状态噪声, 根据协方差矩阵的性质, 如果 t 时刻飞机状态预测误差的协方差矩阵为 P_t, 即

$$
\mathrm{Cov}\left(\mathrm{State}_t\right) = P_t
\tag{3-5}
$$

公式 (3-5) 表示 t 时刻飞机状态预测误差协方差矩阵, 则 $t+1$ 时刻飞机状态预测误差协方差矩阵如公式 (3-6) 所示

$$\text{Cov}\left(\text{State}_{t+1}\right) = \text{Cov}\left(F_t\text{State}_t\right) = F_tP_tF_t^{\text{T}} \tag{3-6}$$

因此得到飞机在下一时刻的状态预测误差如公式 (3-7) 所示

$$P_{t+1}^- = F_tP_tF_t^{\text{T}} \tag{3-7}$$

其中, 协方差矩阵 P_{t+1}^- 表示 $t+1$ 时刻飞机的状态误差的推测值. 事实上, 预测模型并非百分之百正确, 它本身也包含噪声, 外界也可能存在各种各样的影响因素, 例如风向、气压等, 导致飞机动力装置对飞机的控制并不总如数据记录那般, 假设外界不确定因素对于飞机造成的系统状态误差 w_t 服从正态分布 $w_t \sim N(0, Q_t)$, 那么得到最终的飞机状态预测方程如式 (3-8) 和式 (3-9) 所示

$$\text{State}_{t+1}^- = F_t\text{State}_t + B_ta_t + w_t \tag{3-8}$$

$$P_{t+1}^- = F_tP_tF_t^{\text{T}} + Q_t \tag{3-9}$$

在该方法的应用场景中, 式 (3-8) 中 w_t 的均值为 0, 因此可以省略不写. 至此得到卡尔曼滤波中的两个状态预测方程. 将 QAR 数据中 GPS 记录的经纬度信息作为观测值, 把 $t+1$ 时刻的观测值记为 Z_{t+1}, 观测值向量如式 (3-10) 所示

$$Z_{t+1} = \left[\begin{array}{c} \text{Lng}_{t+1} \\ \text{Lat}_{t+1} \end{array} \right] \tag{3-10}$$

其中, 观测值 Z_{t+1} 为一个列向量, 分别为 GPS 记录的经纬度信息, 它与预测值之间的关系可以表示为式 (3-11) 的方程:

$$Z_{t+1} = H \cdot \text{State}_{t+1}^- + R \tag{3-11}$$

其中, H 为一个变化矩阵, 它表示从飞机本身的状态到观测状态的变化关系. 用矩阵 R 表示观测系统存在的噪声, 因为观测值也不是完全可靠的.

现在已经得到了飞机 $t+1$ 时刻的状态预测值和观测值, 接下来就要对预测值进行修正, 以得到 $t+1$ 时刻状态的最优估计值, 卡尔曼滤波中状态更新方程如式 (3-12) 所示

$$\text{State}_{t+1} = \text{State}_{t+1}^- + K_{t+1} \cdot (Z_{t+1} - H \cdot \text{State}_{t+1}^-) \tag{3-12}$$

其中括号内部表示实际的观测与预测值之间的残差, K_{t+1} 表示卡尔曼系数, 两者的乘积用来修正飞机位置的预测值. 根据前人的研究成果, K_{t+1} 的值如式 (3-13) 所示

$$K_{t+1} = P_{t+1}^- \cdot H^{\mathrm{T}} (H P_{t+1}^- H^{\mathrm{T}} + R)^{-1} \tag{3-13}$$

卡尔曼系数主要作用是衡量预测状态协方差矩阵 P_{t+1}^- 和观测状态协方差矩阵 R 的大小, 来决定卡尔曼滤波得到的估计值是更偏向于预测值还是更偏向于观测值. 随着迭代的进行, 最佳状态估计值的噪声分布情况需要不断地进行更新. 状态的不确定性随着迭代的进行总体上会逐渐变小, 但是由于传递噪声的存在, 状态的不确定性又会呈现出逐渐变大的趋势. 卡尔曼滤波算法就是通过不断地调整, 从而在这一状态中达到一个平衡. 误差协方差矩阵的更新方程如式 (3-14) 所示

$$P_{t+1} = (I - K_t H) P_{t+1}^- \tag{3-14}$$

其中 I 为单位矩阵. 该算法可以纠正原始 QAR 数据中可能存在的错误点, 并对测量误差引起的飞行轨迹偏差进行校正, 提高轨迹的准确度和平滑度, 使计算得到的空间位置更接近实际情况.

对 QAR 数据的卡尔曼去噪流程如图 3-3 所示, 该方法的主要步骤如下:

步骤 1 获得初始状态 $t = 0, \mathrm{State}_0 = \begin{bmatrix} \mathrm{Lng}_0 \\ \mathrm{Lat}_0 \\ v_0 \end{bmatrix}$, 其中 Lng_0 和 Lat_0 分别

表示第一个轨迹点的经纬度, v_0 表示第一个轨迹点相对地面的速度, 初始状态误差的协方差矩阵为 $P_0 = \begin{bmatrix} 0.0001 & 0 & 0 \\ 0 & 0.0001 & 0 \\ 0 & 0 & 1 \end{bmatrix}$, 状态转移矩阵

$$F_0 = \begin{bmatrix} 1 & 0 & \sin(\theta_0) \Delta t \omega_x \\ 0 & 1 & \cos(\theta_0) \Delta t \omega_y \\ 0 & 0 & 1 \end{bmatrix},$$

其中 θ_0 为 0 时刻 QAR 数据中的朝向角, Δt 为 QAR 数据的采样间隔, 输入传递

矩阵 $B_t = \begin{bmatrix} \dfrac{\sin(\theta_0) \Delta t^2 \omega_x}{2} \\ \dfrac{\cos(\theta_0) \Delta t^2 \omega_y}{2} \\ \Delta t \end{bmatrix}$, 变化矩阵 $H = \begin{bmatrix} 1 & 0 & 0 \\ 0 & 1 & 0 \end{bmatrix}$, 观测状态协方差矩

阵 $R = \begin{bmatrix} 0.0003 & 0 \\ 0 & 0.0003 \end{bmatrix}$.

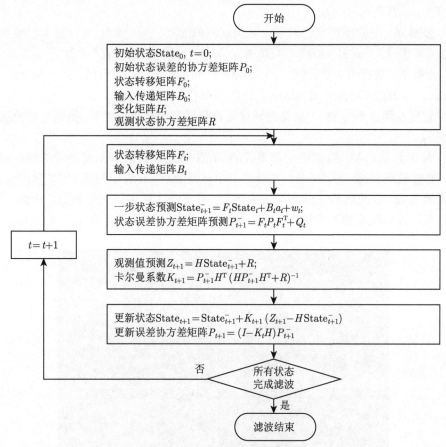

图 3-3 卡尔曼滤波去噪流程图

步骤 2 滤波过程由 $t = 0$ 开始, 对状态转移矩阵

$$F_t = \begin{bmatrix} 1 & 0 & \sin(\theta_t)\,\Delta t\omega_x \\ 0 & 1 & \cos(\theta_t)\,\Delta t\omega_y \\ 0 & 0 & 1 \end{bmatrix}$$

和输入传递矩阵 $B_t = \begin{bmatrix} \dfrac{\sin(\theta_t)\,\Delta t^2\omega_x}{2} \\ \dfrac{\cos(\theta_t)\,\Delta t^2\omega_y}{2} \\ \Delta t \end{bmatrix}$ 进行更新, 其中 θ_t 为 0 时刻 QAR 数

据中的朝向角.

步骤 3 根据此时刻状态 State_t 和状态误差协方差矩阵 P_t 预测下一时刻状态 State_{t+1}^- 和状态误差协方差矩阵 P_{t+1}^-, 其中 $\mathrm{State}_{t+1}^- = F_t\mathrm{State}_t + B_ta_t +$

$w_t, P_{t+1}^- = F_t P_t F_t^{\mathrm{T}} + Q_t;$

步骤 4 根据预测状态对下一时刻观测值 Z_{t+1} 进行预测, 并计算卡尔曼系数 K_{t+1}, 其中 $Z_{t+1} = H\mathrm{State}_{t+1}^- + R, K_{t+1} = P_{t+1}^- H^{\mathrm{T}} \left(H P_{t+1}^- H^{\mathrm{T}} + R \right)^{-1}.$

步骤 5 根据卡尔曼系数对状态 State_{t+1} 和矩阵 P_{t+1} 进行计算更新, $\mathrm{State}_{t+1} = \mathrm{State}_{t+1}^- + K_{t+1}(Z_{t+1} - H\ \mathrm{State}_{t+1}^-), P_{t+1} = (I - K_t H)\, P_{t+1}^-.$

重复步骤 2 到步骤 5, 如此循环往复直到所有状态完成处理, 得到完整的航迹数据.

图 3-4 为 QAR 数据中记录飞行的 GPS 轨迹在经过卡尔曼滤波的前后对比图. 通过前后对比, 可以看出, 在经过卡尔曼滤波后, 轨迹中因噪声引起的毛刺被有效地去除, 滤波后的轨迹变得更为平滑, 更符合实际中的飞行轨迹. 由此可知, 卡尔曼滤波方法能够有效地对 QAR 数据进行去噪, 实现飞行数据品质的优化.

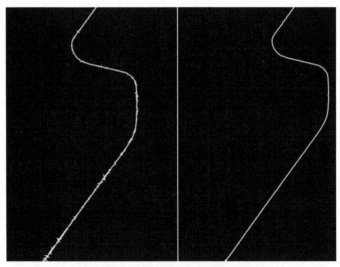

图 3-4   QAR 数据去噪前后对比

3.2 飞行数据融合

由于时空数据结构的复杂性与多样性, 整合、清洗与转换不同来源的时空数据对于数据挖掘的研究至关重要, 对时空数据的整合、清洗、转换是数据融合的重要问题. 本书旨在基于 "大数据 + 航空安全" 的理念, 以 QAR 数据为基石, 对地形数据、气象环境数据、运控数据等进行融合与关联分析, 研究基于多源民航大数据的飞行风险分析方法, 探索飞行风险的形成规律和成因, 构建民航运行风险预警模型, 提供多源民航大数据融合技术及风险分析方法.

3.2.1 数据融合概述

多源异构数据融合包括数据匹配 (Data Matching) 和数据融合 (Data Fusion) 两个关键步骤, 近年更有一种趋势是将数据融合嵌入在数据分析中. 数据融合的目的是把多源异构的数据在逻辑上有机地进行整合, 从而完整而准确地描述一个实体. 由于多源的特征, 每位个体可以获得的数据源以及在每个数据源中可以获得的变量通常并不匹配. 如果将具体的不匹配数据问题抽象为数学符号, 在融合不匹配多源数据之后获得的建模数据通常如表 3-2 所示. 这是一个具有 10 个个体和 8 个不匹配数据源的简单示例, 其中 $X_1, X_2, \cdots, X_8$ 代表 8 个数据来源, "$*$" 表示该个体的数据来源可以获得. 10 个个体中, 绝大部分个体均只能获得部分来源的数据, 这个数据矩阵和通常所见到的数据矩阵非常不同, 它存在着大量的空白. 一个简单的想法是将其看作缺失数据问题, 并采用缺失数据的方法来进行处理.

表 3-2 一个整合 8 个不匹配数据来源所获得建模数据的简单示例

个体序号 \ 数据源	X_1	X_2	X_3	X_4	X_5	X_6	X_7	X_8
1	$*$	$*$	$*$	$*$	$*$	$*$	$*$	$*$
2	$*$	$*$	$*$	$*$	$*$	$*$	$*$	$*$
3	$*$	$*$	$*$					
4	$*$	$*$	$*$				$*$	$*$
5	$*$			$*$	$*$	$*$		
6	$*$			$*$	$*$	$*$		
7	$*$							
8	$*$				$*$		$*$	$*$
9	$*$	$*$					$*$	$*$
10	$*$	$*$					$*$	$*$

然而, 由于民航数据的行业封闭性, 文献中对民航大数据的数据融合鲜有提及. 由于学术界无法获取大量的民航飞行数据, 因此, 基于多源大数据融合的飞行风险研究在学术界并不多见, 目前的研究多以小规模、单一数据源特别是 QAR 数据为主.

国内外在飞行安全风险数据分析方面的研究有一定的成果, 但大多仅限于单一数据源和传统的统计分析, 甚至是定性分析, 在多源大数据融合、数理统计分析和数据挖掘方面的研究成果相对较少, 飞行数据的分析和应用远未满足实际应用的需求. 对民航飞行风险源的识别、风险规律的寻找、风险原因的分析只停留在数据的表象, 并未对多源数据采用关联分析, 挖掘隐藏在数据内部的风险, 主要包括:

(1) 实现多源数据的融合与匹配.

多源数据的融合与匹配是大数据的典型特征. 融合人、机、环、管多方面的综合分析, 对信息深层次、系统性地挖掘与应用, 推动着运行风险的研究由显性风险向更深层的隐性风险发展.

(2) 采用统计分析与机器学习的混合建模方法进行多源民航大数据的运行风险分析.

基站收集的海量 QAR 数据为核心数据源, 融合多源异构的运控数据、气象数据、飞行人员数据、地形环境数据等数据源, 数据的单元是各个航班的数据, 其中, 运控数据、飞行人员数据是非时变数据, 而气象数据、地理环境数据以及 QAR 数据是时变数据, 其实时原始数据可以表示为高维的数据矩阵组成, 如公式 (3-15) 所示

$$\mathbb{X}^k = \begin{bmatrix} X_{11}^k & X_{12}^k & \cdots & X_{1p}^k \\ X_{21}^k & X_{22}^k & \cdots & X_{2p}^k \\ \vdots & \vdots & & \vdots \\ X_{T1}^k & X_{T2}^k & \cdots & X_{Tp}^k \end{bmatrix}, \quad k = 1, 2, \cdots, K \tag{3-15}$$

其中 p 表示记录参数的个数, 每一行是一个具体时刻上参数的记录值 (QAR 记录两千多个参数), T 表示总的记录数, 每个航班的 T 皆不相同, 有的航班可以多到数万条记录, k 表示航班, K 表示某飞机所有记录航班数. 该多源异构数据除了具有通常大数据的共性以外, 还具有如下一些自身的特点:

(1) 同一个数据源内, 数据可能具有大量的缺失;

(2) 某些航班甚至数据源缺失, 比如说地理环境的数据可能就不容易得到, 使得某些航班的数据只能在缺少某些数据源的条件下进行分析;

(3) 地理环境和气候数据可以实时获取, 但是 QAR 数据的获取则总是滞后, 需要在经过一定时间的航行飞机降落之后, 才能从飞机上取下存储器并经解码后才可得到;

(4) 各个数据源内部的数据, 在时间和空间上具有很强的相依性, 特别是气象数据和地理数据, 具有很强的时空相依性, 数据的强相依性也是导致数据低质的原因之一.

上述特点给民航飞行风险分析带来了巨大的挑战和一定的特殊性, 亦为统计学及相关学科研究提供了新的研究机遇.

3.2.2   地形数据融合

QAR 数据记录了飞机飞行过程中包括时间、经纬度、速度、风速、温度、飞行高度及飞行姿态角等在内的 2000 多个参数, 其中包括了一定的位置参数信息. 飞机在地球的表面进行飞行, 地形的变化会对飞行产生一定的影响, 比如最直接的近地告警事件等. 对地形数据与 QAR 数据进行融合分析, 对相关的风险分析

具有重要的现实意义. 本节中以稻城亚丁机场的 QAR 数据与相对应的地形数据为案例介绍 QAR 数据与地形数据融合的方法, 该案例中使用的地形数据来源于地理空间数据云平台 (http://www.gscloud.cn/), 其为空间分辨率为 30m 的数字地形高程模型 (Digital Elevation Model, DEM) 数据. QAR 数据与地形数据的融合主要流程如下:

(1) 投影转换.

为实现 QAR 数据与中国数字地形高程模型数据结合分析, 需要通过投影转换将两种数据纳入同一投影坐标体系. DEM 数据的空间参考为 WGS_1984 坐标系, 因此需要将飞行数据的坐标系统转换到 WGS_1984 坐标系.

(2) 高程匹配.

根据平面坐标一一对应的关系, 对 QAR 数据中所有飞行轨迹点, 找到 DEM 对应点的高程值, 将其匹配至 QAR 数据对应记录中.

(3) 高差计算.

高差是反映地形高低起伏的重要特征, 使用窗口统计工具提取各窗口内的高差. 对于 QAR 数据中各飞行轨迹点, 其高差值为其对应的地面 DEM 栅格 3×3 邻域内的最大高程值与最小高程值之差. 与高程数据类似, 为每一个飞行轨迹点匹配高差值, 为后续处理做好准备, QAR 航迹与 DEM 匹配结果如图 3-5 所示.

在进行数据融合时, 还需要对 QAR 数据进行如下处理:

(1) 字段匹配. 由于不同航空公司以及不同型号飞机的 QAR 译码参数库不同, 导致所记录的飞行参数略有不同, 因此数据处理过程中需要统一相同飞行参数的变量名称, 并根据其字段对 QAR 数据表进行匹配, 处理后所得到的数据表字段名称一致.

(2) 缺失值处理. 缺失值是指粗糙数据中由于缺少信息而造成的数据删除或截断. 由于 QAR 数据中不同的字段记录的频率不同, 因此造成现有数据集中某个或某些属性的值是不完整的, 需要对其进行填补. 填补的方式有两种, 一种是对于数值类型的字段记录值, 认为其是线性变化的, 采用线性插值的方法进行填补; 另一种是字符型的字段记录值, 直接取其最邻近非空值进行填补.

(3) 剔除噪声值. QAR 数据存在部分属性记录值错误, 例如属性记录值的类型错误、属性记录值不变、属性记录值超限等. 如果不对噪声值进行处理, 直接参与后续的分析, 将会对分析结果产生极大的干扰和负面影响, 因此需要剔除噪声值.

(4) 数据类型转换. QAR 数据中部分数值型的参数在实际中被记录成了字符串类型, 为了方便后续分析的计算, 需要将字符型转换为整数型或者浮点型数据.

(5) 时间字段处理. QAR 数据中存在飞行日期记录出现偏差, 飞行日期需要根据 QAR 数据的文件名进行修正. 另外飞机飞行过程中记录时间采用的是 UTC

世界时, 为便于国内航班的观察和分析需要将其按照北京时间 (即 UTC 时间加
8h) 进行转换.

(6) 飞行阶段提取. 飞机在一次飞行过程中被划分为九个阶段, 起飞阶段包括
起飞 (属性名: TAKEOFF) 和初始爬升 (属性名: INI.CLIMB) 两个阶段, 降落阶
段为最终进近 (属性名: FINAL) 和着陆 (属性名: LANDING), 根据飞行阶段并
且针对各个机场提取从机场出发航班的起飞阶段和到达机场的降落阶段.

图 3-5   航迹与稻城亚丁机场 DEM 匹配结果

3.2.3 气象数据融合

民航飞机起降在对流层, 巡航在平流层, 其在整个飞行过程中均受到包含气
象要素在内的外部环境的影响. 气象环境中对飞机影响最大的因素是风, 尤其是
风的瞬时变化, 包括瞬时大小和方向. 气象数据的融合需要考虑不同时空尺度的
数据融合, 例如考虑到风随季节变换明显, 对风依季节先进行划分格网, 继而分别
进行统计, 得到各单元四个季节的平均风速和平均风向, 如图 3-6 至图 3-9 所示.

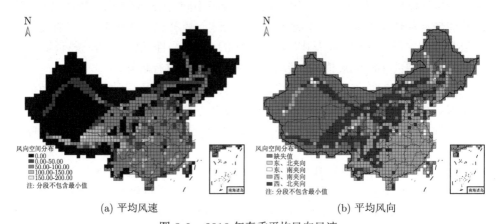

图 3-6   2016 年春季平均风向风速

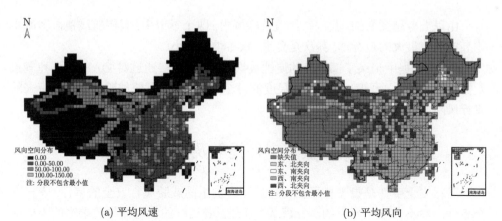

(a) 平均风速   (b) 平均风向

图 3-7   2016 年夏季平均风向风速

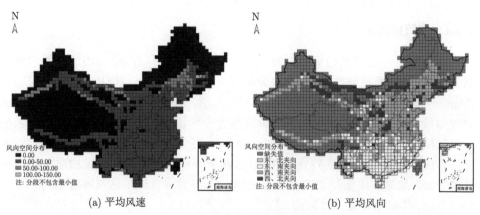

(a) 平均风速   (b) 平均风向

图 3-8   2016 年秋季平均风向风速

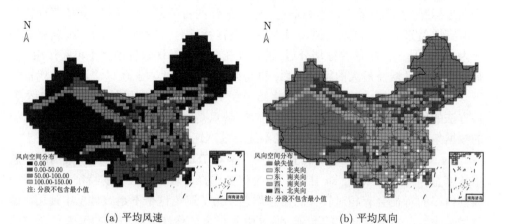

(a) 平均风速   (b) 平均风向

图 3-9   2016 年冬季平均风向风速

由以上专题图易知, 我国航线覆盖区域内, 四个季节中, 我国航线覆盖区域平均高空风速最大的是春季, 其次是夏季, 秋冬季则较小.

QAR 数据中记录了部分风的属性数据和时空数据, 通过对 QAR 数据和气象数据 (风、湿度、温度) 进行不同尺度的时空融合, 可以有效规避气象环境带来的飞行风险.

3.3　飞行安全事件提取及其预测方法

飞行安全事件是指飞行器在飞行过程中发生的威胁飞行安全的事件, 飞行安全事件一般不会导致严重的飞行事故, 但会影响飞行的状态而导致乘客的不适应等, 例如飞行颠簸事件、不稳定进近等, 严重的结果会导致飞行事故. 本节阐述关于飞行安全事件提取及其预测的理论与技术方法.

3.3.1　决策树方法

决策树是一类常见的机器学习方法, 决策树方法可以形成明确的分类预测规则, 具有很好的可理解性, 常见的决策树方法有 C4.5 算法、REP (Reduced-Error Pruning) 树和多决策树集成的随机森林算法. 本书选用决策树方法作为构建 QAR 空中颠簸预报方法的基础模型. 决策树作为一种树形结构, 其每个内部节点表示一个属性上的测试, 每个叶节点代表一种类别. 它是一种监督学习算法, 通过对给定样本的学习而建立一系列分类规则, 这些分类规则能够对新出现的对象给出正确的分类. 常见的决策树算法主要有 ID3、C4.5 和 CART, 这三种方法将在下文分别介绍, 并根据需要予以取舍.

ID3 由 Quinlan 在 1986 年提出, 它以信息论为基础, 以信息熵和信息增益度为衡量标准, 根据 "最大信息熵增益" 选取最佳的特征来分割数据, 并按照该特征的所有取值来切分, 也就是说如果选中的最佳特征有 n 种取值方法, 数据将被切分为 n 份, 且一旦按该特征切分后, 该特征在之后的算法执行中将不再起作用. 选择出当前信息增益最大的特征之后, 再将剩余的特征代入上述算法逐步迭代找到下一个信息增益最大的特征, 直到将结果完全分割开来, 则可以结束当前的运算. 该方法的优点是学习能力较强, 方法简单; 缺点是对噪声比较敏感, 且只对比较小的数据集有效, 容易造成过度拟合且不适合处理连续型数据.

C4.5 由 Quinlan[26] 在 1993 年提出, 是对 ID3 算法的改进. ID3 采用的信息增益度量存在一个缺点, 即 ID3 一般会优先选择有较多属性值的特征, 这是因为属性值多的特征会有相对较大的信息增益. 为了避免这个不足, C4.5 中使用 "信息增益率" 作为选择分支的准则, 通过引入一个被称作分裂信息的项来惩罚取值较多的特征, 从而选取得到最优特征. C4.5 算法具有准确率较高, 且分类规则易于理解的优点; 但由于在构造树的过程中, 需要对数据集进行多次的顺序扫描和排序, 因此效率较低. 此外, C4.5 在分类时会读取和考虑所有数据集, 当训练集过大时, 分类将无法进行.

分类回归树 (Classification and Regression Tree, CART)[27] 由 Breiman 等于 1984 年提出. 由于 ID3 算法根据属性值分割数据之后该特征不会再起作用, 从而导致分类结果不够精确, 因此 CART 算法对 ID3 算法做出了进一步的改进. 该算法的原理是采用二元切分法, 即遍历所有属性 (包含离散或者连续性数据), 选取当前最优属性并且按照该属性将数据分成两部分, 作为左子树和右子树, 然后在剩余属性中选择最优特征, 迭代运算直到将结果完全分离为止. 在分类过程中, 使用基尼指数 (Gini Index) 来选择最好的数据分割的特征 (基尼指数用于描述数据的纯度, 与信息熵的含义相似).

相比 ID3 和 C4.5, CART 既可以用于分类也可以用于回归, 而且基尼指数的改进方法优于 ID3 和 C4.5 算法, CART 算法适用于数据量大并且属性数据具有连续性特点的数据分析.

3.3.2 随机森林方法

随机森林[28] 是一种集成决策树方法, 它利用重采样方法在原始训练样本的基础上随机生成多个样本集, 对每个样本集进行决策树建模, 通过投票得出最终的预测结果. 具体分类过程如下:

(1) 对训练样本集有放回地抽样 N 次, 得到训练样本的一个子集作为新训练样本集;

(2) 重复 (1) 的过程, 抽样出 k 个新的训练样本集 $\{D_k\}$;

(3) 针对每个新的训练样本集随机抽样 m 个属性训练生成一棵分类树, 由此得到分类树序列 $\{h_1(x), h_2(x), \cdots, h_k(x)\}$;

(4) 分别用生成的分类树序列对输入的未分类样本 x 进行分类, 最终分类结果为

$$H(x) = \arg\max_Y \sum_{i=1}^{k} I(h_i(x) = Y) \tag{3-16}$$

其中, $H(x)$ 表示组合分类模型, h_i 表示单个决策树分类模型, Y 表示输出类别变量, $I(h_i(x) = Y)$ 为示性函数.

而在随机森林建模过程中, 参数的设置至关重要, 主要涉及如下参数:

(1) 最大特征数: 每次建模选取的最大属性数目. 当属性数目非常多时, 可灵活设置, 以提高决策树生成效率.

(2) 决策树最大深度: 决策树建立子树的最大深度. 默认不限制子树深度, 模型样本量或特征多时, 推荐限制最大深度, 具体取值取决于数据的分布.

(3) 内部节点再划分所需最小样本数：当节点样本数少于设置的值时, 不再对节点进行划分, 其默认值为 2; 当样本量非常大时, 一般需要增大该值.

(4) 叶子节点最少样本数：当叶子节点样本数少于设置的值时, 会和其兄弟节点一起被剪枝.

(5) 叶子节点最小的样本权重和：当叶子节点所有样本权重之和小于设置的值时, 会与其兄弟节点一起被剪枝; 而当较多样本有缺失值或分类树样本的分布类别偏差很大时, 推荐设置该值.

(6) 最大叶子节点数：通过设置其值, 可防止过拟合. 当特征过多时建议设置其值.

(7) 节点划分最小不纯度：当某节点的不纯度小于设置阈值, 则该节点不再生成子节点.

3.3.3   模型与算法设计

针对 QAR 数据, 采用决策树模型实现典型飞行安全事件的检测与智能分析, 基于决策树模型对不同类型安全事件进行分析和处理, 通过构建完整的决策树, 将海量历史 QAR 数据进行分类, 从中寻找潜在有价值的信息, 其基本流程如图 3-10 所示. 经数据预处理操作后, 通过随机抽样方法将数据集划分为独立的训练样本集和测试样本集, 将事件数据作为训练样本集, 选择适用的字段, 构建空中颠簸、进入复杂状态、GPWS 和冲偏出跑道等典型飞行安全事件决策树模型. 通过计算混淆矩阵对模型性能进行测试评价, 评价指标如下：

(1) 正确率：正确分类的样本占总样本数的比例;

(2) 灵敏度：分类器预测的正样本中实际正样本占所有正样本的比例;

(3) 精度：被分为正样本的实例中实际为正样本的比例;

(4) 特效度：被分为负样本的实例中实际为负样本的比例.

通过利用不断更新的现时数据对模型进行持续训练和优化, 不断提高模型的灵敏度和正确率, 不断对模型进行优化, 最终形成面向 QAR 数据典型安全事件的检测与智能分析模型, 从正确率、灵敏度、精度和特效度等方面对不同决策树模型进行对比. 随机森林模型在保留了决策树技术良好解释性的同时又可提高预测精度, 且相较于神经网络方法不易产生过拟合问题.

因此综合分析不同技术的特点, 采用随机森林方法建立基于 QAR 大数据的空中颠簸预测模型. 在前文数据预处理基础上, 首先判断 QAR 数据记录的飞行轨迹点是否为颠簸点, 然后根据其下一秒内是否发生颠簸做初始类别标记, 接着按照一定规则构建训练样本与测试样本, 最后进行空中颠簸预测模型的建立、测试和分析, 以实现空中颠簸事件的预测.

具体实现流程如图 3-11 所示, 具体步骤如下.

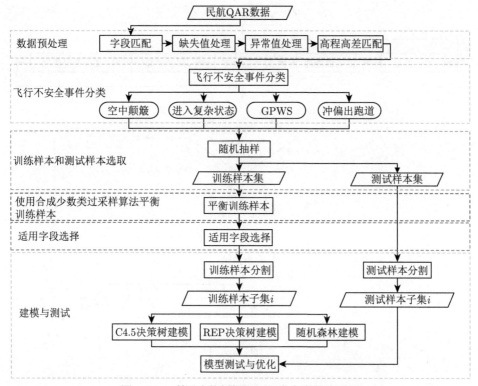

图 3-10 利用决策树提取飞行安全事件流程图

(1) 初始类别标记.

我国民航业内通常使用垂直过载增量作为空中颠簸诊断依据, 由于一般情况下 x 方向 (飞机纵向加速度) 和 z 方向 (飞机横向加速度) 的过载系数均较小, 因此常常忽略, 只考虑 y 方向 (飞机垂直加速度) 的过载. 垂直过载增量 Δn (以重力加速度 g 的倍数表示) 表达式为

$$\Delta n = \text{VRTG} - 1 \tag{3-17}$$

其中, VRTG 为 QAR 数据中记录的飞行轨迹点的垂直加速度, 同样以重力加速度 g 的倍数表示, 当 $|\Delta n| > 0.2$ 时, 认为飞行轨迹点为空中颠簸点. 不同的航空公司有不同的监控标准, 比如当 VRTG > 1.8 或 VRTG < 0.3 时, 可以认为飞行轨迹点为空中颠簸点.

为将分类问题转化为预测问题, 在对飞行轨迹点记录类别标记时, 记未来一秒内 (即下一秒) 发生空中颠簸的飞行轨迹点为正例, 其余为负例. 按照这种初始分类方式, 当输入新的类别未知样本时, 其输出类别则指示其未来一秒是否发生空中颠簸, 以达到空中颠簸风险预警的目的.

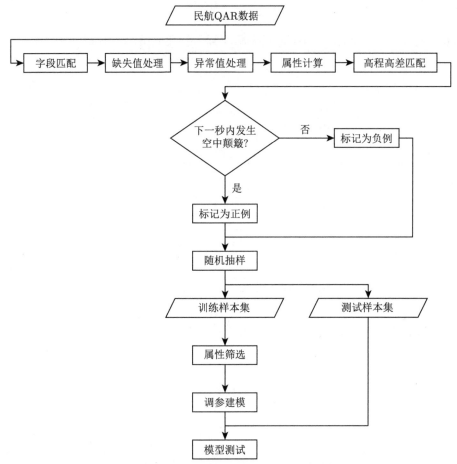

图 3-11　利用随机森林建立空中颠簸预测模型流程图

(2) 训练样本集与测试样本集构建.

针对 QAR 数据, 构建训练样本和测试样本时有两个要点:

一是保证各训练样本中正负例数量相对均衡. 研究表明, 对于一些基分类器而言, 与不均衡的数据集相比, 一个均衡的数据集可以提高全局的分类性能. 解决不均衡学习的重要途径之一是从数据层面出发, 对数据进行过抽样或欠抽样. 因 QAR 数据中飞行记录点数目达千万条, 且为保证少数类样本的真实性, 书中采用欠抽样方法均衡训练样本中正负例的比例.

二是保持测试样本中正负例比例与真实情况一致, 以模拟真实情形, 反映预测模型在真实应用场景下的预测能力.

同时为了模型稳定性的验证, 按一定比例对正负样本进行随机抽样, 共构建了五份训练样本集与测试样本集, 分别对随机森林模型进行训练与验证.

(3) 属性初始筛选.

为保证随机森林生成的预测模型具有较好的解释性, 本书结合民航业内先验知识, 选取了与空中颠簸有关的重要属性及有关计算量作为输入字段, 具体如表 3-3 所示.

表 3-3　随机森林模型主要研究的 QAR 数据属性字段

ID	含义	属性名称	单位
1	Longitudinal Gravitational Acceleration	LONG	g
2	Latitudinal Gravitational Acceleration	LATG	g
3	Instantaneous Lifting Velocity	IVV	ft/min[a]
4	Ground Speed	GS	kt[b]
5	Height	Height	ft[c]
6	Total Air Temperature	TAT	℃
7	Nominal Thrust of Left-side Engine	N11	rpm[d]
8	Nominal Thrust of Right-side Engine	N12	rpm
9	Wind Speed	WIN_SPDR	kt
10	Wind Direction	WIN_DIR_HEAD	(°)
11	Aircraft Gross Weight	GW	lb[e]
12	Elevation	ELEV	m
13	Elevation Difference	ELEV_CHANGE	m
14	Month	Month	
15	Day	Day	
16	Hour	Hour	
17	Aircraft Type	AC_TYPE	
18	Flight Phase	FLIGHT_PHASE	
19	Longitude	LONG_AIR	(°)
20	Latitude	LAT_AIR	(°)

a. 1ft/min $= 5.08×10^{-3}$m/s; b. 1kt $= 0.514444$m/s; c. 1ft $= 3.048×10^{-1}$m; d. 1rpm $= 1$r/min;

e. 1lb $= 0.453592$kg.

所选择的属性既包括飞机的时空位置如经纬度、飞行高度、时间、地表高程高差等, 也包括飞机所处环境参数如总温、风向、风速等, 还包括飞机自身的状态和设备状态参数如各向加速度、指示空速、升降率、左右发动机额定推力等.

(4) 预测模型建立与测试.

通过调整随机森林建模参数, 分别对五组训练样本进行建模, 并分别使用五组测试样本进行模型测试, 最后使用混淆矩阵及对应的衍生指标评价模型并对生成的属性重要性结果进行分析. 根据飞行风险的规避规则, 对空中颠簸本着"宁可判错、不可漏过"的原则, 重点关注了预测模型的灵敏度和正确率.

3.3.4　模型性能评价

为了衡量随机森林建模效果, 采用混淆矩阵和衍生指标进行度量. 其中混淆矩阵可用于计算分类模型的分类准确性, 正确率、灵敏度、精度和特效度四个衍生指标, 用于对模型性能的量化评价.

1. 混淆矩阵

QAR 数据分类的目标仅有未来一秒内发生空中颠簸和未来一秒内未发生空中颠簸两类, 可被分别记为正例和负例, 通过观察随机森林建模过程中的分类效果, 构建混淆矩阵如表 3-4 所示, 相应的矩阵要素指标及其含义分别如下:

(1) 假负值 FN (False Negative): 指实际上为正例 (下一秒发生空中颠簸), 而被错误地分类为负例 (下一秒未发生空中颠簸).

(2) 假正值 FP (False Positive): 指实际上为负例 (下一秒未发生空中颠簸), 而被错误地分类为正例 (下一秒发生空中颠簸).

(3) 真负值 TN (True Negative): 指实际上为负例 (下一秒未发生空中颠簸), 而且被正确地分类为负例 (下一秒未发生空中颠簸).

(4) 真正值 TP (True Positive): 指实际上为正例 (下一秒发生空中颠簸), 而且被正确地分类为正例 (下一秒发生空中颠簸).

表 3-4　混淆矩阵

		预测类别	
		正例	负例
实际类别	正例	1161	261
	负例	46719	953281

2. 衍生指标

根据上节中混淆矩阵的四个基本指标, 衍生出正确率、灵敏度、精度和特效度四个指标, 具体定义如下:

(1) 正确率: 表示正确分类的样本占总样本数的比例, 即 $(TP+TN)/(N+P)$, 其中 N 为样本集合中负例 (下一秒未发生空中颠簸) 样本数, P 为样本集合中正例 (下一秒发生空中颠簸) 样本数.

(2) 灵敏度: 表示正例被正确分类的占比, 即分类器预测的正样本 (下一秒发生空中颠簸) 中实际正样本占所有正样本的比例, 即 $TP/(TP+FN)$.

(3) 精度: 表示被分为正例 (下一秒发生空中颠簸) 的样本中实际上也为正例的比例, 即 $TP/(TP+FP)$.

(4) 特效度: 表示被分为负例 (下一秒未发生空中颠簸) 的实例中在实际上也为负例的比例, 即 $TN/(FP+TN)$.

通过计算正确率、灵敏度、精度和特效度四个指标, 分别从空中颠簸预测模型预测正确率、正例 (下一秒内发生空中颠簸) 识别率、预测精确性和负例 (下一秒内未发生空中颠簸) 识别率四个方面对采用随机森林模型分析 QAR 数据实现的空中颠簸预测模型进行评价.

3. 实验结果分析

1) 正确率评价

分别采用五组测试样本对随机森林生成的五组空中颠簸预测模型进行测试, 得到五组模型分别针对不同测试样本的 25 组正确率, 如图 3-12 所示. 其中 $trni\_tstj$ $(i, j = 0, 1, 2, 3, 4)$ 对应的数值表示针对第 i 组训练样本采用随机森林模型训练生成的空中颠簸预测模型在第 j 组测试样本上的正确率. 由图中可看出, 各组预测模型在各组测试样本上的正确率表现出比较稳定的特征, 正确率值稳定在 0.994 至 0.996 之间. 这表明, 基于随机森林生成的空中颠簸预测模型仅依据 QAR 设备记录的部分属性项和基础地形数据即可对约 99.5% 的飞行轨迹点未来一秒内会否发生空中颠簸事件做出正确的判断.

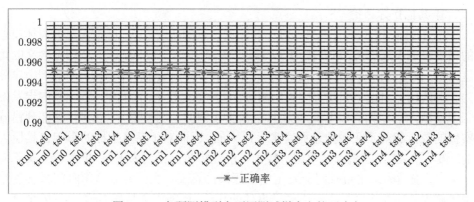

图 3-12 各预测模型在不同测试样本上的正确率

2) 灵敏度评价

针对上述 25 组实验和检验结果, 不同的预测模型针对不同测试样本所得到的灵敏度如图 3-13 所示. 从图中可看出, 各预测模型在灵敏度性能方面的表现并不稳定. 其中, 五组预测模型在第 0 组测试样本上的灵敏度表现相对较差, 这说明相较于第 0 组测试样本, 五组预测模型更适用于其余四组测试样本. 另一方面, 考虑到灵敏度表示正例中被正确分类的概率, 即空中颠簸被正确地预测, 会受到测试样本中正 (下一秒内发生空中颠簸)、负 (下一秒内未发生空中颠簸) 实例的不平衡影响. 测试样本中被标记为正例的飞行轨迹点数量远远少于被标记为负例的轨迹点, 因此不同模型间即使错判数量仅相差比较小的数值, 但反映到灵敏度上仍然是一

个较大差别. 但是尽管灵敏度波动较大, 不同模型和测试样本的值仍保持在 97%
以上, 即随机森林模型基本可实现对飞行过程中 97%以上飞行轨迹点下一秒内发
生的空中颠簸做出有效识别.

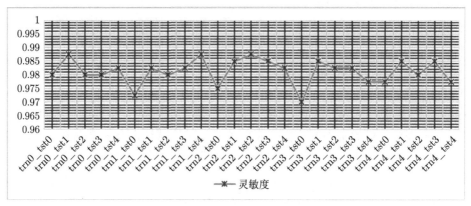

图 3-13   各预测模型在不同测试样本上的灵敏度

3) 其他指标评价

图 3-14 给出了不同模型针对不同测试样本的精度表现, 可发现随机森林模型
的精度表现不太理想, 最高值为 39.38462%, 最低为 34.43073%. 从指标含义的角
度来看, 模型的精度表示的是被分为正例 (下一秒内发生空中颠簸) 的实例中实际
为正例的比例, 因为测试样本中正例的数量基数比较小, 而负例 (下一秒内未发生
空中颠簸) 占比非常大, 因此即使只有极少比例的负例被错分为正例, 这部分错分
实例的数量相对于正例数量而言也是巨大的, 因此对于精度指标的影响也是巨大
的. 该结果表明, 随机森林模型有较大可能性将负例错判为正例, 但考虑到实际应
用中, 正确预测未来短时间会发生空中颠簸的意义远大于将少量短时间未发生空
中颠簸事件错判为会发生空中颠簸事件的代价, 而随机森林模型约 36%的精度指
标虽有待改进但仍是可接受的.

不同模型针对不同测试样本的特效度性能表现如图 3-15 所示, 所有模型针对
所有测试样本均表现出了非常高的特效度, 达到 99.76% 以上, 从另一角度证实了
所提出预测模型的可行性和优良程度.

综合考虑五组模型在以上四项指标上的表现, 可以看出随机森林生成的空中颠
簸预测模型在正确率、灵敏度和特效度上表现优秀, 最高分别达到了 99.555362%,
98.75% 和 99.803%, 而考虑到正负例数量之间的较大差异, 约 36%的精度对于空
中颠簸预测而言也是可接受的. 因此, 证实了随机森林模型可作为 QAR 数据在
空中颠簸预测方面的有效技术, 未来可进一步围绕随机森林模型进行深入分析和
实验, 最终建立性能优良、可进行实际应用的空中颠簸预测模型.

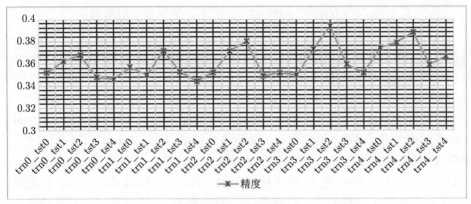

图 3-14 各预测模型在不同测试样本上的精度

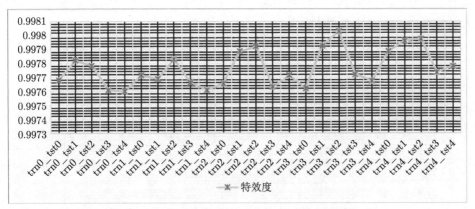

图 3-15 各预测模型在不同测试样本上的特效度

4) 属性重要性分析与验证

在随机森林建模过程中, 根据子分类树的精确度, 同时评估了每个属性项的重要程度, 结果如图 3-16 所示.

由图 3-16 可见, 重要性排名靠前的属性项大致包含以下几类:

(1) 时间相关属性: 包括 Month、Day 和 Hour, 分别表示飞行轨迹点所处月份、日期和时段. 考虑这种结果与空中颠簸的发生在时间上的聚集特征有关, 如每年中某些月份易发、每月中某些日期易发、每日某些时段易发, 这同时也说明了空中颠簸的发生与大气气流季节性变化息息相关.

(2) 机型: AC_TYPE, 如波音或空客等不同的飞机型号.

(3) 空间相关属性: 包括 LAT_AIR、LONG_AIR、Height, 分别表示飞行轨迹点所处纬度、经度和高度 (高度由标准气压高度和无线电高度计算得到). 考虑这种结果与空中颠簸的发生在空间上的聚集性有关, 如某地区易发.

(4) 飞行阶段：FLIGHT_PHASE, 如起飞、平飞和下降阶段.

总的来说, 由属性重要性可知, 飞行过程中飞机的时空信息、飞行阶段、机型等信息为空中颠簸预测模型建立贡献了最多的信息量, 这也从侧面反映了空中颠簸事件的发生除了与飞机本身的属性相关之外, 在时空分布上具有典型的发生特点. 为验证这一点, 使用核密度估计方法对空中颠簸时空分布做了进一步研究.

使用混淆矩阵及其衍生指标 (正确率、灵敏度、精度、特效度) 对生成的随机森林预测模型进行评价. 根据飞行风险预警的要求, 对正例样本 (下一秒内发生空中颠簸) 按照 "宁可判错、不可漏过" 的原则, 重点关注模型在灵敏度和正确率方面的表现. 实验结果表明, 随机森林模型在正确率、灵敏度和特效度方面表现优秀, 但由于受到测试样本中正负例数量失衡的影响, 各组预测模型在灵敏度方面表现起伏较大, 精度的表现不是很理想. 同时, 通过属性重要性计算发现, 空中颠簸的发生与其自身机型、飞行阶段息息相关, 且具有一定时空聚集特征, 这可能与大气气流季节性变化有很大关系.

综合来说, 采用随机森林算法构建的空中颠簸预测模型可以在保证高正确率、灵敏度、特效度以及可接受的精度性能前提下对未来一秒内是否发生空中颠簸做出准确预测, 这对于规避飞行风险、保障飞行安全具有重要的现实意义.

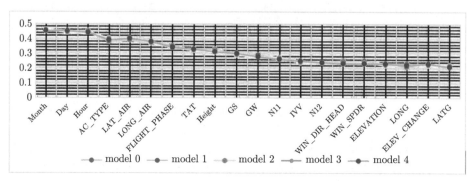

图 3-16　属性重要性

3.4　飞行异常探测及其空间相关性方法

3.4.1　飞行异常

异常是指偏离或不符合预期模式的项目、事件或观测值; 而异常探测则是通过一定的技术手段或方法对上述异常进行有效的识别或挖掘. 异常有可能是错误引起的, 但很多时候是由未知的、潜在的或其他的机制所引起的. 根据异常的定义, 我们将飞行异常定义为：偏离或不符常规设定的飞行, 该飞行主要是由飞行器自身状态、外部环境或飞行员等要素引起的. 飞行异常探测则是利用相关的技术手段和方法进行异常飞行的识别.

3.4.2 常规聚类方法

常用的传统聚类方法包括: 划分聚类、层次聚类、密度聚类等, 其中层次聚类和密度聚类的聚类效果严重依赖对模型参数的合理设置; 而划分聚类较为简单, 适宜于小规模数据分析. 经典的划分聚类方法又包括 k 均值 (k-means[29])、k 中值 (k-median[30])、k 中心 (k-medoids[31]) 等, 与 k-means 相比, k-median 和 k-medoids 受噪声影响更小.

聚类方法是将具有相似特征的样本放到一起进行归类的算法. 聚类分析的思想最早由 Aldenderf 提出, 并将其功能概括为: 数据分类的进一步扩展; 对实体归类的概念性探索; 通过数据探索而生成假说; 一种基于实际数据集归类假说的测试方法. 很多时候聚类分析的样本是没有分类标签的, 根据数据本身的属性特征来实现分类, 因此多作为一种无监督方法应用于科学研究中. 在数学上聚类方法的目标表达为 "类内的相似性和类间的排他性", 若给定样本集为

$$S = \{X_1, X_2, \cdots, X_j, \cdots, X_N; X_j = (x_{j1}, x_{j2}, \cdots, x_{jd}) \in \mathbb{R}^d\} \tag{3-18}$$

此处 X_j 代表一个样本的特征向量, 称为样本点或样本; x_{jd} 表示样本 X_j 共有 d 维特征或属性. 若将样本集 S 划分为 K 个簇, 则满足下面规则:

$$
\begin{cases}
S = \{S_1, S_2, \cdots, S_K\}, & K \leqslant N, \\
S_i \neq \varnothing, & i = 1, 2, \cdots, K, \\
\displaystyle\bigcup_{i=1}^{K} S_i = S, & \\
S_i \cap S_j = \varnothing, & i, j = 1, 2, \cdots, K, i \neq j
\end{cases} \tag{3-19}
$$

图 3-17 为二维数据聚类的一个示例.

在实际应用中, 会根据数据的特征和研究目的选择不同的聚类方法, 最常用的为原型聚类, 此类算法假设聚类结构能够通过一组原型刻画. 通常情况下算法首先对原型进行初始化, 然后对原型进行迭代更新求解, 其中最具代表性的有 k 均值算法、学习向量量化和高斯混合聚类. 其中, k 均值聚类通过最小化分类簇的平方误差来实现聚类, 公式如下

$$E = \sum_{i=1}^{K} \sum_{X \in S_i} \|X - \mu_i\|_2^2 \tag{3-20}$$

式中 $\mu_i = \dfrac{1}{|S_i|} \displaystyle\sum_{X \in S_i} X$ 是簇 S_i 的均值向量, 在实现过程中, 最小化的均方误差通

过迭代求解, 样本 X_j 被标记为与其绝对距离 $d_{ji} = \|X_j - \mu_i\|_2$ 最近簇, 将所有样本点更新簇标记后对不同簇的均值向量进行计算, 如此循环直到各样本的簇标记不会再变化.

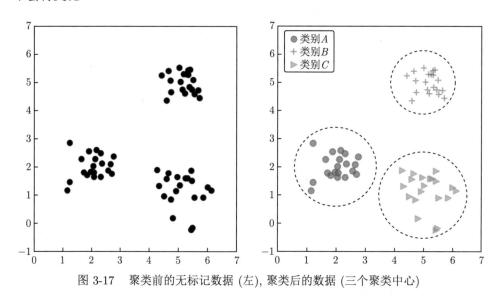

图 3-17   聚类前的无标记数据 (左), 聚类后的数据 (三个聚类中心)

与 k 均值算法相似, 学习向量量化也是通过寻找一组原型向量求解, 不过区别在于学习向量量化假设数据样本带有类别标记, 聚类过程中会利用标记信息进行辅助的监督学习. 与 k 均值算法和学习向量量化不同, 高斯混合聚类没有采用原型向量, 而是根据数据构造的概率模型来表达聚类原型, 其思想与 k 均值算法类似, 是将不同的簇表示为高斯混合分布, 样本通过求解在不同的高斯分布下的后验概率, 并将此后验概率作为该样本新的高斯混合分布的权重因子与其他的样本联合对高斯混合分布进行更新完成聚类.

除了基于原型聚类的方法, 还有密度聚类和层次聚类, 密度聚类是指根据样本之间的可连接性来进行簇类的归属, 层次聚类指在不同层次上对样本进行聚类, 从而形成树型的聚类结构, 在应用时可采用 “自底向上” 的聚合策略, 也可采用 “自顶向下” 的分拆策略. 除此之外, 还存在很多包括半监督聚类在内的其他的聚类方法, 可能适用于不同的应用场景, 在此不一一列出.

3.4.3   空间聚类方法

空间聚类方法是采用聚类的方法, 对空间数据进行挖掘的一种手段[32,33]. 空间数据挖掘是指从空间数据库中提取隐含的、用户感兴趣的空间和非空间模式、

普遍特征、规则和知识的过程. 空间聚类是空间数据挖掘的一种重要手段, 在地理信息系统、生态环境、军事、市场分析和风险控制等领域都得到了应用. 通过空间聚类可以从空间数据中发现隐含的信息或知识, 包括实体空间聚集趋势、分布规律和发展变化趋势等.

空间聚类的处理过程如图 3-18 所示, 数据模型设计与数据预处理是将需要研究的数学问题进行结构化的数学表达, 用向量的形式表示各样本; 随后选择聚类方法对数据进行处理, 再根据实际分类效果对聚类方法进行评估.

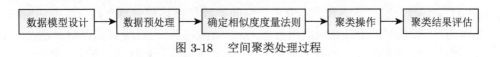

图 3-18　空间聚类处理过程

一般来说, 根据采用的聚类方法的不同, 空间聚类方法可分为基于划分的方法、基于层次的方法、基于密度的方法、基于网格的方法和基于模型的方法以及其他形式的空间聚类算法.

(1) 基于划分的空间聚类. 基于划分的方法需要首先对数据集进行初始划分, 再根据每个子集内的数据特征表达出该子集的特征, 然后再分别按照每个子集的特征对数据进行分析, 并对每个子集进行更新, 其典型算法包括 k 均值算法、k 中心算法、CLARA 和 CLARANS 算法等.

(2) 基于层次的空间聚类. 基于层次的方法是通过采用层次聚类的方法来对空间数据进行聚类的手段, 在自顶向下的分拆策略中, 数据被逐渐细分为越来越多的簇, 直到所有样本都自成一簇或达到了终止条件, 而在 "自底向上" 的聚合策略中, 最初所有样本单独为簇, 随后通过将相邻的簇一步步聚集为更大的簇, 直至所有样本都归为一簇或达到某个终止条件. 基于层次的聚类方法有 AGNES、DIANA、BIRCH、CURE、ROCK 和 CHAMELEON 等算法.

(3) 基于密度的空间聚类. 基于密度的聚类方法根据其邻近区域存在的样本数进行簇的划分, 若边缘样本邻域内的样本点小于阈值, 便停止聚类, 因此在检测噪声和异常点上得到了较多应用, 其代表性算法有 DBSCAN、OPTICS 和 DEN-CLUE 算法等.

(4) 基于网格的空间聚类. 基于网格的空间聚类方法通过构建一个多分辨率的网格结构, 然后再以单个网格单元作为聚类的最小单位. 网格处理能够显著加快处理速度, 但是对应地, 会降低聚类的质量和精确性. 基于网格的空间聚类方法主要有 STING、WAVE CLUSTER 和 CLIQUE 算法.

(5) 基于模型的聚类方法. 主要有基于统计模型的聚类方法和基于神经网络模型的聚类方法, 其主要原理是根据样本集拟合出一个最佳的模型出来.

在空间分布特征分析中, 针对点数据, 常用的全局聚类检验指标有最邻近统计法[34] 和 Ripley's K 函数法[35]; 针对面数据, 考虑其相邻或相近区域之间会相互影响, 常用 Moran's I (莫兰指数)[36]、Geary's C[37] 等检验其空间自相关特征. 其中, 只有空间自相关方法考虑了属性特征, 而不仅仅依据空间位置计算其聚类特征.

3.4.4 空间自相关

地理数据由于受空间相互作用和空间扩散的影响, 彼此之间不再相互独立, 而是存在某种关系, 空间自相关是分析一定区域内的不同变量之间相似性的方法[38]. 空间相互作用是指一个地方发生的现象会影响其他与之相关的位置的结果, 这种影响一般与距离和方向有关. 空间扩散是指某种空间现象与生存环境相互作用, 一般从扩散源开始向周围散播, 离扩散源越近, 对应受到的影响就越大.

此外, 地理系统是一个开放系统, 一个热点区域向周围区域扩散时, 也会受到其他热点区域扩散的影响. 扩散的模式在一定程度上会呈现出与空间特征的相关的现象, 通常会具有非均质性, 而应用空间自相关的分析方法可以在一定程度上总结出这种关系.

空间自相关方法可通过计算某空间单元与其周围单元空间的某个特征值的相关程度来实现, 从而有助于分析这些空间单元在空间中的分布现象的特性. 在计算空间自相关的方法中具有代表性的有 Moran's I、Geary's C, 可根据其分析范围是否设限分为全局型和局部型两种. 在此对全局 Moran's I 和局部 Moran's I 进行介绍.

全局 Moran's I[39] 可以从总体上反映研究目标的空间相关性, 其表达式如下

$$
I = \frac{n \sum\limits_{i=1}^{n} \sum\limits_{j=1}^{n} w_{ij} \left(x_i - \bar{x}\right)\left(x_j - \bar{x}\right)}{\left(\sum\limits_{i=1}^{n} \sum\limits_{j=1}^{n} w_{ij}\right)\left(\sum\limits_{i=1}^{n} \left(x_i - \bar{x}\right)^2\right)} \tag{3-21}
$$

其中 $i \neq j, n$ 为参与分析的空间单元数; x_i 和 x_j 分别表示某现象 (或某属性特征) x 在空间单元 i 和 j 上的观测值; w_{ij} 是空间权重矩阵, 表示区域 i 和 j 的临近关系, 它可以根据邻接标准或者距离标准来衡量, 以临界标准的 w_{ij} 表达式如下

$$
w_{ij} = \begin{cases} 1, & \text{若 } i \text{ 和 } j \text{ 空间单元相邻,} \\ 0, & \text{若 } i \text{ 和 } j \text{ 空间单元不相邻} \end{cases} \tag{3-22}
$$

相应的检验公式为

$$
z_I = \frac{I - E(I)}{\sqrt{\mathrm{Var}(I)}} \tag{3-23}
$$

相应的方差为

$$\text{Var}(I) = \frac{1}{S_0^2 \left(n^2 - 1\right)} \left(n^2 S_1 - n S_2 + 3 S_0^2\right) - \frac{1}{(n-1)^2} \qquad (3\text{-}24)$$

其中

$$\begin{cases} S_0 = \sum_{ij} w_{ij}, \\ S_1 = 2 \sum_{ij} w_{ij}^2, \\ S_2 = 4 \sum_{i} w_i^2 \end{cases} \qquad (3\text{-}25)$$

$$w_i = \sum_{j} w_{ij}$$

$$E(I) = -1/n - 1$$

$E(I)$ 为在完全随机假定下, 空间 Moran's I 的理论均值. 全局 Moran's I 取值范围为 -1 到 1, I 小于 0 时, 表示空间负相关; 大于 0 则表示正相关, 绝对值越大, 相关性越高. 全局 Moran's I 表示为整个研究区域上被研究对象在空间上的相关性, 不能表征某个位置与其相邻位置的相关性. 局部 Moran's I 可计算某个区域的地理信息与周围区域信息的相关性.

局部 Moran's I 要求满足两个条件: ① 每个观察值的局部空间相关系数 (Local Indications of Spatial Autocorrelation, LISA) 是反映它与空间相邻近的观察值空间聚集性的指标; ② 对全部观察值的 LISA 值相加与空间相关性中的全局指标成正比. 前者是说 LISA 是一个局部空间相关的测度, 而后者意味着可把全局型空间相关系数分解成各个区域上的空间相关性.

针对 i 区域的局部 Moran's I LISA 定义为

$$I_i = \frac{(x_i - \bar{x})}{S^2} \sum_{j, j \neq i}^{n} w_{ij} \left(x_j - \bar{x}\right)$$

$$S^2 = \frac{1}{n} \sum_{i=1}^{n} \left(x_i - \bar{x}\right)^2 \qquad (3\text{-}26)$$

若符合完全随机假设, 则 $E\left(I_i\right) = -w_i/n - 1$. 此外, 还有双变量的 Moran's I, 可以分析两个变量在空间上的相关性. 全局双变量的 Moran's I[40] 定义为

$$I_{kl} = \frac{\sum_{i=1}^{n} \sum_{j=1}^{n} w_{ij} \left(x_k^i - \bar{x}_l\right) \left(x_k^j - \bar{x}_l\right)}{S_l^2 \sum_{i=1}^{n} \sum_{j=1}^{n} w_{ij}} \qquad (3\text{-}27)$$

其中 n 代表研究区域的总个数, k, l 分别代表研究的两个变量, w_{ij} 为不同地区的权重, x_k^i 和 x_k^j 分别代表 i 地区和 j 地区所研究的变量 k 的属性值, $\bar{x}_l$ 是变量 l 的平均值, S_l^2 为变量 l 的方差. 双变量局部 Moran's I 定义为

$$I'_{kl} = \frac{x_k^i - \bar{x}_k}{S_k^2} \sum_{j=2}^{n} w_{ij} \frac{x_l^j - \bar{x}_l}{S_l^2} \tag{3-28}$$

其中 S_k^2 和 S_l^2 分别代表变量 k 和变量 l 的方差.

在空间自变量分析中, 得到结果之后需要进行 z_I 值和 P 值的检验. P 值代表某一事件发生的概率, 在空间自相关的假设中, 其表示所观测到的空间分布规律是由某一随机过程创建而成的概率. z_I 能够反映数据集的离散程度, 相应地, 离散程度越低, 则模型准确率越高. 表 3-5 为不同置信度下的临界 z_I 值和 P 值.

表 3-5　空间自相关置信度表

z_I 值	P 值	置信度
<-1.65 或 >1.65	<0.10	90%
<-1.96 或 >1.96	<0.05	95%
<-2.58 或 >2.58	<0.01	99%

(1) 零假设.

零假设 (Null Hypothesis) 指进行统计检验时预先建立的假设. 该假设下, 有关统计量服从已知的某种概率分布, 而一般是希望证明其错误. 在相关性检验中, 一般取 "待研究目标间没有相关性" 作为零假设.

(2) Z-score.

Z-score 表示标准差的倍数. 若其为正, 其值越高表示数据的聚集程度越高; 若其为负, 其值越低表示数据的离散程度越高.

(3) 空间自相关.

空间自相关分析技术是用来分析某项属性值域在空间中的分布模式, 通常采用 Moran's I 进行度量. 全局 Moran's I 从总体上分析要素属性在空间分布上是否具有值域聚集性特征. 其计算公式为

$$I = \frac{N \sum_{i=1}^{N} \sum_{j=1}^{N} w_{ij} (x_i - \bar{x}) (x_j - \bar{x})}{\left(\sum_{i=1}^{N} \sum_{j=1}^{N} w_{ij} \right) \sum_{i=1}^{N} (x_i - \bar{x})^2} \tag{3-29}$$

其中, N 为研究区域中多边形总数, x_i, x_j 分别为区域 i, j 的待研究属性的属性

值, $\bar{x}$ 为区域中所有样本待研究属性的均值, w_{ij} 为空间权重矩阵中第 i 行第 j 列的元素.

在 H0 假设 "研究的要素的该属性不具备空间自相关性" 下, Moran's I 的期望值为 $E(I)$, 方差为 Var(I), 则其 Z-score 检验为

$$Z = \frac{I - E(I)}{\sqrt{\text{Var}(I)}} \qquad (3\text{-}30)$$

若记拒绝原假设的最小显著性水平为 P, 当 $|Z| > 1.96$ 时, $P < 0.05$, 拒绝无效假设, 认为 Moran's I 不为零, 所研究要素的目标属性具备显著的空间自相关特征.

局部 Moran's I 通过计算 LISA, 研究要素目标属性值域在不同位置上体现的不同空间集聚特征.

对于面积单元 i, 其 LISA 值定义为

$$I_i = z_i \sum_{i=1}^{N} w_{ij} z_j \qquad (3\text{-}31)$$

其中, z_i, z_j 分别是相对于均值和标准差的标准化变量, 如 $z_i = (x_i - \bar{x})/\delta$, δ 为 x_i 的标准差.

假设研究要素属性在空间上随机分布, 利用 Z 值检验对 LISA 统计量进行假设检验:

$$Z_i = \frac{I_i - E(I_i)}{\sqrt{\text{Var}(I_i)}} \qquad (3\text{-}32)$$

其中 i 代表不同的空间位置. 当 $|Z| > 1.96$ 时, $P < 0.05$, 拒绝无效假设, 认为局域 Moran's I 不为零, 所研究要素的目标属性在该位置存在显著的空间自相关性关系.

3.4.5 案例分析

在数据预处理时, 首先对选择的参数进行如图 3-19 相关性分析, 相关性系数取值范围为 $(-1,1)$, 正值代表正相关关系, 负值代表负相关关系, 相关性系数绝对值越大表示相关性越强. 相关性越强, 则代表着两个参数随着时间的相似或相反, 可以选择其中某个作为代表, 另一个则可以剔除. 在剔除相关性系数高的参数后, 保留了垂直加速度 (VRTG)、纵向加速度 (LONG)、侧向加速度 (LATG)、俯仰角 (PITCH)、横滚角 (ROLL)、朝向角 (HEAD_MAG)、右副翼位置 (AILR)、油门分解器角度 (TLA1) 和俯仰率 (PITCH_RATE) 9 个参数.

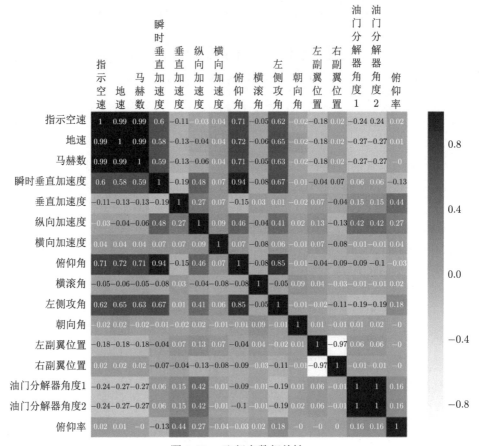

图 3-19 飞行参数相关性

选择的每个参数在时间上都有自己的分布, 为了满足聚类的数据要求, 使每个航班的起飞或降落过程由一个一维向量单独表示, 以起飞阶段为例, 每个航班向量可表示为式 (3-33) 所示的向量

$$V = [x_1^1, x_2^1, \cdots, x_n^1, \cdots, x_j^i, \cdots, x_n^m] \tag{3-33}$$

其中 n 代表起飞或降落阶段选择的飞行时间长度, m 代表参数的个数, 此处为 9. 选择的参数在时间上的分布从二维降至一维, 可有效避免高维 QAR 数据对聚类的影响, 在此基础上对选择的数据进行主成分分析, 降低向量的参数数量, 图 3-20 为主成分分析后全部变量的结果, 横坐标为特征的个数, 纵坐标为特征对应的特征值大小, 可以看出前面的一些特征已经能够很好地代表整个向量.

传统的 QAR 数据异常探测主要在于对超限事件的检测, 如将俯仰角超过 45° 视为飞行系统异常, 但是类似的超限事件很少发生, 难以进行有效研究, 而且实际情况下的飞行异常更多是复杂的多参数组合异常. 在此采用的 DBSCAN (Density-Based Spatial Clustering of Application with Noise) 算法是基于密度的聚类算法, 可以将不同的样本划分成不同的聚类簇, 此算法不需要预先设定聚类的数目, 而且对离群点, 也就是在参数上表现为与其他点差异很大的点的检测具有很大的优势, 在此可以将离群点预设为异常的飞行状态. 该飞行异常探测案例工作流如图 3-21 所示.

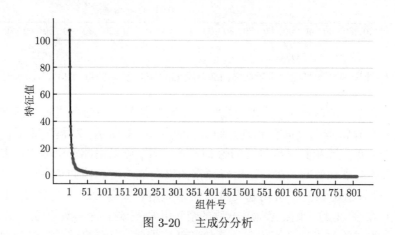

图 3-20   主成分分析

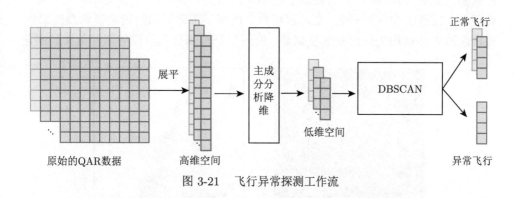

图 3-21   飞行异常探测工作流

在此基础上的聚类发现了由于起飞时的风力作用导致的稻城亚丁机场和贵州黎平机场的纵向加速度 (LONG) 和俯仰角 (PITCH) 异常, 如图 3-22 所示; 而同样是因为风阻造成稻城亚丁机场的航班降落阶段以及贵州黎平机场与四川康定机场的起飞阶段在纵向加速度、俯仰角、朝向角和油门分解器角度的异常; 而由于四川康定机场在降落阶段的快速转弯造成了横滚角的异常值. 可以看出聚类方法能够在一定程度上实现异常值的自动探测, 有利于后续进行具体的分析.

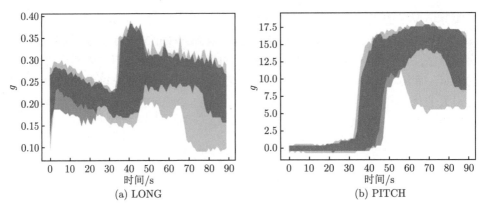

图 3-22　稻城亚丁机场起飞阶段的纵向加速度 (LONG) 和俯仰角 (PITCH) 的时间分布

　　在聚类结果的基础上, 对以上机场易出现异常的对应参数进行空间相关性分析. 首先对异常点的空间分布进行统计, 如图 3-23 所示, 对稻城亚丁机场出现异常点的空间位置和其对应位置的 8 时核密度图, 可以由此看出异常点多出现在机场跑道的起点和终点. 在对易出现异常的纵向加速度和俯仰角进行空间自相关分析时, 可看出稻城亚丁机场起飞阶段的俯仰角和纵向加速度的全局 Moran's I 都小于 1, 如图 3-24 所示, 表现出极强的空间相关性, 这两个参数的局部 Moran's I 表现出在跑道的前半部分均出现的低值和低值聚集, 而在跑道后半部分则均为高值聚集, 如图 3-25 所示. 稻城亚丁机场在降落阶段的纵向加速度和油门分解器表现出了较强的空间自相关, 在局部指数上出现了下降开始阶段高值和高值聚集, 而在跑道末端则均为低值与低值聚集. 贵州黎平机场起飞阶段的俯仰角和朝向角

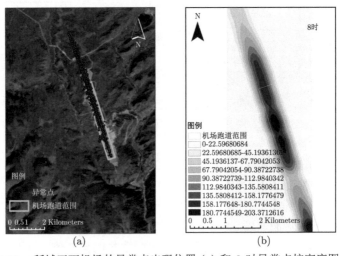

图 3-23　稻城亚丁机场的异常点出现位置 (a) 和 8 时异常点核密度图 (b)

也具有较强的空间相关性, 朝向角是由于机场跑道方向和航线方向的偏差造成的, 而俯仰角则是因为起飞过程中俯仰角逐渐增大而呈现出的空间聚集性. 在局部指数上也呈现出了起飞开始阶段低值和低值聚集, 而随着起飞阶段的进行, 表现为高值和高值聚集. 四川康定机场在降落阶段的滚转角在全局指数上表现出极强的空间相关性, 这是由于需要在降落开始阶段不断调整方向.

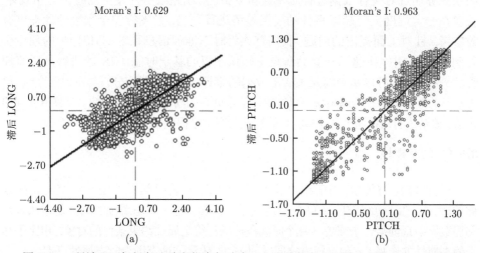

图 3-24　稻城亚丁机场起飞阶段纵向加速度 (a) 和俯仰角 (b) 的全局 Moran's I 散点

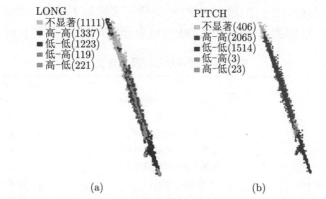

图 3-25　稻城亚丁机场起飞阶段纵向加速度 (a) 和俯仰角 (b) 的局部 Moran's I 分布

3.5　飞行安全事件的时空统计与分析

目前, 在飞行品质监控中对于 QAR 数据[41] 的管理和分析大多以安全事件记录为中心, 主要基于不同机型或超限事件分类进行直观统计. 这些分析统计数据间相互独立, 缺乏对飞行品质监控信息深层次、全局性的挖掘与应用[42]. 例如, 在分析超限事件的成因时, 机场位置、航线分布等空间信息都可能对超限事件的发生产生重要的影响, 但现有的研究方法中很少涉及这些要素. 另外, 已有的对飞行数据的分析方法多数是静态的, 没有将不同时间段的飞行数据有效地联结起来, 缺少对历史数据动态地统计显示, 以及对未来可能发生事件的估计和预警[43]. 如果能够通过对飞行数据进行时空建模分析, 发现超限事件发生的时空分布规律, 就能在一定程度上对超限事件的发展趋势进行预测, 为飞行安全预警管理提供有效参考. 针对上面提出的问题, 我们首次将时态地理信息系统 (GIS)[44] 的理论引入到 FOQA 中, 构建了一套具有自主知识产权的基于时态 GIS 的飞行品质监控管理分析系统, 可以实现海量 QAR 数据的管理、统计、时空分析与可视化查询, 自主研发的数据引擎和管理系统可以摆脱传统数据库的约束, 具有速度快、可移植性强的优势, 该系统的构建为提升 FOQA 的行业研究水平提供了一种全新的研究思路.

3.5.1　时空建模

时态 GIS 与传统 GIS 相比多了时间维度, 其将时间看成是一条空间无限延伸的轴线, 把时间和空间不可分割地联系在一起. 基于时态属性的选择是指从时态图层数据中查询某一个或者某几个时间段内满足给定属性约束条件的对象. 相比于基于静态属性的选择, 该种选择方式同时间关联, 故称这种查询为时态属性查询.

我们给出了本系统中所涉及的关系运算符定义, 如表 3-6 所示. 规定时间点记为 t (如 2013/02/01); 时间段记为 T, 时间段可表示为 $t_1 \sim t_2$ (如 2013/02/01~2013/03/01), 包含 t_1 到 t_2 内的所有时刻 (包含开始时刻 t_1, 不包含终止时刻 t_2).

表 3-6　时间运算符及其含义

运算符	含义	后接时间类型
∼	联结 2 个时间点构成时间区间	前后均接时间点
At	在某时刻	时间点
Ever	在整个生命周期内存在	无
Always	在整个生命周期内总是	无
Never	在整个生命周期内从不	无
EverBefore	在某时刻前存在	时间点
EverAfter	在某时刻后存在	时间点
EverDuring	在某时间区间内存在	时间区间
AlwaysBefore	在某时刻前总是	时间点
AlwaysAfter	在某时刻后总是	时间点
AlwaysDuring	在某时间区间内总是	时间区间
NeverBefore	在某时刻前从不	时间点
NeverAfter	在某时刻后从不	时间点
NeverDuring	在某时间区间内从不	时间区间

对于时态图层, 每个要素都有相对应的生命周期 $T_L(t_s \sim t_e)$, t_s 为初始时刻, t_e 为终止时刻.

用户往往关注时态图层在某个时刻的要素属性信息, 以及要素属性信息随时间的动态变化情况, 我们称时态图层在某个时刻的状态为其当前时刻的时间快照. 通过不同时间快照间的切换, 可以展现要素属性信息的动态变化.

3.5.2 飞行品质监控管理分析系统

基于时态 GIS 的飞行品质监控管理分析系统包括 3 个软件, 分别为 FOQA-Data、FOQATable、FOQAGISView. 三者在功能层次上呈递进关系, 其中 FOQAData 实现了飞行数据预处理, FOQATable 实现了飞行数据的管理与时空分析, FOQAGISView 实现了 GIS 数据的管理与查询, 并利用时态 GIS 的技术与方法实现了分析统计数据的时空可视化. 从数据处理逻辑上讲, FOQAData 对原始飞行数据进行预处理, 得到预处理后的数据; FOQATable 利用处理后的飞行数据进行时空统计, 得到相应的统计数据, 并可导出为 FOQAGISView 图层数据; FO-QAGISView 在 GIS 数据管理的基础上利用多个图层, 通过符号化、时间快照显示等实现统计数据的时空可视化, 软件结构图如图 3-26 所示.

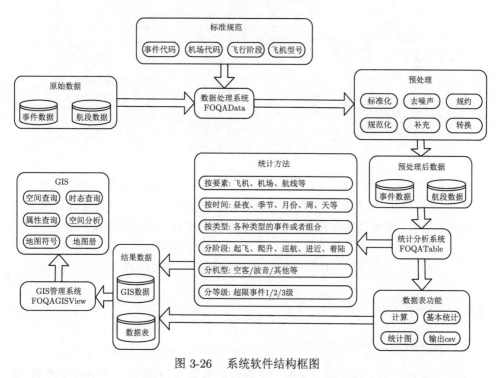

图 3-26 系统软件结构框图

基于该系统, 我们处理了民航行业 2013 年至 2015 年间的 384.1 万个航段数据和 577.9 万个事件记录数据 (以下简称行业数据), 得到了全行业的一些分析结果, 以下部分通过时空分析的形式进行处理结果的分析.

图 3-27 展示了机场航线数的变化, 同时在属性查询窗口也可以看到选定的昆明机场属性的变化. 当打开时态图层时, 地图区域下方会出现一个时间滑动条. 时间滑动条是方便用户调整当前视图时刻的工具. 通过移动时间滑动条就能查看时态图层的不同时间快照, 当前的时间快照的时间信息显示在主窗口右下方的状态栏中, 可以设置滑动条的起始和终止时间, 以及移动滑动条时每步的时间长度.

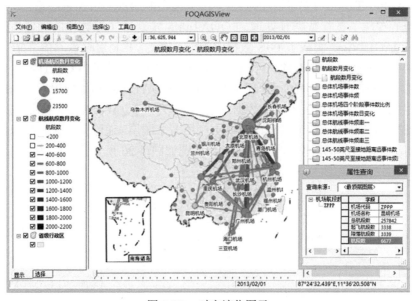

图 3-27　时空演化图示

通过构建时间快照——时间序列模型, 最终可实现各种要素的时空演化. 图 3-27 所示的功能, 可以实现全行业各种要素的时空分布功能, 通过对选定要素的时空演化分析, 可发现其内在的分布规律, 有利于指导行业标准政策的制定.

3.6　飞行风险成因统计分析方法

3.6.1　相关性分析

1. 皮尔逊相关系数

相关分析是用于两个变量之间相关程度的衡量, 通常使用皮尔逊相关系数, 其计算公式如 (3-34) 所示.

$$r = \frac{1}{n} \sum_{i=1}^{n} \left(\frac{x_i - \bar{x}}{\sigma_x} \right) \left(\frac{y_i - \bar{y}}{\sigma_y} \right) = \frac{\sum_{i=1}^{n} (x_i - \bar{x})(y_i - \bar{y})}{\sqrt{\sum_{i=1}^{n} (x_i - \bar{x})^2 \sum_{i=1}^{n} (y_i - \bar{y})^2}} \tag{3-34}$$

其中, n 为变量的样本个数, σ_x 和 σ_y 为变量的标准差, $\bar{x}$ 和 $\bar{y}$ 为变量的平均值, $i = 1, 2, \cdots, n$, r 的取值范围为 $[-1, 1]$, r 大于 0 表示正相关, 两者之间变化趋势相同; r 小于 0 表示负相关, 两者之间变化趋势相反. 值 $|r|$ 越接近 1 表示相关程度越大.

两个变量之间是否显著相关需要进行显著性检验, 可以使用 t 统计量检验. t 分布计算如公式 (3-35) 所示, 在样本数为 56 且显著性水平 $\alpha = \{0.01, 0.05, 0.1\}$ 时, 双侧 t 检验统计量对应的值为 $\{2.670, 2.005, 1.674\}$, 相关系数的范围可以使用公式 (3-36) 进行计算. 因此要求相关系数的绝对值大于 $\{0.3415, 0.2632, 0.2221\}$.

$$t = \frac{r\sqrt{n-2}}{\sqrt{1-r^2}} \tag{3-35}$$

$$r_c = \sqrt{\frac{t_\alpha^2}{n - 2 + t_\alpha^2}} \tag{3-36}$$

本次实验利用相关分析法对选择的 QAR 参数进行筛选, 去除相关性较高的参数, 同时利用相关性分析法研究飞行过程中的不稳定进近事件与气象、温度、高度等外界因素的关系.

2. 地理加权相关性分析

地理加权相关系数 (Geographic Weighted Correlation Coefficient) 是一种用来探究变量间相关性关系空间异性的指标. 本书中的实验首先从全局角度, 将一月份每个机场风力等级对应天数与对应时段内机场发生不稳定进近事件的触发频率进行相关性分析, 计算皮尔逊相关系数, 如表 3-7 所示. 通过全局相关系数, 可发现空客飞机和波音飞机不稳定进近事件的触发频率与各风力等级天数均呈现了较为一致的正相关特征, 尤其针对 1—4 级风; 而针对波音飞机则体现了与 4—5 级风显著正相关特征.

本次实验还将一月份各个机场恶劣天气情况 (雨、阴和雪) 的发生天数与对应不稳定进近事件的触发频率进行相关性分析, 结果如表 3-8 所示. 可发现不稳定进近事件的触发频率与恶劣天气之间也体现了正相关特征, 而空客飞机则体现了相对更强的正向相关性影响.

表 3-7　不稳定进近与风力等级相关系数

风力	空客飞机	波音飞机
微风	0.26	0.35
1—2 级风	0.55	0.5
3—4 级风	0.57	0.48
4—5 级风	0.37	0.69
5—6 级风	0.43	0.38

表 3-8　不稳定进近与恶劣天气相关系数

机型	雨	阴	雪
空客飞机	0.38	0.28	0.32
波音飞机	0.29	0.27	0.24

此外, 本次实验采用 DEM 数据分析了不稳定进近事件的触发频率与高程之间的关系, 结果如图 3-28 所示. 空客飞机不稳定进近事件的触发频率呈现了相对较强的正相关特征, 而波音飞机却体现了不显著的反常负相关关系, 主要由于波音飞机性能及其供氧情况限制, 导致该机型在高原机场航线使用非常少, 因此表现出了不具有统计意义的反常结果.

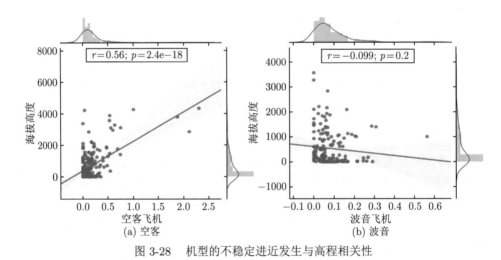

图 3-28　机型的不稳定进近发生与高程相关性

总体来说, 全局相关性关系的分析结果从宏观角度给出了不稳定进近事件的触发频率与气象和地形要素之间的关联关系, 但相对较为单一和绝对, 而且从解释意义上也不甚理想, 缺乏对不稳定进近事件精细化分析的指导意义. 本次实验通过地理加权相关系数分析不稳定进近事件与气象和地形要素之间的局部相关关系, 尤其针对风力等级和天气要素, 更体现了典型的地域差异性特征. 由于本次实验以机场为空间单元, 空间分布具有典型的不均匀特征, 因此选用可变型带宽对地理加权相关系数进行计算.

如图 3-29 所示, 通过计算不稳定进近事件的触发频率与风力等级之间的地理加权相关系数, 将其均值与皮尔逊相关系数进行比较, 可以发现地理加权相关系数的均值随着风力等级的增大而增大; 这更加符合不稳定进近事件发生的诱因关系, 说明考虑空间异质性特征的局部相关系数更加贴切和客观地反映了这种相关关系.

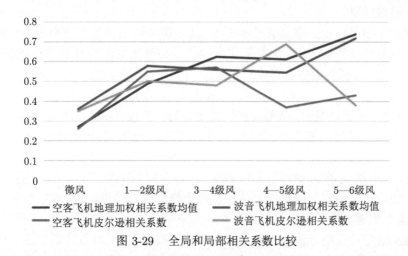

图 3-29 全局和局部相关系数比较

通过表 3-9 和表 3-10 的结果可以发现, 恶劣天气的地理加权相关系数的最大值都较大但是均值较小, 尤其是雪天. 出现这一现象的原因可能是与我国南北跨度较大, 降雪范围多集中在我国的北方地区有关.

表 3-9 空客飞机不稳定进近与恶劣天气地理加权相关系数

天气	最小值	上四分位数	中位数	下四分位数	最大值
雪	−0.4027	0.1828	0.3024	0.4273	0.8505
雨	−0.3316	0.1853	0.328	0.4289	0.6461
阴	−0.01976	0.2855	0.45046	0.56097	0.77143

表 3-10 波音飞机不稳定进近与恶劣天气地理加权相关系数

天气	最小值	上四分位数	中位数	下四分位数	最大值
雪	−0.4436	0.0819	0.2480	0.4050	0.8348
雨	−0.343	0.1537	0.349	0.5192	0.5963
阴	−0.1527	0.1197	0.3206	0.4533	0.7521

3.6.2 回归分析

回归分析 (Regression Analysis) 是用于确定两种或者两种以上变量间相互依赖关系的一种统计分析方法. 当自变量个数大于两个时, 则称多元线性回归分析.

假设随机变量 Y 与 p 个自变量 $X_1, X_2, \cdots, X_p$ 之间存在着线性相关关系如下

$$Y = \beta_0 + \beta_1 X_1 + \cdots + \beta_p X_p + \varepsilon \tag{3-37}$$

其中 $\varepsilon \sim N(0, \sigma^2)$, $\beta_1, \beta_2, \cdots, \beta_p$ 是待定参数, σ^2 是方差, $p > 2$, 称以上模型为多元线性回归模型.

逐步回归可以在一定显著性水平下, 选取影响因变量的关键自变量. 每次引入一个变量构建回归方程, 如果新引入的变量使得之前的变量变得不显著, 就在下一步中将其剔除. 主要有三种处理方式: ① 向前; ② 向后; ③ 向前与向后相结合. 本书利用 Python 实现, 选用第三种方法, 其在加入变量后, 对所有变量进行检验, 剔除不显著的变量, 从而得到关键变量的一个最优组合. 计算时需要设置显著性检验 (F) 的进入概率和删除概率, 且要求进入概率 $\leqslant$ 删除概率, 表示当候选变量的 F 检验的 P 值 $\leqslant$ 进入概率时引入该变量, 如果已建立的方程中某变量的 F 检验的 P 值 $\geqslant$ 删除概率时删除该变量. 逐步回归中得到的复相关系数、决定系数、校正决定系数、随机误差估计值用于模型拟合效果评价, 除随机误差估计值外, 其余值越大表示拟合效果越好.

逐步回归可以用于消除变量之间的多重共线性, 而共线性诊断则主要检查容忍度、方差膨胀因子、条件指数、特征根等参数, 用于判断回归方程中各个因子之间是否存在近似的线性关系, 如果两个或两个以上因子之间相关性过强, 则表明该方程存在共线性问题; 如果共线性严重, 则会引起方程的不稳定性, 回归系数值可能会剧烈抖动. 其中, 容差 $\mathrm{TOL} = 1 - R_I^2$, 方差膨胀因子 $\mathrm{VIF} = 1/\left(1 - R_I^2\right) = 1/\mathrm{TOL}$. 容差与方差膨胀因子互为倒数, R_I^2 表示用其他变量预测第 I 个变量的复相关系数. 一般认为, $\mathrm{TOL} < 0.2$ 或 $\mathrm{VIF} > 5$, 或者条件指数大于 10, 需要考虑自变量之间的多重共线性问题; $\mathrm{TOL} < 0.1$ 或 $\mathrm{VIF} > 10$ 时, 存在严重共线性; 当多个维度特征根约为 0 时则证明存在多重共线性.

1. 飞行异常回归分析

本书中实验对异常事件的异常参数和相关因素进行了相关性分析, 得到了变量之间的相关系数大小. 为了进一步研究异常参数与环境因素的关系, 实验利用逐步回归法, 对异常参数进行多元线性回归分析. 根据相关性程度的大小, 对自变量进行初步的筛选, 得到的结果如表 3-11 所示. 表 3-11 中的自变量都是与因变量相关系数大于 0.1 的环境因素, 排除高程和高差, 其中第三类异常事件中的俯仰角与所有的环境参数的相关性极小, 不进行回归分析.

表 3-11   回归分析变量表

异常事件序号	因变量	自变量
1	纵向加速度	风速、飞机毛重、总温、无线电高度、时刻、地速
1	俯仰角	风向、无线电、地速
2	横滚角	风速、总温、无线电高度、时刻
3	纵向加速度	无线电高度、地速
3	俯仰角	
3	朝向角	风速、风向、飞机毛重、总温、无线电高度、时刻
3	油门分解器角度	飞机毛重、无线电高度、地速
4	纵向加速度	风向、飞机毛重、无线电高度、地速
4	俯仰角	无线电高度、地速
4	朝向角	风速、飞机毛重、无线电高度、地速
4	横滚角	无线电高度、地速

以第一类事件中的纵向加速度为例, 做逐步回归分析. 首先输入风速等 6 个参数作为自变量, 算法根据设定的显著性检验 (F) 的进入概率和删除概率, 且要求进入概率 $\leqslant$ 删除概率, 当候选变量的 F 检验的 P 值 $\leqslant$ 进入概率时引入该变量, 如果某变量的 F 检验的 P 值 $\geqslant$ 删除概率时删除该变量. 经过计算, 6 个参数全部被保留了下来, R^2 不断增加, 在最后达到了 0.586, 即拟合的线性回归模型能够解释因变量的 58.6%. 模型的方程如下

$$y = 0.271 + (-3.88E-4)\,x_1 + (-2.259E-5)\,x_2 + (-0.006)\,x_3$$

$$+ (6.147E-7)x_4 + 0.001x_5 + (-0.001)\,x_6 \tag{3-38}$$

其中 y 为纵向加速度, x_1 为地速、x_2 为无线电高度、x_3 为时刻、x_4 为飞机毛重、x_5 为风速、x_6 为总温.

其他类型异常事件中的因变量和自变量的回归分析与上例相同, 在本节中不再赘述.

2. 飞行颠簸因子回归分析结果

回归结果显示校正后的 R^2 为 0.3812, 说明该模型可解释因变量中 38.12% 的变化. 由于用于回归方程检验的 F 统计量的 P 值均很小 (< 0.05), 回归方程的检验都是显著的; 但部分变量的回归系数检验的 t 统计量无显著性, 因此对以上模型进一步做逐步回归.

表 3-12 逐步回归结果显示校正后的 R^2 为 0.3812, 说明该模型可解释因变量中 38.12% 的变化. 由于用于回归方程检验的 F 统计量和回归系数检验的 t 统计量的 P 值很小 (<0.05), 因此回归方程和回归系数的检验都是显著的. 其中, 与飞行颠簸强度为正向关系的飞行参数为飞机左发动机标定推力 (N11)、修正海压高度 (ALT_QNH)、纵向加速度 (LONG)、横向加速度 (LATG)、风速

(WIN_SPDR)、飞机毛重 (GW); 与飞行颠簸为负相关性的飞行参数为飞机右发动机标定推力 (N12)、瞬时升降率 (IVV)、偏航角 (DRIFT)、襟翼角 (FLAP)、高差 (ELEV_CHANGE).

表 3-12　逐步回归分析结果

	X	估计系数	标准差	T 值	$P(> |t|)$
(截距项)		7.751e−01	2.742e−02	28.269	< 2e−16***
N11	X_1	3.154e−03	1.051e−03	3.000	0.002749**
N12	X_2	−4.783e−03	1.004e−03	−4.764	2.09e−06***
ALT_QNH	X_4	2.568e−06	7.329e−07	3.504	0.000473***
LONG	X_7	1.124e+00	5.530e−02	20.318	< 2e−16***
LATG	X_8	6.942e−01	5.250e−02	13.222	< 2e−16***
IVV	X_9	−2.790e−05	5.286e−06	−5.279	1.50e−07***
DRIFT	X_{10}	−8.350e−03	2.145e−03	−3.892	0.000104***
WIN_SPDR	X_{12}	6.868e−04	2.479e−04	2.771	0.005668**

Signif. codes: 0 '***' 0.001 '**' 0.01 '*' 0.05 '.' 0.1 ' ' 1

Residual standard error: 0.2215 on 1423 degrees of freedom

Multiple R-squared: 0.3867, Adjusted R-squared: 0.3819

F-statistic: 81.55 on 11 and 1423 DF, p-value: < 2.2e−16

对回归结果进行残差分析如图 3-30, 发现散点均匀分布在 y 轴两端, 满足独立同分布假设. 另外, 对自变量进行共线性诊断, 计算得到的 kappa 值为 86.12685, 说明自变量间不存在明显的多重共线性.

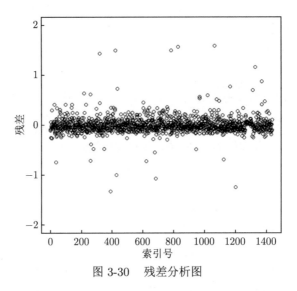

图 3-30　残差分析图

3.6.3 主成分分析

1. 主成分分析方法介绍

主成分分析 (Principle Component Analysis, PCA) 是把多维空间的数据集, 通过降维运算将其简化为少量而且相互独立的变量, 并且使简化后的变量尽可能多地包含原数据集中的主要信息的一种多元统计分析方法.

设 X 是 p 维随机变量, 并假设 $\mu = E(X), \Sigma = \mathrm{Var}(X)$. 考虑如下线性变换:

$$\begin{cases} Z_1 = a_1^{\mathrm{T}} X, \\ Z_2 = a_2^{\mathrm{T}} X, \\ \cdots\cdots \\ Z_p = a_p^{\mathrm{T}} X \end{cases} \tag{3-39}$$

易见

$$\begin{aligned} \mathrm{Var}(Z_i) &= a_i^{\mathrm{T}} \Sigma a_i, \quad i = 1, 2, \cdots, p \\ \mathrm{Cov}(Z_i, Z_j) &= a_i^{\mathrm{T}} \Sigma a_j, \quad i, j = 1, 2, \cdots, p, \ i \neq j \end{aligned} \tag{3-40}$$

我们希望 Z_1 方差达到最大, 即 a_1 是约束优化问题的解. 因此 a_1 是 Σ 最大特征值的特征向量. 此时, $Z_1 = a_1^{\mathrm{T}} X$ 为第一主成分. 类似地, 希望 Z_2 方差达到最大, 并且要求 $\mathrm{Cov}(Z_1, Z_2) = 0$. 选择的 a_1 应与 a_2 正交, 类似于前面的推导, a_2 是 Σ 第二大特征值, 称 $Z_2 = a_2^{\mathrm{T}} X$ 为第二主成分, 以此类推.

造成飞机颠簸事件的发生有诸多因素, 这些繁杂的因素对飞行安全具有不同程度的影响特征, 适合采用主成分分析方法对它们进行主要要素抽析.

2. 飞机颠簸因子主成分分析结果

通过主成分分析得到的前 10 个主成分及其贡献率如表 3-13 所示.

表 3-13 前 10 个主成分及其贡献率

	第一主成分	第二主成分	第三主成分	第四主成分	第五主成分
主成分的标准差	2.08984	1.59360	1.38825	1.22273	1.13927
方差的贡献率	0.21852	0.12706	0.09642	0.07480	0.06494
方差的累积贡献率	0.21852	0.34559	0.44202	0.51682	0.58177
	第六主成分	第七主成分	第八主成分	第九主成分	第十主成分
主成分的标准差	1.030215	0.977399	0.95343	0.91966	0.87891
方差的贡献率	0.053104	0.047798	0.04548	0.04231	0.03865
方差的累积贡献率	0.634874	0.682673	0.72815	0.77047	0.80912

容易看到, 由 20 个变量转换得到的 10 个主成分中, 前 5 个主成分的方差累积贡献率达到了约 58.2%, 前 10 个主成分的方差累积贡献率达到了 80%. 分别解

析原变量对前 10 个主成分的影响, 即前 10 个主成分便可解释这 20 个变量 80%
的变化. 其中, 前 5 个主成分对各变量的载荷量如表 3-14 所示.

表 3-14　前 5 个主成分对各变量的载荷量

	第一主成分	第二主成分	第三主成分	第四主成分	第五主成分
N11	−0.274	0.380	0.234	0.239	
N12	−0.321	0.394		0.181	
ALT_STD	−0.317	−0.147	0.133		
ALT_QNH	−0.369	−0.150			
GS	−0.132	−0.245	0.299	0.119	0.358
IAS	−0.173		−0.198		0.486
VRTG	−0.121		0.114	−0.538	0.116

从表 3-14 可以看出, 对第一个主成分影响最大的三个变量是标准气压高度、
修正海压高度和风速, 推测影响颠簸的第一主成分为飞行高度因子; 对第一个主成
分影响最大的变量是发动机标定推力和瞬时升降率, 推测影响颠簸的第二主成
分为飞行速度因子; 对第三个主成分影响最大的变量是飞机重量, 推测影响颠簸
的第三主成分为飞机质量因子; 对第四个主成分影响最大的变量是飞机垂直加速
度、纵向加速度和横向加速度, 推测影响颠簸的第四主成分为飞行加速度因子; 对
第五个主成分影响最大的变量是指示空速、地面高程和高差, 推测影响颠簸的第
五主成分为地形变化因子.

3.6.4　贝叶斯网络模型

贝叶斯网络的实质是一种概率图模型 (有向无环图), 随机变量即 QAR 参数
被表示为网络中的各个节点. 网络中的随机变量间的相互关系通过节点与节点之
间的连接来描述, 一般情况下由父节点指向子节点. 贝叶斯网络可以通过条件概率
来表达边与边的强度关系, 从而从不确定或者不精确的事件中做出一定的推理[45].

构建贝叶斯网络可以通过贝叶斯网络学习来完成, 包括贝叶斯网络结构学习、
参数学习以及反向推理三个部分. 贝叶斯网络结构学习有基于约束、基于分数以
及混合算法三种方法, 贝叶斯参数学习主要通过贝叶斯估计进行学习, 而推理则
是通过近似推理算法计算得到.

1. 贝叶斯网络结构学习

贝叶斯网络构造方法一般有三种: 基于约束的算法、基于评分函数搜索算法
以及混合算法[46]. 贝叶斯网络架构中以约束为基础的算法就是使用条件独立性
检验测试来从数据中获得独立性约束. 在假设条件独立性的情况下, 即两个变量
不能通过弧相连, 该约束反过来被用来学习贝叶斯网络结构. 基于分数的学习算

法是通过给定结构的评分函数, 确定合适的搜索策略以寻找评分最优的网络结构. 混合算法是结构基于约束与基于分数的算法, 同时使用条件独立性测试减少搜索空间以及网络分数在减少的空间中找到最佳网络.

基于评分函数搜索的方法是运用网络拓扑先验性知识, 计算出最大后验概率的网络结构. 假设网络结构 G 的先验概率为 $P(G)$, 利用贝叶斯公式, 针对数据集 D, 计算网络结构 G 的后验概率

$$P(G|D) = \frac{P(G,D)}{P(D)} = \frac{P(G)P(D|G)}{P(D)} \tag{3-41}$$

由于 $P(D)$ 与网络结构无关, 使 $P(G|D)$ 最大的网络结构, 即 $P(G)P(D|G)$ 为最大即可. $P(G)P(D|G)$ 取对数, 得到贝叶斯网络结构的贝叶斯函数, 即最大后验估计测度

$$\log P(G,D) = \log(P(G)P(D|G)) = \log P(G) + \log P(D|G) \tag{3-42}$$

基于评分函数从一个空白网络出发按照节点依次遍历每个节点, 并利用有向边进行连接后验概率最大的节点, 不同的评分函数对于评价网络的效率与准确度不相同.

基于贝叶斯信息准则 (BIC) 评分函数得到的网络结构较为复杂, 准确度不高.

$$f_{\mathrm{BIC}}(G,D) = \sum_{i=1}^{n}\sum_{j=1}^{q_i}\sum_{k=1}^{r_i} m_{ijk}\log\left(\frac{m_{ijk}}{m_{ij}}\right) - \frac{\log m}{2}\sum_{i=1}^{n}(r_i-1)\,q_i \tag{3-43}$$

其中, r_i 为节点 X_i 的状态数; q_i 为父节点组合数的长度; n 表示节点数目; m_{ijk} 表示变量 X_i 取的第 k 个值, 且其父节点取第 j 个状态值的样本数.

Cooper 等[47] 的 K_2 评分函数是基于先验知识并且在确定节点顺序的情况下评价网络的优劣. 虽然这种方式计算效率高, 但是由于该方法不知道节点的先验顺序, 对网络的评价会存在局限性.

$$f_{K_2}(G,D) = \sum_{i=1}^{n}\sum_{j=1}^{q_i}\left(\log\left(\frac{(r_i-1)!}{(m_{ij}+r_i-1)!}\right) + \sum_{k=1}^{r_i}\log(m_{ijk})\right) \tag{3-44}$$

Heckerman 等[48] 基于 K_2 评分函数提出了 BDe (Bayesian Dirichlet equivalent) 评分. 由于该方法假设贝叶斯网络服从先验分布: Dirichlet 分布, 即不需要计算获得节点的先验顺序, 扩大了贝叶斯网络的应用范围. 定义评分函数后, 需要搜索最优网络, 经典算法是 HC (Hill Climbing) 算法以及 TS (Tabu Search) 算

法. HC 算法是一种爬山贪婪搜索算法, 通过单弧加法、除法和反推来探索有向无环图, 通过随机重启来避免局部最优解. 同时使用分数缓存、分数分解以及分数等价来减少重复测试的数量. TS 算法是一种改进的爬山算法, 通过选择一个最小减分的网络来避免局部最优解的方法.

基于混合搜索算法中比较经典的算法是 MMHC (Max-Min Hill-Climbing) 算法. 它通过最大最小父子算法来限制搜索空间, 同时通过爬山算法在限制空间中寻找最优网络结构, 同时可以兼顾效率与准确度的问题.

不稳定进近事件的贝叶斯网络包括飞行风险特征与事件层, 发生不稳定进近事件与外部环境、人为操作以及飞机当前所处状态有失. 外部环境如气象、风力风向等会对机组人员的操作产生影响, 机组人员的操作对飞机状态产生影响, 飞机状态的改变也会对机组人员的操作进行反馈. 将外界环境与飞行操作以 Bowtie 逻辑进行梳理[49], 对贝叶斯网络的结构进行约束, 在学习贝叶斯网络的时候需要对白名单与黑名单上的有向弧进行设置. 如果一条弧在白名单内, 该事件在网络中出现, 同时另一方向的事件不能在网络结构中出现. 如果一条弧在黑名单内, 那么该事件不会在网络中出现.

贝叶斯网络结构学习的评分结果如表 3-15 所示.

表 3-15　贝叶斯网络结构学习评分

算法	AIC*	BDe	K_2	BIC
GS	−4082107	−4086314	−4087970	−4098147
HC	−3991656	−4004012	−4002704	−4018433
TS	−3991656	−4000546	−3998955	−4014729
MMHC	−4051964	−4062471	−4060958	−4075286

∗: 赤池信息量准则.

综合考虑贝叶斯网络结构的评分结果及计算效率, 选择 MMHC 混合算法对贝叶斯网络进行构建. 通过贝叶斯网络结构可以对变量间的相互关系进行描述, 各节点之间的有向弧代表节点间存在关系. 飞行月份影响风速从而对空速产生影响, 而飞行的时间会影响风向, 不同的飞行时间也会对机场的能见度产生影响. 风力、风向的变化会对航迹偏差产生影响, 而飞行员的手动操作如油门分解器角度以及推力大小对飞机的俯仰角与横滚角产生影响.

2. 贝叶斯网络参数学习

贝叶斯网络参数的学习, 即确定这些节点之间的有向边的权重, 一般采用最大似然估计或者贝叶斯估计. 假设网络参数服从 Dirichlet 分布, 如公式 (3-45) 所示

$$P(\theta_{ij}|G) = \mathrm{Dir}(\alpha_{ij1}, \alpha_{ij2}, \cdots, \alpha_{ijr_i}) = \frac{\Gamma(\alpha_{ij})}{\prod\limits_{k-1}^{r_i} \Gamma(\alpha_{ijk})} \prod_{k-1}^{r_i} \theta_{ijk}^{\alpha_{ijk}-1} \tag{3-45}$$

参数 θ 的后验估计为

$$\hat{\theta}_{ijk} = \frac{\alpha_{ijk} + n_{ijk}}{\sum\limits_k \alpha_{ijk} + n_{ijk}} = \frac{\alpha_{ijk} + n_{ijk}}{\alpha_{ij} + n_{ij}} \tag{3-46}$$

其中 α_{ijk} 为 Dirichlet 分布中的超参数取值, n_{ijk} 表示变量 X_i 取第 k 个值. 各节点在计算先验概率以后, 需要计算网络中各个节点的条件概率. 即利用贝叶斯定理并根据网络结构计算中间概率, 可计算出中间各个节点的联合概率. 最后通过已有的网络结构与先验概率计算各个不稳定进近事件后验概率, 分析不稳定进近事件的影响因素以及重要程度.

3. 贝叶斯网络诊断分析

推理分析是贝叶斯网络中的一个重要应用, 通过贝叶斯推理分析各个因素对不稳定进近事件发生的影响. 给定事件及网络中的先验概率后计算网络中的条件概率, 可计算出中间各个节点的联合概率, 最后得到模型的后验概率. 后验概率的计算需要通过随机采样获得. 实验需要预先设置一次生成的随机采样数以及每一批次的随机采样数, 如果随机采样数非常大, 会耗尽内存, 当一批数据计算完毕后, 会丢弃上一批数据. 采用的随机样本数为 5000log(len(paras)), len(paras) 为参数大小值.

下降率对俯仰角影响较大, 当下降率超过 2000ft/min 时被视为下降率过高. 发生俯仰角超限的后验概率高达 0.68, 略低于推力超限, 后验概率如表 3-16 所示. 因为推力超限可能会导致下降率过大从而对飞机姿态产生影响, 该事件的发生也与飞机拉平高度、飞机进跑道高度有关.

表 3-16 下降率大小影响的后验概率 (俯仰角超限)

IVV 数值范围	PITCH
IVV_0_500	0
IVV_500_1000	0.1053
IVV_1000_1500	0.2105
IVV_1500_2000	0.6842

通过构建贝叶斯网络模型以及进行贝叶斯网络参数的学习, 得到不稳定进近事件要素之间的逻辑关系与事件发生的重要环节, 对俯仰角、横滚角、下降率超限引发的不稳定进近事件的相关影响因素进行分析.

3.7   小   结

本章主要介绍了飞行安全时空大数据理论技术与方法, 主要内容包括: 飞行品质监控及飞行品质数据优化、飞行数据与时空数据融合方法、飞行安全事件的提取及其预测、飞行异常探测及其时空相关性分析方法、飞行安全事件的时空统计和飞行风险成因统计分析方法. 依次从飞行品质监控、飞行数据处理、飞行安全事件提取和飞行安全事件成因及其预测四个方面递进展开介绍飞行安全的时空大数据理论, 层层递进, 逐步深入. 通过对本章的阅读与学习, 能够使读者了解和掌握有关飞行安全的基本概念、数据处理和统计分析方法.

第 4 章　飞行风险挖掘与时空分布探索

　　飞行风险是一个广义的概念, 由诸多安全事件构成, 国际民航组织 (International Civil Aviation Organization, ICAO) 对其有详细的阐述, 且列举了重点关注的几大风险, 主要包括空中失控、冲偏出跑道、可控飞行撞地、空中冲突等. 本章主要以空中颠簸和不稳定进近风险为切入点深入展开, 详细阐述飞行风险挖掘与时空分布探索的相关研究, 其他飞行风险在第 7 章中综合阐述.

　　本章针对飞行风险进行探测, 并分析其时空分布, 整体技术框架如图 4-1 所示, 主要包括面向海量 QAR 数据的飞行风险挖掘算法、典型时空分布模式挖掘分析技术、飞行风险的时空分布模式分析、国内民航区域飞行安全风险时空分布模式及规律特征.

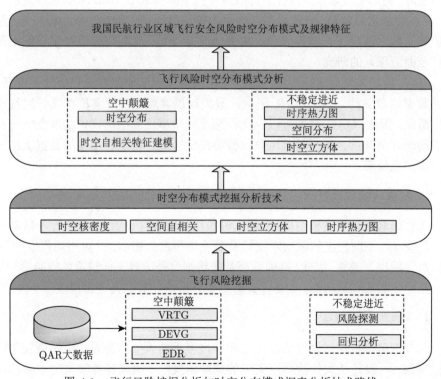

图 4-1　飞行风险挖掘分析与时空分布模式探索分析技术路线

4.1　空中颠簸风险挖掘

4.1.1　颠簸研究背景

飞机是当下较为流行的出行工具, 安全是交通出行方式所要考虑的第一要义, 因此, 飞行安全也引起了越来越多的关注. 随着航空技术的发展, 民用航空的事故率越来越低. 尽管如此, 飞行事故仍然时有发生, 其中飞行颠簸是导致飞行事故发生、增大飞行风险的重要因素之一. 按照对人员的伤害程度, 可以大致将颠簸分为三种类型: ① 让人感到不适, 甚至可能遭受轻伤的轻微颠簸; ② 严重威胁人员生命安全的重度颠簸; ③ 摧毁飞机, 导致无法挽回的重大安全事故的剧烈颠簸. 根据 FAA 的统计, IATA 从 2015 年第四季度到 2016 年第三季度之间在全球范围内收集颠簸事件共 4427 起, 而实际数量可能远远高于这个数字, 报告的 13% 的颠簸事件至少导致一次乘客或机组人员伤害, 其中以晴空颠簸最难预报造成危害最大. 2012 年 2 月, 某航空公司 A320 飞机执行虹桥至天津航班任务, 飞机上升至 8400 米高度时, 遇到中度颠簸. 当管制员指挥飞机下降高度至 7800 米到达指定航路点时, 突然遭遇强烈颠簸, 一名旅客在洗手间扭伤脚踝[50]. 因此, 为了减少飞行颠簸发生的次数、减轻飞行颠簸强度、提高飞行安全性, 非常有必要对飞行颠簸事件进行全面而深入的研究.

QAR 数据为包括飞行颠簸风险事件在内的飞行风险事件研究提供了可靠、客观的数据信息支持, 通过 QAR 记录的数据可以客观地反映飞机在飞行过程中的变化情况. 因此, QAR 数据可以为飞行颠簸风险事件的准确评价与度量、飞行颠簸风险的时空分析、飞行颠簸风险预警等提供客观、科学和丰富的数据支撑和强有力的信息保障.

4.1.2　颠簸传统预报方法

飞行颠簸会损害飞机结构, 影响飞机操纵和仪表盘显示, 引发飞行不适甚至危害人员安全. 不同程度的颠簸对飞行有着不同程度的影响, 针对不同程度的飞机, 其应对手段也有差别, 因此, 准确地衡量颠簸强度是应对飞行颠簸风险的第一步.

在空中颠簸预报方面, 主要有天气形势分析法和数值天气预报法.

1. 天气形势分析法

天气形势分析法即通过大尺度上和小尺度上的天气形势对空中颠簸发生情况进行预报. 一般是从大气扰动层生成的原理出发[51], 研究容易发生空中颠簸的天气形势和环境条件 (如高空槽、切变线、高空急流和高空脊处). 另外, 根据长期大量飞行实践可知, 卫星云图上可观察到的多种特殊的卷云云型与空中颠簸的发生有一定联系. 基于以上知识, 通过观测相应的气象情况和地形条件推测可能的空中颠簸易发范围.

2. 数值天气预报法

数值天气预报法包括单一指数预报方法和集成指数预报方法. 单一指数预报指通过长期研究建立的预报指数进行预报, 如颠簸指数 (Richardson 指数)、I 指数、Ellord 指数等[52-54]. 在此基础上发展了集成预报算法[53], 主要是结合时空差异性计算确定各指数的权值, 对这些指数进行集成, 计算一个综合指标, 并将该综合指标投入实验进行估算, 从而预报空中颠簸可能发生的区域和强度.

以上两种方法中, 前者结合大尺度和中尺度天气状况, 通过总结易产生空中颠簸的气象地形条件对空中颠簸进行预测, 因缺乏小尺度时间连续的实时气象观测资料, 这种方法往往只能给出较为粗略的空中颠簸预测范围, 难以应用于实时小尺度空中颠簸预报情形. 后者则是通过计算一系列表征空中颠簸的指数对空中颠簸进行预测, 分为单一指数预报和集成指数预报. 在实际应用中, 计算指数所需的各参数并不一定能够实时获取且不同情形下不同预报指数的性能有所不同, 这种方法预报效果较不稳定.

目前, 我国民航气象部门通常按照如下作业方法实现对空中颠簸的预报[55]: 首先根据易产生空中颠簸的气象条件分析可能出现颠簸层的时空范围, 然后利用探测资料和数值预报产品计算相关指数, 结合统计预报方法对颠簸的强度进行分析, 或利用判据预报颠簸, 即定性预报与定量预报相结合, 有时仅做定性预报. 以上方法中往往忽略飞机本身的设备、操作信息对于空中颠簸的影响, 缺乏统一、规范、实时、个性化的空中颠簸预报方案. 因此, 也有结合数值仿真实验、随机森林[56]等技术探索对空中颠簸进行精准、动态预测的方法.

4.1.3 空中颠簸定量度量方法

空中颠簸强度是对空中颠簸剧烈程度的定性描述, 一般是根据不同的表征量对空中颠簸强度进行定级, 分为弱颠簸、中度颠簸、强颠簸、极强颠簸四个等级. 2002 年开始, 国际民航组织和世界气象组织在部分国际航班上 AMDAR (Aircraft Meteorological Data Relay) 的下载资料中增加了对空中颠簸的监测数据, 其中的等效垂直阵风速 (Derived Equivalent Vertical Gust, DEVG) 和湍流耗散率 (Eddy Dissipation Rate, EDR) 可作为空中颠簸强度的指标. 根据国际民航组织文件, 国际上空中颠簸根据 EDR 指标来分类[57], 而我国民航行业内主要使用过载增量作为空中颠簸强度分级标准. 此外, 常用的空中颠簸强度分级表征量有空速表加体感、Richardson 指数、Dutton 指数[58,59] 等.

在其定量度量方面, 主要有以下三种方法: 一是根据某些表征量定性地对其分级; 二是根据大气湍流对飞机的垂直加速度的影响, 使用垂直过载来度量; 三是直接计算引起空中颠簸的湍流垂直风或湍流耗散率的大小, 使用 DEVG 或 EDR 来度量. 大气湍流本质上是一种四维现象, 利用商用飞机上的机载记录仪记录的数据很难全面准确地刻画大气湍流, 完全分辨湍流的气流特性是不可能的, 只能采取一定的方法对湍流强度进行估算. 大气湍流自身的特性、飞行空速、飞行高度以及飞机自身的重量是决定飞机颠簸的严重程度的主要因素. 目前主要通过以下三种方式衡量颠簸强度: ① 垂直增量过载; ② DEVG; ③ EDR 指数, 国际上一般采用 EDR 的度量方式. 本章根据 EDR 计算原理, 通过推导不同参数间的关系, 得到基于实测数据的 EDR 计算方法.

国内航空公司监控颠簸时多数使用垂直过载增量作为颠簸强度衡量指标, 垂直过载是飞机飞行时对湍流的加速度响应, 其增量使用重力加速度 g 的倍数表示, 如式 (4-1) 所示

$$\Delta n = a/g \tag{4-1}$$

其中 a 为飞机的垂直加速度, g 为重力加速度. 飞行试验表明, Δn 越大, 飞机颠簸越强. 按照 Δn 的大小划分的飞机颠簸强度等级如表 4-1 所示.

表 4-1   垂直过载增量估算的飞机颠簸强度等级

颠簸强度	过载增量范围 (g)
无颠簸	$|\Delta n| \leqslant 0.2$
轻度颠簸	$0.2 < |\Delta n| \leqslant 0.5$
中度颠簸	$0.5 < |\Delta n| \leqslant 0.8$
重度颠簸	$|\Delta n| > 0.8$

垂直过载表示飞机飞行时对湍流的加速度响应, 当飞机种类以及飞行速度不同时, 它们穿过同一条件下的湍流区域时表现出来的加速度响应可能并不相同. 因此, 垂直过载增量并非直接表征大气湍流强度的指标, 它会受飞机状态以及飞行速度等的影响, 无法客观地表征大气湍流强度. 飞机颠簸的严重程度主要取决于空速、飞机质量、高度和湍流本身的性质, 目前一般通过垂直过载 (Vertical Overload) 增量、导出等效垂直阵风速以及湍流耗散率的三次方根衡量飞行颠簸强度. 由于主动控制技术的存在, DEVG 可能会与真实的垂直阵风速度有所区别, 甚至差别很大. 对于飞行颠簸强度分析研究和预测的应用而言, 这两种指标都不如 EDR. EDR 直接表征了大气最真实的湍流状态, 因此使用 EDR 作为量算飞机飞行颠簸强度的指标最为科学.

4.1.4 EDR 估计

1. 传统 EDR 计算方法

EDR 最初由 Mac Cready 提出, Mac Cready 证明了 EDR 与飞机在特定飞行条件下的垂直加速度均方根 (Root Mean Square, RMS) 呈线性关系, 它表明了动能从较大尺度湍流逐渐减小为较小尺度湍流的传输速率. 从空气动力学的角度来看, 湍流耗散率直接表征了大气最本真的湍流状态, 因此, 使用 EDR 指数可以准确地衡量颠簸强度. 国际民航组织已经将 EDR 作为衡量飞行颠簸强度的国际化指标, 多份国际民用航空相关文件均提到要将 EDR 作为衡量飞行颠簸强度的指标, 例如 ICAO 气象专业会议 (ICAO Meteorological Conference, Montréal,2014)、ICAO 附件 3 (ICAOAnnex3—International Navigation Meteorological Services) 和 FAA 咨询通告《避免晴空颠簸》(FAA Advisory Circular "Avoid Clear Skies"—AC00-30C), 因此 EDR 颠簸强度衡量方法具有国际公信力. EDR 数值越大, 说明飞行颠簸强度越强. 为了准确科学地评价颠簸强度, 需选取一定时间内 (通常取一分钟) 的 EDR 峰值和 EDR 中值, 综合评估该时间段内的颠簸强度, 具体评价方法如表 4-2 所示.

表 4-2　EDR 测量的飞机颠簸强度等级

湍流指标		湍流峰值 EDR						
		< 0.1	0.1—0.2	0.2—0.3	0.3—0.4	0.4—0.5	0.5—0.8	> 0.8
湍流均值	< 0.1	0	1	3	6	10	15	21
	0.1—0.2		2	4	7	11	16	22
	0.2—0.3			5	8	12	17	23
	0.3—0.4				9	13	18	24
	0.4—0.5					14	19	25
	0.5—0.8						20	26
	> 0.8							27
颠簸强度		无	轻度		中度		严重	

EDR 可通过以下两种方法得到[60]:

(1) 根据 EDR 与从飞机加速度数据中计算得到的均方根垂直加速度之间的比例关系来估计. 因二者之间的关系是飞机响应特性的函数, 随飞行高度、飞机总重、空速等变化, 这种方法依赖于大量机载数据.

(2) 直接根据垂直风速计算 EDR, 这种方法更少依赖飞机提供的信息.

目前 EDR 的估算方法主要有两种, 均建立在 von Kármán 光谱模型[61] 之上:

(1) 基于加速度计的方法.

该方法给定基于垂直速度场的功率谱密度, 以及基于垂直加速度频率的响应函数, 从而得出基于飞机垂直加速度的功率谱密度. 基于垂直速度场的功率谱密度和基于飞机垂直加速度的功率谱密度之间可以相互转换, 转换方法需借助基于垂直加速度的频率响应函数的模数平方完成.

(2) 基于垂直风的方法.

该方法通过估算飞机飞行时的垂直风, 进行频率域的单参数最大似然估算, 最终得到 EDR 指数. 基于垂直风的方法的优点是它不需要构建基于飞机垂直加速度的频率响应函数, 使用基于加速度计的方法的关键点在于如何将垂直加速度的频率响应函数精确地表示出来. 对此, 可以通过 Cornman 提出的飞机数学模型解决. 然而 QAR 数据中缺乏完整的飞机相关属性数据, 无法构建 Cornman 提出的飞机数学模型, 因此不能直接使用基于加速度计的方法估算 EDR. 由于基于垂直风的方法并不需要构建基于飞机垂直加速度的频率响应函数, 因此本章将基于加速度计的方法与基于垂直风的方法结合起来, 通过合理的调整和推导, 得出一种基于湍流频率响应的 EDR 估算方法.

2. 基于湍流频率响应的 EDR 估算方法

基于湍流频率响应的 EDR 估算方法[62] 是在时频域中实现的, 其主要思路是通过修改和转换功率谱, 以及对飞机湍流的频率响应进行分析从而得到湍流耗散率, 整个流程中各个参数的测量在飞机以 V 的速度飞过湍流区域的条件下进行.

设输入垂直阵风速的功率谱密度为 $\phi_{w_g}(\omega)$, 飞机垂直加速度为 $\ddot{z}(\omega)$, 输入阵风速为 $w_g(\omega)$, 则基于飞机对湍流的响应的功率谱、频率响应线性系统的分析, 可计算加速度响应的功率谱密度如下

$$\phi_{\ddot{z}}(\omega) = \left| \frac{\ddot{z}(i\omega)}{w_g(i\omega)} \right|^2 \phi_{w_g}(\omega) \tag{4-2}$$

其中 z 为飞机的垂直位移, 则 $\ddot{z}$ 即为飞机的垂直加速度.

在频率范围 (ω_1, ω_2) 内对式 (4-2) 进行积分, 得到 (ω_1, ω_2) 内的加速度响应能量

$$\hat{\sigma}_{\ddot{z}}^2 = \int_{\omega_1}^{\omega_2} \phi_{\ddot{z}}(\omega)\, \mathrm{d}\omega = \int_{\omega_1}^{\omega_2} \left| \frac{\ddot{z}(i\omega)}{w_g(i\omega)} \right|^2 \phi_{w_g}(\omega)\, \mathrm{d}\omega \tag{4-3}$$

上述带通滤波函数的表达式为

$$H_{bp}(\omega_1, \omega_2, \omega) = \begin{cases} 1, & \omega_1 \leqslant \omega \leqslant \omega_2, \\ 0, & \text{其他} \end{cases} \tag{4-4}$$

其中 ω_1 和 ω_2 对应于带通滤波器的半功率点. 设定半功率点的作用是为了消除由飞机飞行运动引起的低频噪声, 同时去除没有经过 $H(\omega)$ 模拟的飞机高频响应的影响. 此处将其设定为 0.1Hz 至 0.8Hz.

在普通的民航飞机飞行条件下, 大多数飞机的垂直加速度响应发生的频带刚好与湍流的子范围相对应. 因此, 可以假设垂直阵风速度 w_g 的功率谱密度 $\hat{\phi}_{w_g}$ 具有以下近似形式:

$$\hat{\phi}_{w_g}(\omega) = 0.7V^{\frac{2}{3}}\varepsilon^{\frac{2}{3}}\omega^{-\frac{5}{3}} \tag{4-5}$$

其中 V 为真空速, ω 是相对于飞机的湍流频率.

将式 (4-5) 代入式 (4-3), 得

$$\hat{\sigma}_{\ddot{z}}^2 = 0.7V^{\frac{2}{3}}\varepsilon^{\frac{2}{3}}\int_0^\infty |H_{bp}(\omega_1,\omega_2,\omega)|^2 \left|\frac{\ddot{z}(i\omega)}{w_g(i\omega)}\right|^2 \omega^{-\frac{5}{3}}\mathrm{d}\omega \tag{4-6}$$

前面公式的推导是在空间均匀的假设条件下的. 在实际中, 大气湍流在空间分布上并不是处处均匀的, 因此式 (4-3) 应改写成

$$\hat{\sigma}_{\ddot{z}}^2(t) = \int_0^\infty |H_{bp}(\omega_1,\omega_2,\omega)|^2 \left|\frac{\ddot{z}(i\omega)}{w_g(i\omega)}\right|^2 \phi_{w_g}(\omega,t)\,\mathrm{d}\omega \tag{4-7}$$

沿着飞行路径, 在认可空间不均匀的条件下, 式 (4-5) 可改写成

$$\hat{\phi}_{w_g}(\omega,t) = 0.7V^{\frac{2}{3}}\varepsilon^{\frac{2}{3}}\omega^{-\frac{5}{3}} \tag{4-8}$$

最后, 可由式 (4-9) 计算 EDR:

$$\varepsilon^{\frac{2}{3}}(t) = \frac{\hat{\sigma}_{\ddot{z}}^2(t)}{0.7V^{\frac{2}{3}}(t)\,I(\omega_1,\omega_2,t)} \tag{4-9}$$

因此, 只需要求加速度响应能量 $\hat{\sigma}_{\ddot{z}}^2(t)$ 和积分表达式 $I(\omega_1,\omega_2,t)$, 即可估算出 EDR. 在本章下两小节中给出加速度响应能量 $\hat{\sigma}_{\ddot{z}}^2(t)$ 和积分表达式 $I(\omega_1,\omega_2,t)$ 的估算方法.

3. 估算加速度响应能量 $\hat{\sigma}_{\ddot{z}}^2(t)$

$\hat{\sigma}_{\ddot{z}}^2(t)$ 由频率范围 (ω_1,ω_2) 内的加速度响应功率谱密度的积分所决定. 因此, 可以通过实时地对加速度响应功率谱密度进行积分以估算 $\hat{\sigma}_{\ddot{z}}^2(t)$.

首先对带通滤波函数进行逆傅里叶变换:

$$h_{bp}(t) = \frac{1}{2\pi}\int_{-\infty}^\infty H_{bp}(\omega_1,\omega_2,\omega)\mathrm{e}^{i\omega t}\mathrm{d}\omega \tag{4-10}$$

尽管空间并不均匀, 但是可以假设在小面积的局部空间上是平稳的. 根据 Parseval 定理, 使用卷积定理得到 $\hat{\sigma}_{\ddot{z}}^2(t)$ 的近似值:

$$\hat{\sigma}_{\ddot{z}}^2(t) \approx \frac{1}{2T} \int_{t-T}^{t+T} \left[\int_0^{\tau_1} h_{bp}(t_1, t_2, \tau_2) \ddot{z}(\tau_1 - \tau_2) d\tau_2 \right]^2 d\tau_1 \qquad (4\text{-}11)$$

实际上计算过程中, 式 (4-11) 不是连续的而是离散的. 因此本书使用离散的求和以代替连续的积分运算. 另外, 在计算式 (4-11) 时, 本书将平均间隔设为 $2T$. 这样的参数设定既可以满足前文所说的局部平稳性假设, 还能够提供足够多的数据值, 使得结果具有统计意义. 时间常数 τ_1 的选取原则为, 当 $\tau > \tau_1$ 时, $h_{bp}(\tau) \to 0$. 因此在本书中取 $\tau_1 = 0.8$.

4. 估算积分表达式 $I(\omega_1, \omega_2, t)$

由前文可知积分表达式 $I(\omega_1, \omega_2, t)$ 如下所示

$$I(\omega_1, \omega_2, t) = \int_0^\infty |H_{bp}(\omega_1, \omega_2, \omega)|^2 \left| \frac{\ddot{z}(i\omega)}{w_g(i\omega)} \right|^2 (t) \omega^{-\frac{5}{3}} d\omega \qquad (4\text{-}12)$$

将式 (4-4) 代入式 (4-12), 可得

$$I(\omega_1, \omega_2, t) = \int_{\omega_1}^{\omega_2} \left| \frac{\ddot{z}(i\omega)}{w_g(i\omega)} \right|^2 (t) \omega^{-\frac{5}{3}} d\omega \qquad (4\text{-}13)$$

其中 $\dfrac{\ddot{z}(i\omega)}{w_g(i\omega)}$ 的方程形式无法使用普通数学意义上的表达式将其表达出来, 因此, 本书中使用三次多项式插值的方法表达 $\dfrac{\ddot{z}(i\omega)}{w_g(i\omega)}$.

1) 计算时间 T 内每个记录点的 $\ddot{z}(i\omega)$

让时间 T 内的 $\ddot{z}$ 对时间维度 t 做曲线拟合得到 $\ddot{z}(t)$, 对 $\ddot{z}(t)$ 做傅里叶变换, 将其从时域转换到频率域, 得到

$$\ddot{z}(i\omega) = \int_{-\infty}^\infty \ddot{z}(t) \mathrm{e}^{-i\omega t} dt \qquad (4\text{-}14)$$

2) 计算时间 T 内每个记录点的 $w_g(i\omega)$

让时间 T 内的 w_g 对时间维度 t 做曲线拟合得到 $w_g(t)$, 对 $w_g(t)$ 做傅里叶变换, 将其从时域转换到频率域, 得到

$$w_g(i\omega) = \int_{-\infty}^\infty w_g(t) \mathrm{e}^{-i\omega t} dt \qquad (4\text{-}15)$$

其中垂直风 w_g (重力方向为正) 被计算为飞机瞬时升降率 IVV (重力方向为正) 与相对于空气的速度之间的差值, 具体计算方法如下[60,63]

$$w_g = \text{IVV} - V(\cos\alpha_b \cos\beta \sin\theta - \sin\alpha_b \cos\beta \cos\varphi \cos\theta$$

$$- \sin\beta \sin\varphi \cos\theta) \tag{4-16}$$

式 (4-16) 中, V 为真空速, φ 为滚转角 (Roll Angle), θ 为俯仰角 (Pitch Angle), β 为侧滑角 (Sideslip Angle), $\dot{\theta}$ 为俯仰率 (Pitch Rate), α_b 为攻角 (Angle of Attack), M 是从迎角测量位置到飞机重心的纵向距离.

飞机巡航时, 侧滑角十分小, 以至于可以忽略不计[64]. 因此式 (4-16) 可以近似地表示为[63,65]

$$w_g = \text{IVV} - V\left(\cos\alpha_b \sin\theta - \sin\alpha_b \cos\varphi \cos\theta\right) \tag{4-17}$$

由于在 QAR 数据中, IVV 与重力反方向时其记录值为正, 因此, 此处将式 (4-17) 中坐标系 Z 方向反向, 即以重力方向为负:

$$w_g = V\left(\cos\alpha_b \sin\theta - \sin\alpha_b \cos\varphi \cos\theta\right) - \text{IVV} \tag{4-18}$$

垂直风速 w_g 的计算过程中, 真空速 V、滚转角 φ、俯仰角 θ、俯仰率 $\dot{\theta}$ 均可由 QAR 记录 (真空速 V 数据部分缺失, 后文将提到), 因此可以通过直接读取 QAR 数据获取. 而 QAR 记录的攻角 α_b 数据无法直接使用, 需要将其转换为基于机体轴的攻角, 才能参与垂直风的计算. QAR 里面记录的真空速是使用马赫数和静温计算得来的[66], 但是静温记录不准确且译码软件的计算不准确, 导致真空速数值不准, 因此需要重新计算真空速.

(1) 基于机体轴的攻角转换方法如下.

首先计算平均攻角 $\bar{\alpha}$

$$\bar{\alpha} = \frac{\alpha_L + \alpha_R}{2} \tag{4-19}$$

其次计算攻角修正值 α'

$$\alpha' = L\dot{\theta}/V \tag{4-20}$$

其中 L 为传感器力臂长度, 等于飞机机身长度的一半. V 为真空速. $\dot{\theta}$ 为俯仰率. 由于此处各个参数的单位并不统一, 因此需注意将参数的单位换算为统一的标准. 本书统一使用弧度 (rad)、秒 (s)、米 (m) 作为基本单位.

最后计算以机体轴为参考坐标的攻角 α_b

$$\alpha_b = a_0 + a_1\left(\bar{\alpha} + \alpha'\right) \tag{4-21}$$

a_0 和 a_1 为校准常数, 其中 $a_0 = 3.19957$, $a_1 = 0.602594$.

(2) 计算真空速.

计算真空速需要静温记录, 静温可以由总温转换而得, 其计算公式如式 (4-22) 所示

$$T_s = \frac{T_t}{\sqrt{1 + 0.2M^2}} \tag{4-22}$$

其中 T_s 为静温, T_t 为总温, M 为马赫数.

通过马赫数和静温计算真空速, 公式如式 (4-23) 所示

$$V = 661.4786 \times M\sqrt{\theta} \tag{4-23}$$

其中 V 为真空速, M 为马赫数, θ 可由式 (4-24) 计算而得

$$\theta = \frac{273.15 + T_s}{288.15} \tag{4-24}$$

其中 T_s 为静温.

除了使用马赫数和静温计算真空速, 也可以使用指示空速 IAS 和高度 ALT 计算真空速 TAS, 结果与前一种方法的计算结果一致, 计算公式如式 (4-25) 所示

$$TAS = IAS \times \sqrt{\frac{1.225}{1.225 + ALT \times (ALT \times (c_1 - c_2 \times ALT) - c_3)}} \tag{4-25}$$

其中 $c_1 = 4.79218e - 9, c_2 = 9.84636e - 14, c_3 = 1.19386e - 4$, 此处高度记录 ALT 的单位为米.

5. EDR 计算结果分析

本节利用 Python 语言与 R 语言, 实现了 EDR 的估算实验. 在本次飞行颠簸强度量算实验中, 估算了我国民航 2017 年 7 月到 2019 年 3 月期间部分波音飞机的 EDR 指数, 利用垂直加速度对数据进行抽析, 以突出重点信息. 本书中的实验选择出现了垂直加速度小于 0 或者大于 2 的记录的 QAR 数据, 并对其进行简单的散点图可视化. EDR 估算结果如图 4-2 所示, 其中图上的点颜色越深越黑, 点尺寸越大, 就表示该航班的飞机在该点位置处遇到的湍流越强. 由图 4-2 可知, 一次航班并不会一直颠簸, 大部分情况下飞机都是平稳飞行的. 同时也可以发现, 发生颠簸的地点表现出了微弱的空间聚集特征, 比如在东经 115°、北纬 33° 附近区域有较为集中的轻度及以上颠簸事件的发生.

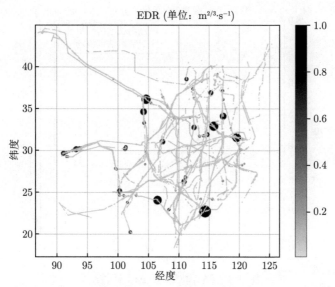

图 4-2 2017 年 7 月到 2019 年 3 月期间部分波音飞机 EDR 指数概览

以 2016 年 10 月 6 日自昆明长水国际机场飞往宁蒗泸沽湖机场的航班为例, 图 4-3 为湍流耗散率 EDR 计算结果, 图 4-4 为过载增量计算结果. 从图 4-3 中可看出, 整个航段中, 大气湍流严重区域有六段, 分布在航线中期和后期. 而图 4-4 中, 整个航程总体而言垂直过载都在 0.2 以下, 若依据垂直过载计算结果, 可认为

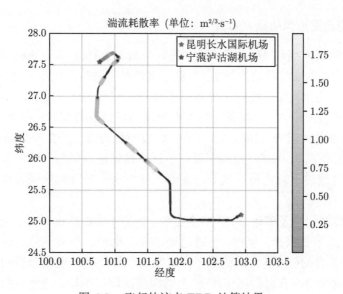

图 4-3 飞行轨迹点 EDR 计算结果

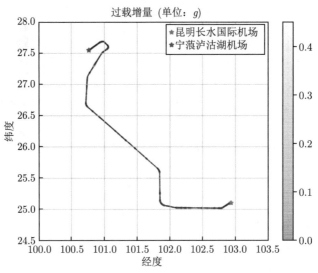

图 4-4　飞行轨迹点 $|\Delta n|$ 计算结果

全程未发生空中颠簸. 仔细观察可以发现, 自昆明长水国际机场起飞经第二个拐点和第四个拐点后, 依稀分布着一些较为严重的颠簸点, 这与图 4-4 中大气湍流较为严重的区域比较一致.

4.2　不稳定进近风险

4.2.1　不稳定进近风险研究背景

根据国际民航组织 (ICAO) 统计, 飞行事故有 80% 发生于飞机的起飞和着陆阶段, 其中尤以着陆阶段最为严重, 不稳定进近是着陆阶段的最主要安全威胁. 以 2018 年 1 月为例, 我国民航飞行品质监控基站记录显示, 民航主要机型共触发 48 起 5 级事件, 其中 46 起事件均伴有触发不稳定进近警告; 在 2019 年, 全国民航运输机场完成起降 1166.05 万架次, 触发不稳定进近警告航段高达 94012 架次, 事件触发率高达 0.8%. 因此, 深刻了解不稳定进近风险、研究其成因要素与作用机理, 对规避不稳定进近风险、保障飞行安全、提升民航服务水平具有重要意义.

QAR 数据记录了多达 2000 多个参数, 是飞行技术检查、安全调查评估、飞行故障排故的重要依据. 同时, 基础地理信息、地形、气候气象、机场和航班航线等数据, 与 QAR 数据共同构成了空中颠簸事件检测与机理分析的多源数据基础. 通过数据融合和在时间-空间维度上的深层次挖掘不稳定进近风险分布特征与规律, 为不稳定进近风险诱因机理分析提供直观、可靠的论据.

4.2.2 风险探测

在海量数据中进行不稳定进近的航段探测, 需要设置一定的探测规则, 并进行测量逻辑的梳理. 表 4-3 给出了低高度不稳定进近的探测逻辑.

表 4-3 波音飞机不稳定进近测量逻辑

参数	拟定临界范围	测量参数	测量逻辑	输出参数
坡度	10	ROLL	ROLL 的绝对值大于 10	大于 10° 的 ROLL 值和所对应的高度
俯仰角度	10, −5	PITCH	PITCH 值大于 10 或者 PITCH 小于 −5	大于 10° 或小于 −5° 时的 PITCH 值和所对应的高度
航迹与跑道方向夹角	10	HEADNG (如有 CRSSEL, 也可使用此参数)	HEADNG 与 CRSSEL 差值的绝对值大于 10; 如果软件中有各条跑道实际航向的话, 是 HEADNG 与跑道实际航向差值的绝对值大于 10	HEADNG 值、跑道方向值 (或 CRSSEL 值) 和两者夹角
下降率	2000ft/min, 持续 2s	IVV	IVV > 2000, 且持续时间 ≥ 2s	最大 IVV 值和持续时间
速度	VREF-20	VREF/IAS	VREF-IAS > 20	VREF 值、差值大于 20 的 IAS 值
着陆形态	完成着陆构型	FLAP/LGD	FLAPL 和 FLAPR 数值在 28 以下, 或者 LGDL 和 LGDR 处于 "UP"	满足条件的 FLAPL 和 FLAPR 数值

不同的航空公司会制定各自的飞行手册及不稳定进近探测的标准, 行业内目前没有统一的探测标准, 表 4-3 提供的逻辑仅为示例, 且有如下几点参考:

(1) 上述计算逻辑中所使用的下降率是以气压高度为基准的计算值.

(2) 不同构型的飞机所记录的参数类别及频率会有区别, 如果没有 IAS 参数则取 CAS. 另外, 有的构型的飞机, VREF 这个参数不是每秒都记录, 而是 64s 记录一次, 无线电 200ft 到 50ft 这个高度区间中, VREF 这列参数可能会显示空, 造成误判, 测量时, 如果出现显示空时, 应继续往上找, 以第一个 VREF 值为准.

(3) 如果出现复飞, 则即使满足测量条件, 也不记入.

(4) 复飞的测量逻辑是, 测量高度区间内出现 TO/GA, 或者测量高度区间内出现持续 5s 以上的正上升率.

图 4-5 给出了航段探测的流程及主要触发参数, 本章根据上述不稳定进近事件的触发模型, 通过撰写脚本对不稳定进近事件进行回归分析探测.

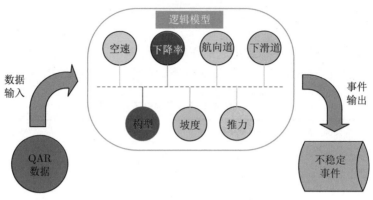

图 4-5   不稳定探测方法示意图

4.2.3   不稳定进近回归分析

实验选取了 2018 年近 3000 个触发了事件的航段和 7000 个常规航段数据进行数据建模, 同时选取了 2000 个航段数据进行了数据验证, 建模过程累计使用航段数 10000 个.

由于不稳定进近风险模型的建立是基于一定的触发逻辑, 而触发是一次触发一条规则, 那么建模的基本思路就是根据触发规则进行分步建模. 而由于五条触发规则存在的关联还未知, 所以在这里采用逐步回归的方法进行建模.

逐步回归是根据各自变量的重要性, 每一步选择一个重要的变量进入回归方程. 逐步回归不仅考虑到按照贡献大小逐一挑选重要变量, 而且还考虑到较早选入回归方程的某些变量, 有可能随着其后一些变量的选入而失去原有的重要性, 这样的变量也应当及时从回归方程中剔除, 使回归方程中始终只保留重要的变量. 具体流程如下:

STEP1: 在所有可供挑选的变量中选择一个变量, 使它组成的一元回归方程比其他变量有更小的 AIC 值.

STEP2: 在所剩下的自变量中选一个变量, 它与已选入方程的变量组成二元回归方程, 所组成的二元回归方程有更小的 AIC 值.

STEP3: 重复进行变量的引入, 直到引入第 i 个变量, 引入之后, 若引入第 i 个变量使第一个变量不重要, 应及时剔除.

STEP4: 当模型既不能引入变量又不能剔除变量时, 则逐步回归的变量挑选结束.

1. 建模数据预处理

通过程序可以探测出发生了不稳定进近的航段, 然后飞行员根据行业经验对该航段进行打分, 分值区间设为 [0, 1], 分值越大风险越高. 根据给定的打分标准与触发逻辑对比可以看出, 触发逻辑要比打分标准的触发要求高, 也就是说有可能实验数据中一部分数据是没有触发但是分数可能不为 0. 在这里我们以最低要求也就是打分标准一定不为 0 的部分开始进行建模, 以剔除大部分零数据对线性回归的影响.

根据俯仰角的数据分布, 可以进行以下预处理, 如图 4-6 所示.

PITCH<0:

$$PITCH=abs(PITCH)+2$$

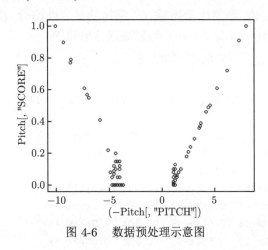

图 4-6 数据预处理示意图

而根据坡度的物理意义：ROLL=abs(ROLL) 即坡度取绝对值.

2. 建模结果

(1) 建模参数. 建模过程中常见参量的物理定义如表 4-4 所示.

表 4-4 参数名称

名称	解释
Residuals	残差
Estimate	估值
Std.Error	标准误差
t value	T 值
Pr($> |t|$)	P 值
Multiple R-squared	R^2 值
Adjusted R-squared	调整后的 R^2 值
F-statistic	F 统计量

其中, Residuals 模块为残差项的汇总统计, 列出了残差的最小值 (Min)、25% 分位数 (1Q)、中值 (Median)、75% 分位数 (3Q) 及最大值点 (Max).

Coefficients 模块表示参数估计结果, 其中 Estimate 包含由普通最小二乘法计算出来的估计回归系数, Std.Error 为估计的回归系数的标准误差, t value 表示对应的 t 统计量, Pr($>|t|$) 表示 t 检验对应的 P 值, 可以通过 P 值与预设的 0.05 进行比较, 来判定对应的解释变量的显著性 (检验的原假设是, 该系数是否显著为 0, $P < 0.05$ 则拒绝原假设, 即对应的变量显著不为 0).

Residual standard 为标准化误差, Multiple R-squared 和 Adjusted R-squared 分别为 "拟合优度" 和 "修正的拟合优度", 是指回归方程对样本的拟合程度. F 统计量, 也称为 F 检验, 常常用于判断方程整体的显著性检验, $P < 0.05$ 的则可以认为方程在 $P = 0.05$ 的水平上还是通过显著性检验的.

(2) 俯仰超限建模. 逐步回归的结果:

```
SCORE = -4.946e-01 +1.213e-01*PITCH+1.042e-02*ROLL-1.017e-04*IVV
Residuals:
     Min        1Q     Median         3Q        Max
-0.16557   -0.06045    0.01635    0.05085    0.19842
Coefficients:
            Estimate Std. Error t value Pr(>|t|)
(Intercept) -4.946e-01  2.312e-02 -21.388  < 2e-16 ***
PITCH        1.213e-01  5.644e-03  21.501  < 2e-16 ***
ROLL         1.042e-02  3.584e-03   2.907  0.00431 **
IVV         -1.017e-04  1.988e-05  -5.114 1.12e-06 ***
---
Signif. codes:  0 '***'  0.001 '**'  0.01 '*'  0.05 '.'  0.1 ' '  1

Residual standard error: 0.07468 on 128 degrees of freedom Multiple R-squared:
   0.8942,
Adjusted R-squared:  0.8917 F-statistic: 360.5 on 3 and 128 DF,  p-value: <
   2.2e-16
```

从逐步回归结果可以看出: 航迹偏差和空速在逐步回归的过程中被删除, 说明在进行俯仰超限建模的时候空速与之相关性不大.

4.3 时空分布模式挖掘分析技术

为了识别飞行风险的时空分布特征, 拟采用空间点密度分析和时空聚类分析两种技术, 分别针对不同类型飞行风险在全国范围内的空间分布模式特征及其时空聚集模式, 其分析技术架构如图 4-7 所示.

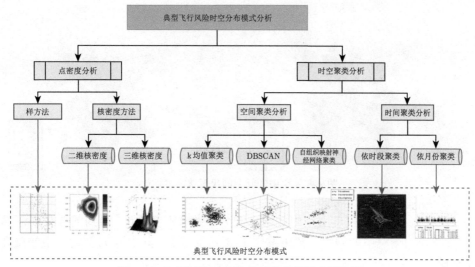

图 4-7 飞行风险时空分布模式分析技术框架图

4.3.1 时空核密度分析

核密度分析用于计算点、线要素测量值在指定邻域范围内的单位密度, 它能够直观地反映出离散测量值在连续区域内的分布情况. 核密度分析可用于测量飞行风险的密度, 获取飞行安全事件的发生情况. 在抽象概念上, 每个点上方均覆盖着一个平面, 在点所在的位置表面值最高, 随着与点的距离的增加, 表面值逐渐减小, 在与点的距离等于搜索半径的位置处表面值为 0, 核密度分析使用的核函数如公式 (4-26) 所示

$$D = \frac{3\left(1 - \text{scale}^2\right)^2}{\pi r^2} \tag{4-26}$$

其中, r 为查找半径, scale 为栅格中心点到点或线对象的聚类与查找半径的比例. 默认情况下, 搜索半径为输出空间参考中输出范围的宽度或高度的最小值除以 30, 输出面积密度单位为平方千米 (km^2).

我们选用核密度分析法对异常探测中提取出的异常点进行密度分析, 并比较不同时间段核密度分布的特点. 核密度估计 (Kernel Density Estimation, KDE) 是一种从数据样本本身出发研究数据分布特征的方法[67], 用于计算要素在其周围领域中的密度, 从而反映要素在空间上的聚集性特征. 图 4-8 给出了不同带宽条件下的空中颠簸事件核密度估计结果, 可见空中颠簸热点区域大片集中在我国中部地区和东南部地区, 具体主要包括内蒙古南部、青藏地区、四川地区, 以及江浙沪等东南部区域, 其中以东南部密度最高, 空中颠簸分布最为密集.

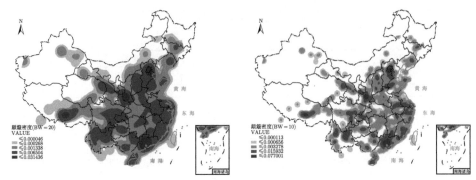

图 4-8　空中颠簸空间尺度核密度估计

同样地, 对时间尺度上空中颠簸点的分布做核密度估计, 得到图 4-9 所示结果. 时间维上, 空中颠簸主要集中发生于 3 月至 9 月, 其中 9 月初为空中颠簸高发时期.

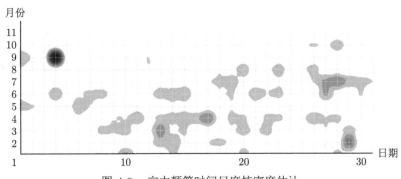

图 4-9　空中颠簸时间尺度核密度估计

由此说明, 空中颠簸在时间和空间尺度上均有明显的聚集现象, 从而验证空间信息和时间信息在建立基于随机森林的 QAR 大数据空中颠簸预报方法时, 体现出建模属性中靠前的重要性.

4.3.2　空间自相关统计

1. 空间自相关分析方法

空间自相关是指空间位置上越靠近的对象或者物体越具有相似的特征, 即对象或者物体具有对空间位置的依赖关系. 空间自相关分析包括全局空间自相关分析和局部空间自相关分析, 其中全局性分析用于探测整个研究区域的自相关程度, 局部性分析则计算每一个空间单元与邻近单元就某一属性的自相关程度. 就目前而言, 可用于计算空间自相关性的模型较多, 主要有 Moran's I、Getis 系数、

Geary's 系数等. 本节采用 Moran's I (莫兰指数) 模型, 全局莫兰指数的公式如公式 (4-27) 所示

$$I = \frac{n \sum\limits_{i=1}^{n} \sum\limits_{j=1}^{n} \omega_{ij} \left(x_i - \bar{x}\right) \left(x_j - \bar{x}\right)}{\left(\sum\limits_{i=1}^{n} \sum\limits_{j=1}^{n} \omega_{ij}\right) \times \sum\limits_{i=1}^{n} \left(x_i - \bar{x}\right)^2} \qquad (4\text{-}27)$$

其中 n 代表研究区域个数, ω_{ij} 为 i, j 地区的权重, x_i 和 x_j 分别表示 i 地区和 j 地区所研究的属性值. 模型结果得到的是全局整体的 I 值.

局部莫兰指数[68] 的公式如公式 (4-28) 所示

$$I_i = \frac{y_i - \bar{y}}{S^2} \sum\limits_{j=1}^{n} \omega_{ij} \left(y_j - \bar{y}\right) \qquad (4\text{-}28)$$

其中 S^2 表示属性 y 的离散方差, ω_{ij} 为 i, j 地区的权重. 区别在于全局莫兰指数探究空间同质性的相关性分析, 局部莫兰指数意在探究局部空间地区的异质性, 并且每个地区都会得到对应的 I_i 值.

双变量莫兰指数是莫兰指数的扩展, 用于分析两个变量在空间上的相关性, 双变量全局莫兰指数的公式如公式 (4-29) 所示

$$I_{kl} = \frac{\sum\limits_{i=1}^{n} \sum\limits_{j=1}^{n} \omega_{ij} \left(x_i k - \bar{x} l\right) \left(x_j k - \bar{x} l\right)}{S^2 l \sum\limits_{i=1}^{n} \sum\limits_{j=1}^{n} \omega_{ij}} \qquad (4\text{-}29)$$

其中 n 代表研究区域个数, k, l 分别代表两个变量, ω_{ij} 为 i, j 地区的权重, $x_i k$ 和 $x_j k$ 分别表示 i 地区和 j 地区所研究变量 k 的属性值, $\bar{x} l$ 是变量 l 的平均值, $S^2 l$ 为变量 l 的方差.

双变量局部莫兰指数的公式如公式 (4-30) 所示

$$I'_{kl} = \frac{x_i k - \bar{x} k}{S^2 k} \sum\limits_{j=2}^{n} \omega_{ij} \frac{x_j \bar{x} l}{S^2 l} \qquad (4\text{-}30)$$

其中 n 代表研究区域个数, k, l 分别代表两个变量, ω_{ij} 为 i, j 地区的权重, $x_i k$ 表示 i 地区所研究变量 k 的属性值, $x_j l$ 表示 j 地区所研究变量 l 的属性值, $\bar{x} l$ 和 $\bar{x} k$ 分别是变量 l 和变量 k 的平均值, $S^2 k$ 和 $S^2 l$ 分别为变量 k 和变量 l 的方差.

在空间自相关分析中, 得到结果之后需要进行 P 值和 z 得分检验. P 值代表数据的概率, 它是反映某一事件发生可能性的大小. 在空间相关性的分析中, P 值表示所观测到的空间模式是由某一随机过程创建而成的概率, P 值越大, 代表用于计算数据随机生成的可能性越高. z 得分表示标准差的倍数, 能够反映一个数据集的离散程度. 表 4-5 显示了不同置信度下临界 P 值和临界 z 得分.

表 4-5　空间自相关置信度表

z 得分	P 值	置信度
<-1.65 或 >1.65	<0.10	90%
<-1.96 或 >1.96	<0.05	95%
<-2.58 或 >2.58	<0.01	99%

2. 全局自相关实验与结果分析

经过多次实验, 最终选择将我国所覆盖的陆地面积使用 $100\text{km}\times100\text{km}$ 的单元大小进行栅格化处理, 利用 ROOK 算法计算权重矩阵, 利用落在相应栅格中颠簸点的个数作为所要空间相关性分析的属性, 分析其在全国范围内的空间相关性, 得到的实验结果如图 4-10 及表 4-6 所示.

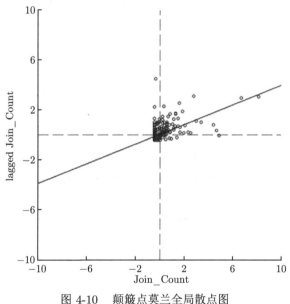

图 4-10　颠簸点莫兰全局散点图

由图 4-10 可知, 在 P 值小于 0.01 的置信区间并且 Z 值远大于 1.96 的情况下, 颠簸点的分布在空间上具有较为明显的相关性, 且聚类范围主要集中在颠簸点数量多的区域与颠簸点数量多的相邻区域 (高-高聚集), 这说明颠簸点的空间位置较为集中, 颠簸点数量少的地区具有较弱的空间相关性.

表 4-6   颠簸点莫兰指数

属性	结果
I 值	0.3941
P 值	0.0010
Z 值	9.5692

进一步分析颠簸点和高程以及颠簸点数量和高差的双变量全局相关性, 使用属性所有相邻位置的平均值估计同一位置上两个变量的空间相关关系. 实验中的高程、高差数据皆是利用全国 1km×1km 的 DEM 数据, 在 ArcGIS 软件中解算求得. 得到的结果分别如图 4-11、表 4-7、图 4-12、表 4-8 所示.

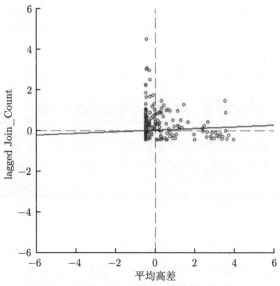

图 4-11   颠簸点和高程双变量莫兰全局散点图

表 4-7   颠簸点和高程双变量莫兰指数

属性	结果
I 值	0.0411
P 值	0.0950
Z 值	1.2930

由图 4-11 和图 4-12 可知, 颠簸点数量与高程、高差没有明显的空间相关性,

其聚集结果呈现分散、不规则分布.

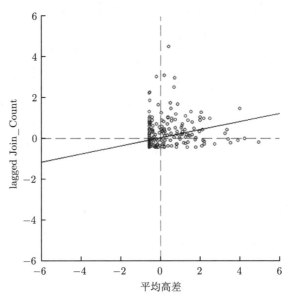

图 4-12 颠簸点和高差双变量莫兰全局散点图

表 4-8 颠簸点和高程双变量莫兰指数

属性	结果
I 值	0.2002
P 值	0.001
Z 值	6.3051

4.3.3 时空立方体

时空立方体可以视为由时空条柱组成的三维立方体, 如图 4-13 所示, x 和 y 维度表示空间, t 维度表示时间, 每个条柱在空间 (x, y) 和时间 (t) 中都有固定位置. 其中每一个坐标 (x, y) 对应同一个位置 ID, 表示形同持续时间的条柱拥有同一个时间步长 ID; 并且可以对每一个值进行汇总聚合, 使每个条柱的计算值反映在某一单位时间步长间隔内出现在某一位置的点的数量.

在 ArcGIS 中一共有两种方式来生成时空立方体, 一种是通过点聚合的方式来生成时空立方体, 另一种是通过已定义位置的方式来生成时空立方体. 这两种方法都通过创建形成一个立方体的时空条柱来构建数据集并汇总为 netCDF 数据格式. 立方体的每个条柱可以包括一个或者多个变量, 其中包括这些字段的统计数据. 为了方便运行, 我们利用 ArcGIS 模型构建器来构建整个过程, 具体模型如图 4-14 所示.

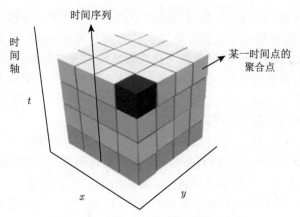

图 4-13　时空立方体数据结构示意图

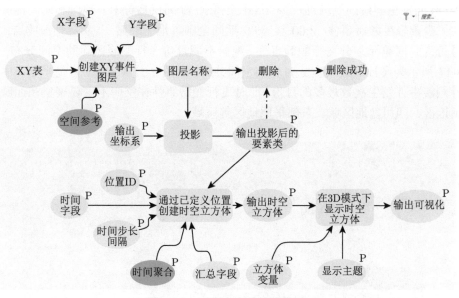

图 4-14　时空立方体构建模型

4.4　空中颠簸风险时空分布模式

4.4.1　空中颠簸风险时空分布

　　飞行颠簸风险时空分析从空间、时间以及时空综合的角度分别对飞行颠簸风险的时空分布模式及时空规律进行探索挖掘和可视化, 通过探索不同程度飞行颠簸风险的空间分布、不同驾驶模式下飞行颠簸风险的空间分布以及飞行颠簸风险的空间高风险区域, 得到飞行颠簸风险的空间分布规律和分布模式. 在时间维度上, 通过飞行颠簸风险时间统计分析以及热力图分析得到飞行颠簸风险的时序特征, 综合时间和空间维度, 通过探索飞行颠簸风险的时空分布, 对飞行颠簸风险进行时空统计分析以及研究其高风险区域得到飞行颠簸风险的时空分布模型和分布规律. 通过空间、时间和时空综合三种角度的飞行颠簸分析, 得到详尽的飞行颠簸风险时空分布模式和分布规律.

我们使用 2017 年 7 月到 2019 年 3 月期间发生了颠簸事件的 QAR 数据, 以小时为时间单元划分飞行颠簸事件, 观察不同时间单元飞行颠簸风险的空间分布. 图 4-15 所示为飞行颠簸风险在 13:00 的空间分布, 由图 4-15 可知 13:00 是一天当中飞行颠簸事件发生次数最多的时间段, 此时, 飞行颠簸事件在空间上主要聚集在西藏高山地区、甘南地区、太行山脉地区、嵩山地区、淮河地区等区域. 图 4-16 所示为飞行颠簸风险在 0:00 至 3:00 的空间分布, 由于夜间飞行的航班极少, 夜间发生颠簸的航班也较少, 0:00 至 3:00 期间仅乌鲁木齐地区和两广地区发生了少量轻度颠簸事件. 3:00 至 6:00 期间全国各地无颠簸, 与实际情况吻合. 以月份为时间单元划分飞行颠簸事件, 观察不同月份飞行颠簸风险的空间分布, 图 4-17 所示为飞行颠簸风险 2 月份的空间分布. 由图 4-17 可知, 2 月是一年当中飞行颠簸事件发生次数最多的月份, 此时飞行颠簸事件在空间上主要聚集在西藏高山地区、四川盆地区域、东部平原地区等区域.

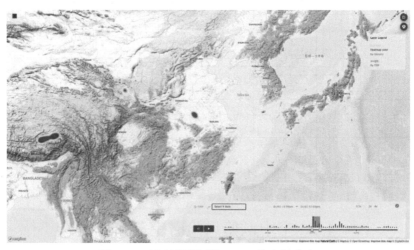

图 4-15   飞行颠簸风险 13:00 的空间分布

本章采用 Hexbin 可视化方法对飞行颠簸风险进行了进一步时空统计分析. Hexbin 是一个底面为六边形的柱状可视化符号, 是介于散点图和格网图之间的可视化方式. 对于人眼观察来说, 看方形图案时, 人眼倾向于注意水平线和垂直线;

而观察 Hexbin 时, 人眼会倾向于注意其密度分布.

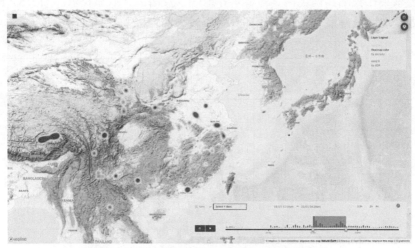

图 4-16 飞行颠簸风险 0:00 至 3:00 的空间分布

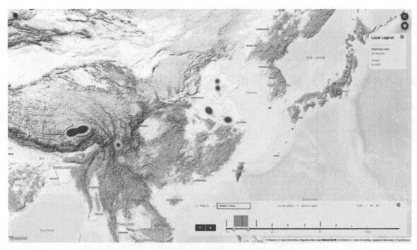

图 4-17 飞行颠簸风险 2 月份的空间分布

在使用 Hexbin 表达飞行颠簸风险空间统计规律的同时, 使用时间柱状图表达飞行颠簸风险时间维度上的统计规律. Hexbin 的颜色由 EDR 指标的数值大小划分, EDR 数值越大, Hexbin 的蓝色越深. Hexbin 的高度表示相应程度的飞行颠簸事件发生次数, 该程度的飞行颠簸事件发生的次数越多, 高度越高. 时间轴通过各个时间段的柱状图展示了不同时间段内飞行颠簸事件发生的次数, 通过控制时间轴中时间段的长度以及时间段的位置, 可以联动地展示不同时间段内的飞行颠簸事件的空间分布. 图 4-18 为整体数据的空间分布. 从空间上可得飞行颠簸事件主要聚集在我国西南地区、乌鲁木齐地区以及南部、中部和东部的大部分地区, 其中西藏地区是颠簸发生次数较多且强度较大的地区.

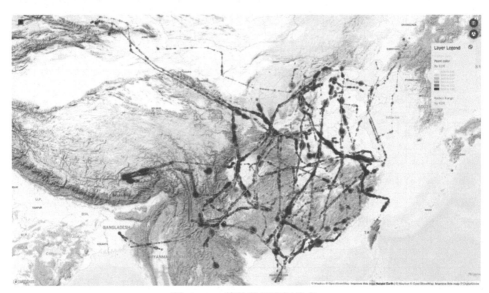

图 4-18　整体数据空间分布

图 4-19 为轻微飞行颠簸数据的时空分布. 由时间轴可知, 轻微颠簸的时间分

图 4-19　轻微飞行颠簸数据时空分布

布与颠簸整体的时间分布大致相同, 都是年初的时候飞行颠簸发生次数较多. 空间维度上, 轻微颠簸和颠簸整体的分布也基本一致, 因此, 飞行颠簸风险主要为轻微程度的颠簸风险.

图 4-20 为中等程度飞行颠簸数据的时空分布, 由时间轴可知, 中等程度颠簸主要集中在 2018 年年初. 从空间上看, 西藏地区依旧是飞行颠簸风险程度较高且发生次数较多的区域.

图 4-20 中等程度飞行颠簸数据时空分布

图 4-21 为剧烈飞行颠簸数据的时空分布. 由时间轴可知剧烈的飞行颠簸事件发生次数极少, 在本书研究的数据的时间跨度内, 仅有 2018 年年初发生了较多剧烈颠簸. 从空间上看广东地区和江浙地区因其交通发达、航班次数多, 成为剧烈颠簸事件发生次数最多的区域.

以小时为时间单元划分飞行颠簸事件, 观察不同时间单元飞行颠簸风险的高风险区域, 图 4-22 所示为飞行颠簸风险 12:00 至 16:00 的空间热力图. 由图可得 12:00 至 16:00 为一天中飞行颠簸风险最高的时间段. 该时间段内, 飞行颠簸高风险区域聚集在西南地区、两广地区、东部平原地区、甘南地区以及嵩山地区.

以月份为时间单元划分飞行颠簸事件, 观察不同月份飞行颠簸风险的高风险区域, 图 4-23 所示为飞行颠簸风险 2 月份的空间热力图. 2 月份是一年中飞行颠簸风险最高的月份, 由图 4-23 可知, 在 2 月份, 飞行颠簸高风险区域主要集中在西藏地区、四川盆地以及东部平原地区. 图 4-24 所示为飞行颠簸风险 7 月份的空间热力图. 7 月份是一年中飞行颠簸风险次高的月份, 由图 4-24 可知, 在 7 月份,飞行颠簸高风险区域主要集中在我国南部地区和东部地区, 这些区域均为交通较为发达的区域, 这表明在 7 月份, 由于自然气候条件较好, 山区等地形因素并不会对飞行造成较大的负面影响. 而在我国南部及东部发达区域, 由于出行航班数量众多, 不可避免地会发生一定的颠簸事件. 与 2 月份相比, 7 月份颠簸事件发生的次数显著减少, 且风险程度有较大幅度的降低, 表明 7 月份发生的颠簸强度并不剧烈, 仅仅是因为 7 月份飞机出行活动较为频繁导致一定数量的轻微颠簸事件发生.

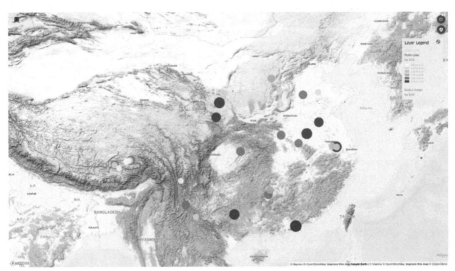

图 4-21　剧烈飞行颠簸数据时空分布

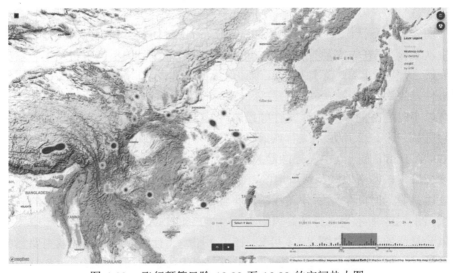

图 4-22　飞行颠簸风险 12:00 至 16:00 的空间热力图

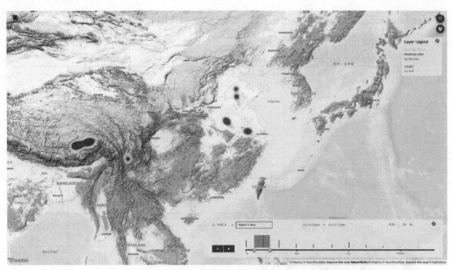

图 4-23   飞行颠簸风险 2 月份的空间热力图

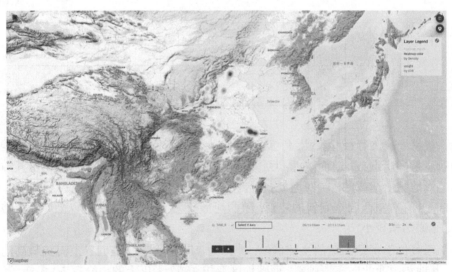

图 4-24   飞行颠簸风险 7 月份的空间热力图

空间密度分析是通过对某个现象的属性值进行处理, 然后将这些值分散到整个地表上, 以显示出点要素或线要素较为集中的地方. 图 4-25 即是由颠簸点密度分析结果渲染而来, 颠簸点密度分析将颠簸点图层的测量值分布到整个地表上, 以生成一个连续的表面.

图 4-25 是 2016 年民航颠簸点的密度热力图, 通过此图可看到, 颠簸点在地理上的分布并不是十分均匀的, 其中最主要集中分布在以广东省, 其次是北京市、

上海市、陕西省和西藏自治区的东南部地区, 然后为云南省、重庆市、福建省. 其中, 广东省的颠簸点密度高达约 $18/20000 \mathrm{km}^2$.

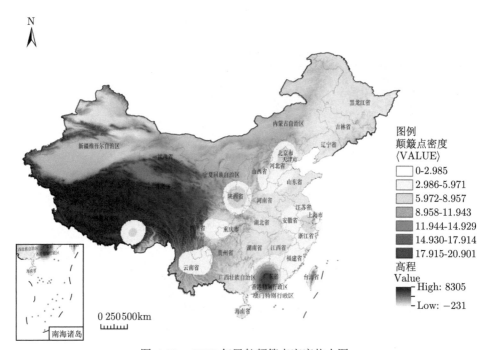

图 4-25　2016 年民航颠簸点密度热力图

根据一般飞行经验猜测, 广东、北京、上海及附近区域颠簸点密度较高可能是由航班量多所造成的, 而陕西和西藏及附近区域颠簸密度居高则可能是由其独特的地形地貌所造成的. 陕西地处我国内陆腹地、黄河中游, 其地势特点南北高, 中部低, 并有着由西向东倾斜的特点. 陕西地形崎岖不平, 地貌主要以高原、山地为主, 平原面积较小.

西藏位于青藏高原的主体区域, 被称为 "世界屋脊", 是世界上海拔最高的高原, 其地势由西北向东南倾斜. 西藏地区海拔 7000 米以上的山峰有 50 多座, 其中昆仑山脉、唐古拉山脉、念青唐古拉山脉和喜马拉雅山脉等著名山脉, 更是陡峭异常, 这可能是该区域颠簸点分布密集的主要原因. 而有相关研究表明, 我国高原航线上飞机颠簸与地形等高线有密切的关系, 飞机颠簸常出现在等高线密集的地方, 且等高线越密集, 飞机颠簸出现越多; 在等高线稀疏的地方, 飞机颠簸出现较少.

高程等值面是由三维场景中高程值相等的点构成的面, 对于某等值面来说, 其面内的点和面外的点的高程值取决于等值面的值[69]. 构建三维等值面所需要的数据集形如 (x, y, z, v), 其中三维坐标由 x, y, z 给出, 属性值由 v 给出. 而时空等值面中, 一般取 (x, y) 为空间坐标, 取 $z = t$ 为时间坐标, 以此来研究随时间变化的空间点属性值时空分布特征.

EDR 值时空等值面实验步骤如下:

(1) 将由经度、纬度、时间三轴构成的三维空间格网化, 将所有飞行轨迹点映射到对应格网中;

(2) 分 EDR $= 0.1, 0.3, 0.5$ 生成不同空中颠簸强度等级分界线的等值面.

图 4-26 给出了 EDR 值时空等值面结果图, 其中颜色最深的等值面表示的是 EDR $= 0.5$ 的等值面, 其次是 EDR $= 0.3$ 和 EDR $= 0.1$ 的等值面. 从图 4-26 结果可看出, 各层次的等值面并未生成大片相连区域, 而十分零散, 这表明, 从时空层面上来看, EDR 的发生并不具备明显的聚集特征. 时空分布上, 主要采用时空散点图和时空等值面方法粗略观察 EDR 值的分布特征, 通过观察, 发现从大尺度上看规律反而并不明显, 其在时空上的分布特征还有待于进一步细致的研究.

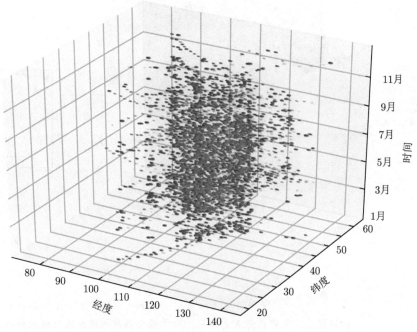

图 4-26　飞行轨迹点 EDR 值时空等值面图 (EDR $= 0.1, 0.3, 0.5$)

4.4.2 空中颠簸风险时空自相关特征建模

1. 基于泰森多边形划分的空中颠簸频次与密度统计

为了更加准确地描述空中颠簸在 2016 年发生频次的分布, 本章基于机场位置的泰森多边形划分进行了频次统计, 其专题图展示如图 4-27 所示. 此外, 图 4-28

给出了空中颠簸点数排名前三十的机场多边形单元, 空中颠簸高频区域分布于我国东南沿海一带以及我国中部地区. 具体来说, 空中颠簸事件点较多地发生于广州白云国际机场、西安咸阳国际机场、拉萨贡嘎国际机场、昆明长水国际机场和北京首都国际机场所对应的泰森多边形单元, 而对应机场往往也具有较大的航班流量.

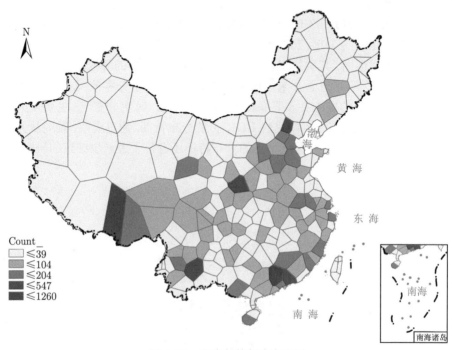

图 4-27　空中颠簸频次专题图

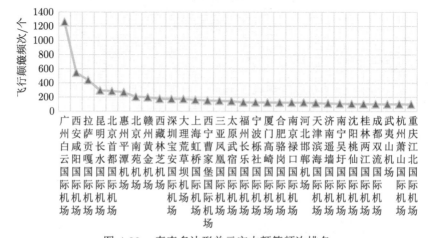

图 4-28　泰森多边形单元空中颠簸频次排名

为了进一步验证机场的繁忙程度与空中颠簸之间的关系, 本章根据 2016 年中国民航航线数据绘制了机场航班交互示意图, 如图 4-29 所示. 图中点对象表示机场, 机场间曲线表示航班往来情况, 曲线粗细与航班总数成正比. 从图 4-29 可看出, 我国既有典型的全国性航空交通枢纽, 如北京首都国际机场、西安咸阳国际机场、上海浦东国际机场、广州白云国际机场、成都双流国际机场等, 又有典型的区域型航空枢纽, 如乌鲁木齐地窝堡国际机场、拉萨贡嘎国际机场、昆明长水国际机场等. 综合对比图 4-27 与图 4-29, 空中颠簸频次较高的多边形单元与机场之间航班交互量体现了较强相关性, 尤其在我国的东南部, 空中颠簸点与机场间的航班交互均出现了高值聚集的现象. 具体来说, 从空中颠簸的分布情况来看, 空中颠簸分布数量较多的多边形单元所对应的机场多属于上述两种类型: 全国型航空交通枢纽, 如广州白云国际机场、北京首都国际机场以及西安咸阳国际机场; 区域型航空交通枢纽, 比如昆明长水国际机场以及拉萨贡嘎国际机场. 这种现象一定程度上反映了由于枢纽型机场航班数量基数较大, 空中颠簸发生频次也对应较高. 而针对航班数相对较少的区域型航空枢纽, 可看出主要集中于我国西部高原和山地地区, 具有突出的地形、地貌特征, 如高海拔、地形复杂等, 这为未来进一步的空中颠簸成因分析提供了一个重要方向.

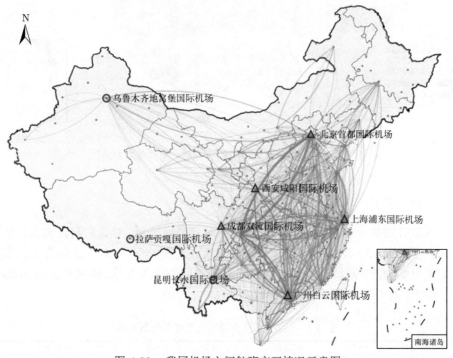

图 4-29 我国机场之间航班交互情况示意图

　　由于我国机场位置分布的疏密不同, 所形成的泰森多边形的大小不一, 机场位置密集的区域对应多边形也较小; 反之, 稀疏区域对应的多边形较大. 因此, 本次实验基于图 4-27 所示的多边形划分计算了空中颠簸密度, 结果如图 4-30 所示. 相对于其频次分布 (图 4-27), 空中颠簸密度高值区分布进一步集中, 但仍集中于我国的东南部区域, 进一步反映了机场航班流量与空中颠簸的密度分布特征存在较强的相关性与一致性.

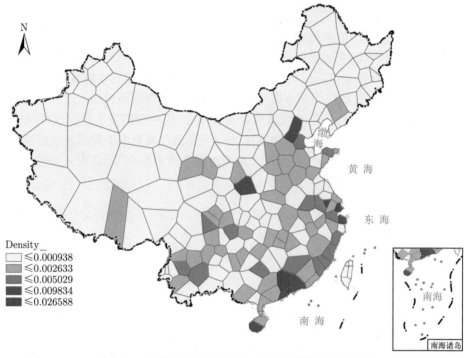

图 4-30　基于泰森多边形划分的空中颠簸密度专题图

2. 空间自相关模式分析

　　本章针对基于泰森多边形划分的空中颠簸密度结果, 对其空间自相关模式进行了分析, 深入探索空中颠簸分布的空间模式. 根据表 4-9 中全局莫兰指数计算结果可知, 空中颠簸密度分布存在显著的空间正相关关系, 即具有典型的高-高 (HH)、低-低 (LL) 密度聚集特征.

表 4-9　目标属性全域型莫兰指数计算结果

I	$E(I)$	$Var(I)$	Z 得分	P 值	结果
0.277294	−0.0049	0.000827	9.813067	0	存在显著的空间正相关

在全局分析的基础上,本章通过计算局部莫兰指数,更加清晰地给出了空中颠簸点落入相应多边形单元的密度分布聚集区. 其中,"HH""HL""LH""LL" 分别表示空中颠簸密度高-高、高-低、低-高和低-低值聚集的现象. 图 4-31 给出了 LISA 的空间分布专题图,图 4-32、图 4-33、图 4-34 分别对 "HH" 型聚集区、"HL" 型聚集区和 "LH" 型聚集区进行了局部放大.

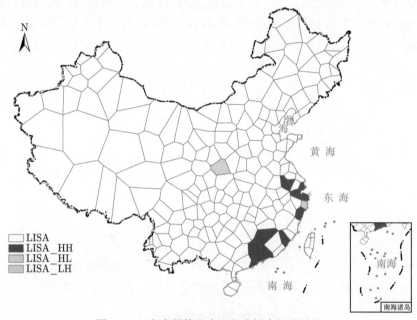

图 4-31   空中颠簸密度局部空间自相关结果

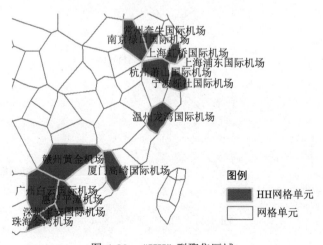

图 4-32   "HH" 型聚集区域

如图 4-34 所示, 江浙沪以及福建广东一带存在显著的高值聚集特征. 江浙沪一带包括以下机场: 常州奔牛国际机场、南京禄口国际机场、上海虹桥国际机场、上海浦东国际机场、杭州萧山国际机场、宁波栎社国际机场和温州龙湾国际机场. 福建广东一带包括以下机场: 厦门高崎国际机场、赣州黄金机场、广州白云国际机场、惠州平潭机场、深圳宝安国际机场、珠海金湾机场. 一方面, 这两个区域机场分布密集且机场吞吐量较大; 另一方面, 这些区域为我国东部沿海地区, 区域气象与气流的复杂特征也可能是空中颠簸频发的原因, 有待于未来进行进一步分析与探索.

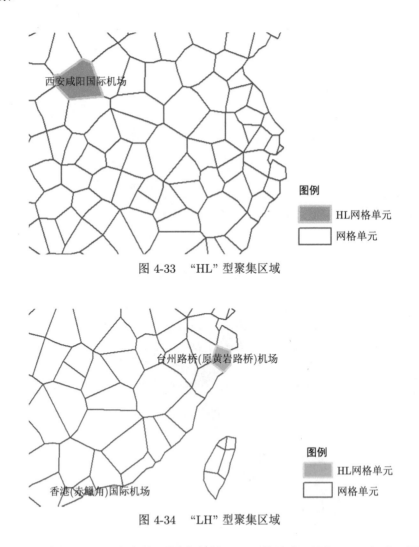

图 4-33　"HL" 型聚集区域

图 4-34　"LH" 型聚集区域

图 4-33 中显示了一个高值周围为低值 (HL) 的聚集区域, 即西安咸阳国际机

场. 图 4-35 给出了 2016 年我国机场航班吞吐量统计图, 从图中可看出西安咸阳
国际机场在航班吞吐量上相对于其邻近机场表现出了绝对的优势, 且相较于其他
"在航班吞吐量上相对于其邻近机场表现出绝对的优势" 的机场, 如北京首都国际
机场, 西安咸阳国际机场周边的机场分布要更稀疏, 其周边容易形成低值区.

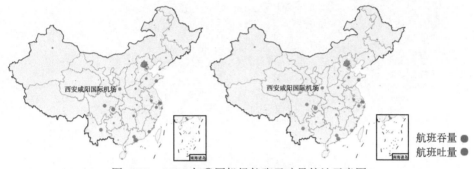

图 4-35　　2016 年我国机场航班吞吐量统计示意图

图 4-34 中显示了两个 LH 聚集区域, 即台州路桥 (原黄岩路桥) 机场和香港
(赤鱲角) 国际机场. 这两个多边形单元均被 HH 型单元包围, 而其自身空中颠簸
密度值很低, 因而表现出 HL 型的空间分布态势.

3. 基于空间自相关方法的空中颠簸强度分析

空间分布模式研究步骤如下.

1) 研究区域规则格网化

本书中, 为简化计算过程, 对研究区域进行单元划分. 为了解空中颠簸在大尺
度空间上的强度分布规律, 格网不宜过小; 为保证空中颠簸强度分布特征不被平
滑掉, 格网也不宜过大. 综合考虑格网尺寸、格网数目以及在对应划分下数据的代
表性问题, 将我国陆地区域划分为 100km×100km 的规则格网, 如图 4-36 所示.

2) 研究属性计算

对于每个规则格网单元中的所有飞行轨迹点, 需选择一个合适的统计量作为
其代表值. 可供选择的统计属性值有 EDR 均值与 EDR 极大值. 分别统计出每个
规则格网单元中飞行轨迹点的 EDR 均值与 EDR 极大值作为该单元的属性值, 统
计结果分别如图 4-37、图 4-38 所示.

由图 4-37、图 4-38 可看出, 全年 EDR 均值分布基本均衡, 航线覆盖区域格
网间差异不是特别明显, 但仍可以看出部分区域颜色较深. 而全年 EDR 极大值分
布比较不均衡, 大部分航线覆盖区域格网内极端值很大. EDR 均值更能反映全年
航线覆盖区域空中颠簸强度情况.

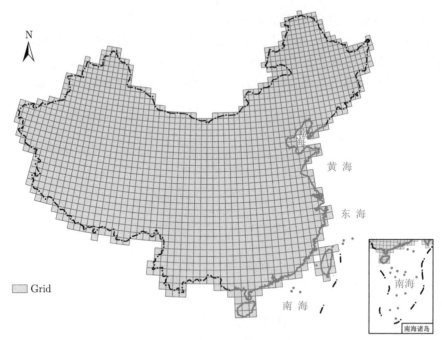

图 4-36　研究区域规则格网划分

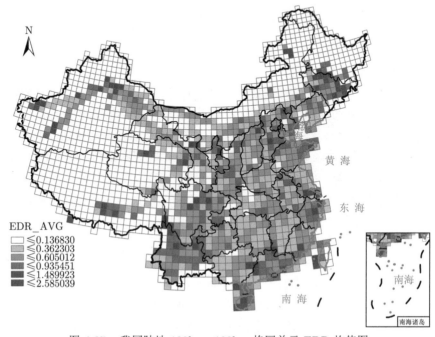

图 4-37　我国陆地 100km×100km 格网单元 EDR 均值图

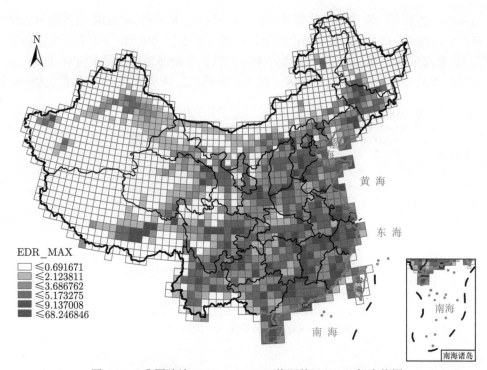

图 4-38　我国陆地 100km×100km 格网单元 EDR 极大值图

3) 空间自相关研究

基于上述统计结果, 选用格网单元内飞行轨迹点 EDR 均值作为空间自相关研究的目标属性, 以探索空中颠簸强度的空间分布模式. 首先通过全局莫兰指数计算判定目标属性是否具有空间自相关特征, 若有, 则通过 LISA 统计量的计算得到其具体的不同类型聚集区域, 并对其进行分析.

图 4-39 为 EDR 均值全局莫兰指数计算结果. 其中, z 得分为 40.113134, P 值为 0, 拒绝无效假设 (EDR 均值属性随机分布), 认为研究区域的 EDR 均值具备显著的空间自相关特征, 表现为明显的高值聚集模式.

局部莫兰指数计算结果更加清晰地给出了规则格网划分的空间格局下, EDR 均值属性的分布聚集区, 如图 4-40 所示, 其中, "HH" 表示高值周围为高值的聚集区, "HL" 表示高值周围为低值的聚集区, "LH" 表示低值周围为高值的聚集区, "LL" 表示低值周围为低值的聚集区. 底图叠加分辨率为 1000m 的我国数字地形高程模型, 颜色越深表示地表高程越高. 由图可知, "HH" 型聚集区可大致分为以下几类: ① 沿海一带, ② 我国地势第二级阶梯范围内, ③ 其他小聚集区域.

(1) 沿海一带高值聚集区主要包括: 山东半岛沿海地区、长三角沿海地区和珠三角沿海地区. 沿海一线因海陆热力性质差异, 不同季节甚至每天不同时间海洋与陆地间会有不同程度的冷热差异, 易产生海陆风, 这可能是 EDR 沿海高值聚集带产生的原因. 此外, 山东半岛沿海地区冬季易产生扰动低云, 夏季易产生平流低云, 云底高度低、移动快, 对飞行影响较大. 长三角沿海地区则夏季常有暴雨和雷暴以及大风天气. 珠三角沿海地区云量大、多低云且降水丰富, 雷暴日数也较多.

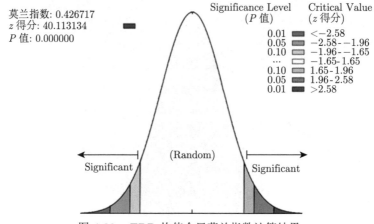

图 4-39　EDR 均值全局莫兰指数计算结果

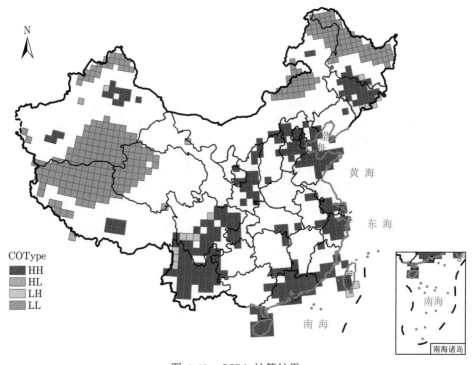

图 4-40　LISA 计算结果

(2) 我国地势第二级阶梯范围高值聚集区主要包括: 四川盆地地区和云南地区. 我国地势第二级阶梯范围处于我国高海拔和低海拔的过渡带, 两边分界线均是山脉, 因山坡与同高度大气的热力性质差异, 易产生山谷风, 这可能是 EDR 在该区域范围内高值聚集的原因. 此外, 四川盆地地区春季多夜雨、夏季多雷暴、秋季多阴雨、冬季多云雾, 而云南地区干季风大云少, 月大风日数最大的地区可达 5 天至 14 天, 湿季则多雨多雷暴, 还常出现大雾天气. 据民航资料显示, 2 月至 4 月, 昆明上空的南支西风急流非常强盛, 加上山区特殊地形影响, 飞机在昆明管制区航线上飞行时, 常常遇到较强烈的空中颠簸.

(3) 其他高值聚集区主要包括: 东北地区吉林省区域、新疆天山山脉一带以及高原地区拉萨附近. 东北地区吉林省区域春季大风多, 大风引起风沙对能见度也有较大的影响. 新疆天山山脉一带冬季天山北坡常有静止峰, 造成低云, 且多山谷风. 高原地区拉萨附近夏季多低云和雷暴, 反过渡季有时有辐射低云.

综合来看, 不论直接观察飞行轨迹点 EDR 重采样后的 "真值" 分布情况, 还是对不同颠簸强度的飞行轨迹点的核密度分析, 或是采用空间自相关技术研究其空间聚集模式, 得到的空中颠簸强度带基本一致.

4.5 不稳定进近风险时空分布模式

选取 2018 年 1 月份我国民航飞机所触发的不稳定进近事件进行统计分析, 针对事件发生的时间分布特征, 采用时序热力图对其进行展示, 如图 4-41 不稳定进近时序热力图所示. 结果显示, 在 1 月 8 日至 10 日及 1 月下旬波音和空客机型均呈现了较高频率的不稳定进近, 主要分布在 11:00 到 17:00 之间.

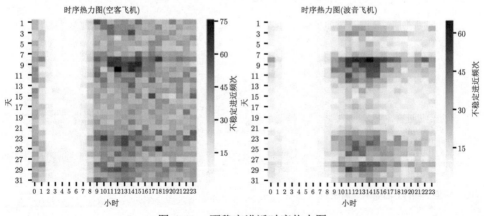

图 4-41   不稳定进近时序热力图

同时, 本书将不稳定进近事件的触发频率进行可视化, 结果如图 4-42 所示.

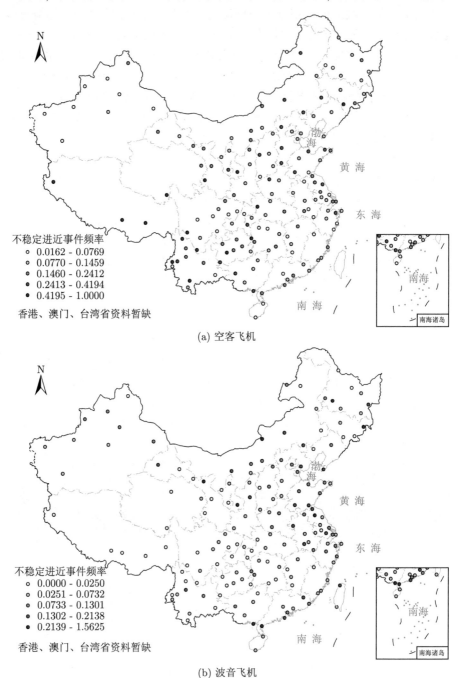

图 4-42   不稳定进近空间分布图

结果显示, 空客飞机和波音飞机的不稳定进近事件的触发频率的空间分布呈现显著的差异, 空客飞机的不稳定进近事件主要集中发生在云南、西藏、青海等海拔较高的地区, 而波音飞机的不稳定进近事件主要集中发生在东部沿海地区与内蒙古自治区等地区. 两者的差异反映了两种机型不稳定进近的发生与海拔之间的关系, 同时也反映了本书将两种机型分开研究的合理性.

4.6 小　　结

本章通过计算飞行轨迹点的空中颠簸强度 EDR, 从空间维度和时间维度, 进行统计、分析与可视化, 分析了空中颠簸强度在空间和时间上的分布特征, 并结合某些民航资料对部分现象做出合理解读. 在此基础上, 通过三维等值面、散点图、核密度分析等方法, 进一步从时空的角度对空中颠簸强度作了深入分析. 最后, 对我国陆地区域进行规则格网划分, 统计每个格网内的 EDR 均值, 进行全局和局部的空间自相关计算, 得到 EDR 属性值在空间上的聚集模式、聚集区域. 结果显示, 飞行轨迹点空中颠簸在空间和时间上的密度和强度分布都有一定的规律, 空间分布的规律性相对于时间分布的规律性要更强一些.

第 5 章　飞行风险时空关联要素分析

不同类型的飞行风险受到诸多因素的影响, 具有明显的复杂性和多样性特征. 融合海量 QAR 数据、气象数据、地形数据等多源时空数据, 采用探索性数据分析、关联分析和回归分析等技术建立飞行风险的要素关系模型, 同时采用地理加权建模技术研究其空间关系异质性和多相性特点, 定性、定量分析具有时域和空域特征的飞行风险要素作用关系. 本章内容主要包括: ① 飞行风险要素筛选及探索性分析方法; ② 基于多源数据融合的时空要素综合关联分析方法; ③ 高维属性要素空间下的主要因素抽析与建模分析方法; ④ 基于地理加权建模的飞行风险时空要素关系定量分析与反演方法.

采用探索性数据分析、空间自相关分析和地理加权建模等技术, 对相关关联要素进行筛选和主成分要素抽析, 建立飞行风险的要素关系模型, 同时采用地理加权建模技术对其关系模型中空间异质性特征进行细粒度分析与建模, 提供具有时域和空域对应特征的飞行风险要素作用关系定性、定量分析, 其技术框架如图 5-1 所示.

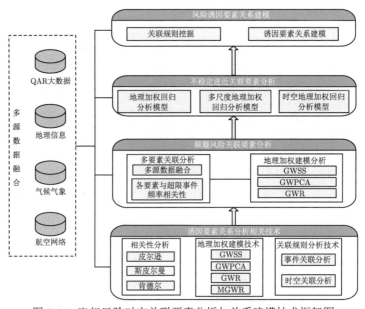

图 5-1　飞行风险时空关联要素分析与关系建模技术框架图

通过排除人为原因干扰, 针对 QAR 数据中飞行参数和其他多源数据, 采用探索性数据分析思路方法对典型飞行安全事件的客观成因要素进行筛选和探索性数据分析, 具体包括采用基础统计分析方法, 计算基础统计量 (如概率、均值、方差等)、相关属性要素的相关系数矩阵等, 量化描述不同属性要素的值域分布及其之间的相关性关系. 同时, 结合散点图、折线图、柱状图、平行坐标图、交互式显示、要素专题图等不同的可视化方法对数据进行直观层次显示和分析, 兼顾相关数据的复杂属性空间的探索与分析.

5.1 诱因要素关系分析技术

5.1.1 相关性分析技术

相关关系是用以反映变量之间相关关系密切程度的统计指标, 当两个变量的数值变化存在不完全确定的依存关系, 它们之间的数值难以用方程表示出来时, 可用某种相关性度量来刻画, 使用的指标为相关系数, 如式 (5-1) 所示

$$\rho_{XY} = \mathrm{Cov}(X,Y)/(\sqrt{D(X)}\sqrt{D(Y)}) \tag{5-1}$$

其中, $\mathrm{Cov}(X,Y)$ 为 X,Y 的协方差, $D(X),D(Y)$ 分别为 X,Y 的方差.

设两个随机变量 X 与 Y 的观测值为 $(x_1,y_1),(x_2,y_2),\cdots,(x_n,y_n)$, 则它们之间的 (样本) 相关系数为

$$\gamma(X,Y) = \frac{\displaystyle\sum_{i=1}^{n}(x_i-\bar{x})(y_i-\bar{y})}{\sqrt{\displaystyle\sum_{i=1}^{n}(x_i-\bar{x})^2\sum_{i=1}^{n}(y_i-\bar{y})^2}} \tag{5-2}$$

因此 $|\gamma| \leqslant 1$. 当 $|\gamma| \to 1$ 时, 表明两变量的数据有较强线性关系.

当 $|\gamma| \to 0$ 时, 表明两变量的数据间几乎无线性关系, $\gamma \geqslant 0$ ($\leqslant$) 表示正 (负) 相关, 表示随 x 的递增 (减), y 的值大体上会递增 (减).

皮尔逊相关系数 (Pearson Correlation Coefficient) 是用来衡量随机变量间线性相关程度的一种方法[70]. 其计算式如下

$$\rho_{XY} = \frac{\mathrm{Cov}(X,Y)}{\sqrt{D(X)}\sqrt{D(Y)}} = \frac{E((X-EX)(Y-EY))}{\sqrt{D(X)}\sqrt{D(Y)}} \tag{5-3}$$

其中, X,Y 表示两随机变量, E 表示数学期望, D 表示方差, Cov 表示协方差, 而计算得到的 ρ 则表示变量间的相关系数. 相关系数的取值范围为 $[-1,1]$, 当其为

正时, 两变量表现正相关关系, 当其为负时, 则表现为负相关关系; 其绝对值越大, 表示相关程度越高. 通常情况下, 通过表 5-1 所示的相关系数绝对值取值范围判断变量的相关程度.

表 5-1   皮尔逊相关系数绝对值与相关强度对应表

皮尔逊相关系数的绝对值	相关强度	本书中的标记
0.8—1.0	极强相关	$\pm V$
0.6—0.8	强相关	$\pm IV$
0.4—0.6	中等程度相关	$\pm III$
0.2—0.4	弱相关	$\pm II$
0.0—0.2	极弱相关或无相关	$\pm I$

皮尔逊相关系数的适用场景如下:

(1) 两个变量间存在线性关系, 且两变量均是连续数据;

(2) 两个变量均呈正态分布或接近正态分布的单峰分布;

(3) 两个变量的观测值是成对的, 且每对观测值间相互独立.

斯皮尔曼相关系数 (Spearman Correlation Coefficient) 被定义为等级变量之间的皮尔逊相关系数. 对于两随机变量 X, Y, 假设其已经按从大到小的顺序排列, 记 x_i', y_i' 为原 x_i, y_i 排列后所在的位置, 即其秩次, 则 $d_i = x_i' - y_i'$ 即为 x_i, y_i 的秩次之差. 若无相同的秩次, 斯皮尔曼相关系数计算如下

$$\rho_{XY} = 1 - \frac{6 \sum d_i^2}{N(N^2 - 1)} \tag{5-4}$$

其中, N 为样本容量.

若存在相同秩次, 则需计算秩次间的皮尔逊相关系数:

$$\rho_{XY} = \frac{\sum_i (x_i' - \overline{x'})(y_i' - \overline{y'})}{\sqrt{\sum_i (x_i' - \overline{x'})^2 \sum_i (y_i' - \overline{y'})^2}} \tag{5-5}$$

斯皮尔曼相关系数的取值范围同样为 $[-1, 1]$, 当其为正时, 说明当独立变量 X 增加时, 依赖变量 Y 趋向于增加; 当其为负时, 说明当独立变量 X 增加时, 依赖变量 Y 趋向于减少; 其绝对值越大, 表示相关度越高.

肯德尔相关系数 (Kendall Correlation Coefficient) 也是一种秩相关系数, 但其针对的对象为分类变量. 对样本容量为 N 的数据, 对其按照属性 X 的取值进行排列, 此时属性 Y 是乱序的, 设 P 为两个属性值排列大小关系一致的统计对象对数, 则肯德尔相关系数 R 计算如下

$$R = \frac{4P}{N(N-1)} - 1 \tag{5-6}$$

肯德尔相关系数的取值范围同样为 $[-1,1]$, 当其为正时, 两变量表现正相关关系; 当其为负时, 则表现为负相关关系; 其绝对值越大, 表示相关度越高.

综上, 肯德尔相关系数不适用于当前场景.

图 5-2 为 20 个重要飞行参数的皮尔逊相关系数矩阵, 皮尔逊相关系数是用来反映两个变量线性相关程度的统计量, 其绝对值越大表明相关性越强, 其中蓝色标注为相关系数大于 0 的值, 代表两变量之间具有线性正相关关系; 红色标注为相关系数小于 0 的值, 代表两变量之间具有线性负相关关系. 不难看到, 具有线性正相关的变量 (按相关性由大到小) 有: 左侧发动机推力 (N11)、右侧发动机推力 (N12) 和瞬时升降率 (IVV), 右侧发动机推力 (N12) 和瞬时升降率 (IVV), 高度 (ELEV) 和高度差 (ELEV_CHANGE), 飞行高度 (ALT_STD) 和修正海压高

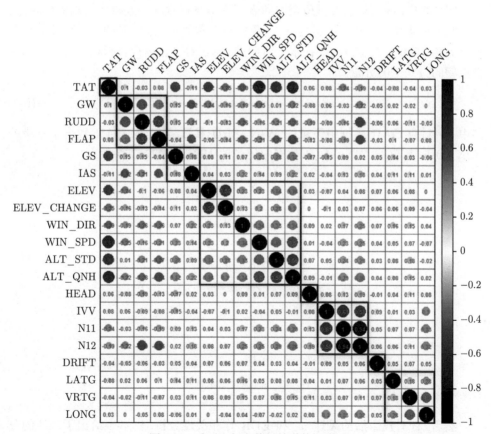

图 5-2　重要飞行参数相关系数矩阵图

度 (ALT_QNH)、飞机方向舵 (RUDD) 和襟翼角 (FLAP), 而三个方向的加速度仅有微弱的正相关. 具有线性负相关的变量 (按相关性由大到小) 有: 总温 (TAT) 和风速 (WIN_SPD), 总温 (TAT) 和修正海压高度 (ALT_QNH).

　　另外, 根据变量间的线性相关性可将以上 20 个变量分为以下 8 组, 每组的变量间可能具有一定的内在联系: ① 总温 (TAT); ② 总重 (GW)、飞机方向舵 (RUDD)、襟翼角 (FLAP); ③ 对地速度 (GS)、指示空速 (IASC); ④ 高度 (ELEV)、高度差 (ELEV_CHANGE)、风速 (WIN_SPD)、风向 (WIN_DIR) 飞行高度 (ALT_STD)、修正海压高度 (ALT_QNH); ⑤ 航向角 (HEAD_MAG); ⑥ 左侧发动机推力 (N11)、右侧发动机推力 (N12)、瞬时升降率 (IVV); ⑦ 偏航角 (DRIFT); ⑧ 垂直加速度 (VRTG)、纵向加速度 (LONG)、侧向加速度 (LATG).

　　因水平风影响飞行过程中飞机稳定性的主要是其垂直于机身方向的分量, 因此为分析飞行轨迹点空中颠簸强度与风向风速间的相关性, 首先需对水平风速作投影, 具体方法如下.

　　图 5-3 中, 绿色实线矢量所指方向表征飞机飞行时水平方向上的机头投向, 其与正北方向夹角 (单位：°) 记为 α, 蓝色实线矢量表征风向 (风的来向), 其与正北方向夹角 (单位：°) 记为 β. 在水平方向上, 真正对飞行运行有影响的为风在垂直飞机朝向方向上的分量, 即

$$w' = |w \cdot \sin((\beta + 180°) - \alpha)| \tag{5-7}$$

其中, w 对应 QAR 数据中记录的 WIN_SPD 参数, β 对应 QAR 数据中记录的 WIN_DIR 参数, α 对应 QAR 数据中记录的 HEAD_MAG 参数.

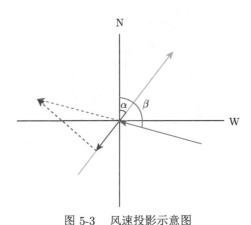

图 5-3　风速投影示意图

　　然后, 针对投影后的风速 w' 和 EDR 作相关性分析, 图 5-4 给出了二者的分布以及二者间皮尔逊相关系数计算结果.

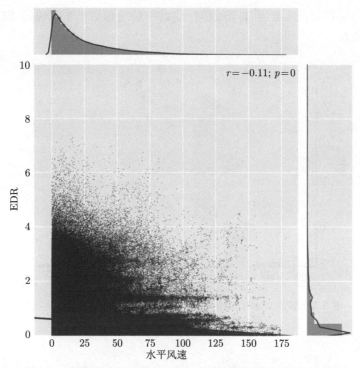

图 5-4   投影后水平风速与 EDR 的皮尔逊相关性分析 (全部)

由图 5-4 可看出, 二者的分布并不满足正态分布, 这种情况下计算得到的皮尔逊相关系数为 −0.11, 可认为二者并不具备线性相关性. 又针对每条航线, 依次计算每条航线上投影后水平风速与 EDR 的皮尔逊相关系数, 得到图 5-5 所示结果.

图 5-5 中, 深色部分表示投影后水平风速与 EDR 呈现负相关的航线统计情况, 浅色部分表示投影后水平风速与 EDR 呈现正相关的航线统计情况, 颜色越深表明相关性越强. 横轴各等级从左到右依次表示极强负相关 (−V)、强负相关 (−IV)、中等程度负相关 (−III)、弱负相关 (−II)、极弱 (或无) 负相关 (−I)、极弱 (或无) 正相关 (I)、弱正相关 (II)、中等程度正相关 (III)、强正相关 (IV) 和极强正相关 (V). 从图 5-5 中可看出大部分航线上, 投影后水平风速与 EDR 几乎不具备相关关系, 少数航线上, 投影后水平风速与 EDR 表现出较强或强线性相关关系. 总体而言, 二者在统计意义上不具备线性相关关系.

以上结果表明, 因投影后水平风速与 EDR 不满足正态分布, 且二者几乎不具备线性相关性, 皮尔逊相关系数不适用于该数据. 因此对二者间斯皮尔曼相关系数进行计算, 得到图 5-6 所示结果.

由图 5-6 可见, 即使采用对数据分布没有要求的斯皮尔曼相关系数, 大部分航线的计算结果仍落在 −Ⅱ 至 Ⅱ 等级间, 这意味着投影后水平风速与 EDR 确实不具备相关关系.

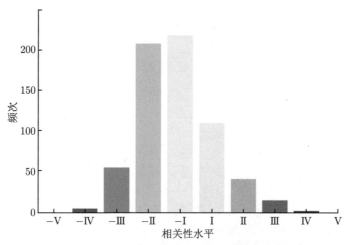

图 5-5　投影后水平风速与 EDR 的皮尔逊相关性分析 (单航线)

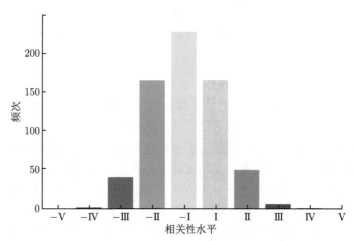

图 5-6　投影后水平风速与 EDR 的斯皮尔曼相关性分析 (单航线)

5.1.2　地理加权建模技术

飞行风险具有明显的空间异质性特征, 尤其是影响要素、发生地区和飞行时段的差异造成了典型飞行安全事件的不均匀、差异性分布, 其在空间上具有明显的疏密差异分布特征. 本节拟采用地理加权建模技术对飞行风险影响要素关系模型的空间异质性进行全面分析, 按照 "距离每个解算点越近的数据点所对应的权重越高" 的权重计算规则, 通过基于空间距离的加权对随机变量或空间关系进行关于空间位置或时间节点的解算, 得到的统计量或关系函数均为关于空间位置或时间的函数, 以此定量反映时间-空间异质性和多相性.

地理加权建模技术适用于全局空间模型对数据描述不足的情况, 此时局部空间模型可以对它做出更好解释, 该方法使用移动窗口加权技术, 根据距离衰减函数对所有相邻观测值进行加权. 对观测值的加权被应用于每一个地理加权建模方法中, 每个局部模型均由它的一定范围内的观测值加权后拟合而来. 这个局部模型所使用的窗口的大小由核函数的带宽控制, 较小的带宽会导致更快速的空间变化, 而较大的带宽产生的结果会越来越接近全局空间模型的结果.

地理加权建模技术除了包括常用的地理加权回归分析, 还包括: 地理加权汇总统计 (GWSS)、地理加权分布分析、地理加权主成分分析 (GWPCA)、地理加权广义线性模型、地理加权判别分析 (GWDA) 等分析方法, 它们已被广泛地应用于自然科学和社会科学领域的研究中. 以上模型在 R 软件中的 GWmodel 包[71] (http://www.r-project.org) 中均有对应函数可帮助实现.

地理加权相关系数 (Geographic Weighted Correlation Coefficient) 是一种用来探究变量间相关性关系空间异质性的指标. 地理加权相关性系数根据下式计算:

$$\rho_{(x,y)}(u_i, v_i) = \frac{\text{Cov}_{(x,y)}(u_i, v_i)}{\text{SD}_x(u_i, v_i)\,\text{SD}_y(u_i, v_i)} \tag{5-8}$$

其中 (u_i, v_i) 代表空间坐标; $\text{SD}_x(u_i, v_i)$ 和 $\text{Cov}_{(x,y)}(u_i, v_i)$ 分别代表地理加权标准差和协方差, $\text{Cov}_{(x,y)}(u_i, v_i)$ 计算公式如下

$$\text{Cov}_{(x,y)}(u_i, v_i) = \frac{\sum\limits_{j} w_{ij}\,(x_j - \bar{x}_i)\,(y_j - \bar{y}_i)}{\sum\limits_{j} w_{ij}} \tag{5-9}$$

其中 w_{ij} 为观测点 j 在解算点 i 处的权重, 可通过核函数进行计算, 如表 5.2 中展示了四种常用核函数.

表 5-2 中, d_{ij} 为位置点 i 和 j 之间的距离度量, 参数 b 为带宽. 带宽分为固定型 (即固定的距离阈值) 和可变型 (即预先设定的第 N 个最近邻域对应的距离值作为每个解点求出的带宽值) 两种. 本书采用了 Gaussian 核函数和可变型带宽对地理加权相关系数进行求解. 选择合适的带宽对于计算地理加权相关性系数至关重要, 带宽的大小将直接决定求解系数的空间变化尺度特征, 可由十字交叉验证 (Cross-validation, CV) 方法进行优选.

表 5-2　核函数公式

核函数名	核函数
Box car	$w_{ij} = \begin{cases} 1, & d_{ij} < b, \\ 0, & \text{其他} \end{cases}$
Bi-square	$w_{ij} = \begin{cases} \left(1 - \left(\dfrac{d_{ij}}{b}\right)^2\right)^2, & d_{ij} < b, \\ 0, & \text{其他} \end{cases}$
Gaussian	$w_{ij} = \exp\left(-\dfrac{d_{ij}^2}{2b^2}\right)$
Exponential	$w_{ij} = \exp\left(-\dfrac{d_{ij}}{b}\right)$

采用地理加权汇总统计量, 包括地理加权平均数、地理加权标准差、地理加权相关系数和地理加权相协方差等统计量, 分析飞行颠簸及相关成因要素的空间异质性分布, 及其两两之间的相关性在空间上的不同分布. 地理加权汇总统计量可以作为后续地理加权建模分析的前提. 例如, 地理加权标准差反映变量值高度变化的区域, 区域内地理加权标准差越大, 说明该区域的属性变化越剧烈, 接下来的地理加权主成分分析和地理加权回归分析应对这些区域高度关注. 地理加权汇总统计量定义如下.

地理加权平均数:

$$\bar{x}(u_i, v_i) = \frac{\sum\limits_j x_j w_{ij}}{\sum\limits_j w_{ij}} \tag{5-10}$$

地理加权标准差:

$$\mathrm{SD}(u_i, v_i) = \frac{\sum\limits_j \sqrt{\left(x_j - \bar{x}(u_i, v_i)\right)^2 w_{ij}}}{\sum\limits_j w_{ij}} \tag{5-11}$$

采用地理加权主成分分析在不同的空间位置对复杂多样的颠簸成因要素集进行降维, 在不同位置精确寻找影响当前位置飞行颠簸的主要诱因, 降低模型复杂度. 在主成分分析中, 通过正交变换将一组可能存在相关性的变量转换为一组线性不相关的变量, 转换后的这组变量被称为主成分. 主成分分析设法将原来变量重新组合成一组新的互相无关的几个综合变量, 同时根据实际需要从中可以取出几个较少的综合变量尽可能多地反映原来变量的信息, 从而达到降维的目的. 地理加权主成分分析相当于进行了一系列局部主成分分析, 得到一系列局部主成分

分析结果 (方差、载荷) 来反映多元数据在空间上的变化, 以及原始变量如何影响每个空间的主成分.

其原理为采用地理加权方差——协方差矩阵 $\Sigma(u_i, v_i)$, 计算关于位置点的特征值对角矩阵 $V(u_j, v_j)$ 和特征向量矩阵 $L(u_j, v_j)$, 公式定义如下.

地理加权方差——协方差矩阵:

$$\Sigma(u_i, v_i) = X^{\mathrm{T}} W(u_i, v_i) X \tag{5-12}$$

特征值和特征向量:

$$L(u_j, v_j) V(u_j, v_j) L(u_j, v_j)^{\mathrm{T}} = \Sigma(u_j, v_j) \tag{5-13}$$

其中, $W(u_j, v_j)$ 是解算点 i 依据表 5-2 介绍的核函数所计算得到的距离权重矩阵, 其带宽可指定或者根据交叉验证的方法得到. 为了在位置 (u_j, v_j) 找到局部主成分, 局部方差-协方差矩阵的分解提供了局部特征值和局部特征向量 $L(u_j, v_j)$, $V(u_j, v_j)$ 即是由对应特征值所组成的对角矩阵.

地理加权回归 (Geographically Weighted Regression, GWR) 分析技术在众多领域内广泛应用, 已成为重要的空间关系异质性建模工具之一. 1970 年, Tobler 提出了地理学第一定律, 指出了地理空间对象及其属性特征在空间分布上的决定性特征, 尤其指出了随着空间距离增大, 其关联作用程度衰减的规律. 1996 年, Brunsdon 等提出 GWR 分析技术, 提供了直观、实用的空间关系异质性和多相性分析手段, 已发展成为局部空间统计分析的重要方法之一. 在 GWR 模型实际应用中, 最常用的两种核函数为 Gaussian 核函数和 Bi-square 核函数. 建议读者尝试不同类型的核函数, 权衡利弊, 以选择特定模型和数据条件下的最为合适的核函数.

将模型的选择过程中的 AIC_c 值进行排序并将其可视化出来, 如图 5-7 所示, 将每个模型的 AIC_c 值进行绘制, 从而可以根据最小 AIC_c 值找出最优模型. 而针对不同的触发条件, 模型选择的自变量不相同.

地理加权建模是为了探究不同触发模型与驱动因子之间的空间变化关系, 最后的结果是通过自变量的局部回归系数以及一系列诊断量体现出来的, 其中地理加权回归模型的基本形式是

$$y_i = \beta_{i_0} + \sum_{k=1}^{m} \beta_{i_k} x_{i_k} + \epsilon_i \tag{5-14}$$

其中 y_i 是在 i 处的因变量, β_{i_0} 是位置 i 处的截距, x_{i_k} 是第 k 个自变量, m 是自变量的个数, β_{i_k} 是在 i 处第 k 个自变量的局部回归系数, ϵ_i 是位置 i 处的随机误差. 而变量的求解方法为

$$\hat{\beta}_i = \left(X^{\mathrm{T}}W(u_i, v_i) X\right)^{-1} \left(X^{\mathrm{T}}W(u_i, v_i) y\right) \tag{5-15}$$

其中 X 为包括自变量的样本值的矩阵, y 为因变量的向量, $W(u_i, v_i)$ 为位置 i 处的空间权重. GWR 的模型求解主要有下列三种参数需要讨论.

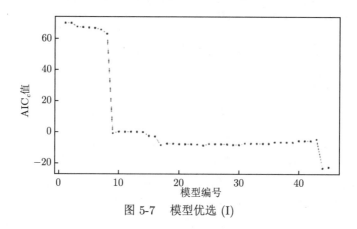

图 5-7　模型优选 (I)

　　(1) 距离类型. 在进行地理加权回归的时候, 需要考虑点与点之间的距离的计算方式, 例如欧氏距离、曼哈顿距离等. 由于机场之间距离较远, 所以在本次实验中采用欧氏距离即可.

　　(2) 带宽优选. 带宽是指在对回归模型进行计算的时候所选择的包含坐标点的最大的点的数量, 即自适应带宽, 或固定距离, 即固定带宽. 模型的整体偏差会随着设置带宽的增大而增大, 相反, 模型的方差会随着带宽的减小而增大. 所以为了使两者处于一个平衡的状态, 选择一个适当的带宽是非常重要的. 在回归模型中, 带宽是可以通过赤池信息准则和交叉检验计算出来的. AIC_c 值的计算公式为

$$\mathrm{AIC}_c(b) = 2n\ln(\hat{\sigma}) + n\ln(2\pi) + n\left\{\frac{n + \mathrm{tr}(S)}{n - 2 - \mathrm{tr}(S)}\right\} \tag{5-16}$$

其中 b 为所选的带宽, $\hat{\sigma}$ 是误差的估计标准偏差, $\mathrm{tr}(S)$ 为矩阵 S 的迹. 在本次建模过程中通过选择赤池信息准则的方法来得到最佳带宽.

　　(3) 核函数. 需要结合数据的特点和回归模型的性质来进行选择, 并且会影响回归模型的计算量. 四种核函数在上述已经介绍过, 由于本次实验的数据点较少, 在这里选择 Gaussian 核函数来进行计算.

5.1.3　关联规则分析技术

　　关联规则挖掘是关联分析的具体实现, 关联规则 (Association Rules) 反映一个事物与其他事物之间的相互依存性和关联性, 如果两个或多个事物之间存在一

定的关联关系, 那么其中一个事物就能通过其他事物预测到. 关联规则挖掘是数据挖掘的一个重要技术, 用于从大量数据中挖掘出有价值的数据项之间的关联关系. 应用关联规则挖掘算法对超限事件序列进行关联分析, 有利于发现超限事件之间的内在关联特征, 为超限事件预测提供理论依据.

因为不同机型的飞机在设计结构上存在显著的差异, 所以超限事件关联特征也存在显著的差异. 通过对不同机型的超限事件序列进行关联分析, 可以更好地了解各机型的飞行状况, 为提高飞行品质提供理论依据. 基于行业百万量级数据的全局时空统计与分析, 给出了全行业总量排名前十的安全事件时空相关性分析结果, 如表 5-3 所示.

表 5-3 行业排名前 10 位 3 级事件时空相关性分析结果

排名	名称	空间相关性	时间相关性	时空相关性 空间性	时间性
1	15m (50ft) 至接地距离远	高发机场主要位于中国地势第二级阶梯与第一级阶梯的交汇处	春季、夏季发生频率较高, 秋季和冬季相对较低, 具有周期性	强	强
2	初始爬升速度大	较为集中分布在低海拔地区和沿海地区	春季、冬季发生频率较高, 夏季和秋季相对较低, 差异较为显著	强	强
3	抬前轮速度大	北京、上海高发, 其他无相关性	春季、冬季发生频率较高, 夏季和秋季相对较低, 差异比较不显著	弱	弱
4	下降率大	无明显相关	春季较高, 夏季、秋季和冬季相对较低	无	弱
5	抬前轮速率大	频率最高的机场主要分布在云南高原和青藏高原	事件发生频率, 昼间频率为 0.459‰, 夜间为 0.232‰, 昼夜之比大约 2:1	强	强
6	进近速度大	无明显相关	整体上存在昼间发生频率更高; 春季、冬季发生频率较高, 夏季和秋季相对较低	无	弱
7	空中垂直过载超限	发生频率最高的机场主要集中分布在云南高原和横断山脉地区	春季频率最高, 秋季最低, 且差异较为显著	强	强
8	着陆滑跑方向不稳定	无明显相关	春季较高, 其他季节相对稍低	无	弱
9	进近速度小	无明显相关	春、冬季较高, 夏季最低	无	弱
10	抬前轮速率小	无明显相关	春季、冬季发生频率较高, 夏季和秋季相对较低, 且差异较显著	无	强

排名前十的安全事件时空相关性分析结果, 可以在一定程度上对行业起到预警的作用, 也可以在时间和空间上规避、减少安全事件的发生.

5.2 颠簸风险关联要素

关联规则分析是指挖掘数据间的关联关系的一种方法[72], 通过关联规则分析可以挖掘属性同时出现的规律与模式. 关联规则挖掘是挖掘数据中隐含的规律与发生模式, 这些模式并非先验知识, 而是通过数据集挖掘出频繁出现的模式. 通过对数据集进行关联规则分析可得出"由于某些事件的发生而引起另一些事情发生"的规则, 例如关联规则分析中的购物篮分析[73], 即通过发现顾客放入购物篮的商品之间的联系, 以分析顾客的购物习惯, 可以帮助供销商制定合适的营销策略. 在医学领域[74], 研究人员通过挖掘同类患者的共同特征来进行疾病的初步诊断, 提高疾病的治疗效率. 在金融消费领域, 研究者通过探索同类消费者的消费账单的共同项探索购物者的消费方式, 来进行更好地推销与选址[75]. 基于关联规则的数据挖掘方法有助于人们生活的方方面面, 为企业生产与市场营销以及人们的日常生活提供很大的助力. 本书对不稳定进近各触发原因与参数进行关联规则的分析, 分析不同参数对不稳定进近事件发生的影响情况, 包括飞行员的操作动作以及外部环境对降落期间飞行的影响, 如油门分解器角度、风力、风向对飞机姿态的影响.

5.2.1　颠簸诱因要素

任何一次飞行都处于地理空间范围内, 因此受到地理环境因子的影响. 地理环境因子多种多样: 大雾、低云、雷暴、乱流、积冰、风切变等气象条件会对飞行安全造成危害[76], 海拔和地形也会对飞机的性能和航迹产生一定影响. 因此, 海拔、气温、降水量、风速等地理环境因子, 都是构成空中颠簸的诱因要素. 对它们与各阶段典型超限事件的频率进行相关性分析, 可以找出诱因要素对超限事件的影响.

机场海拔数据来源于虚航运营网机场数据查询系统提供的全国机场的标高数据, 全国海拔数据来源于美国地质勘探局网站提供的 ASTER GDEM 数据, 空间分辨率为 1 弧度秒 (约 30 米). 气温、降水量与风速数据均来源于中国气象数据网提供的中国地面国际交换站气候资料日值数据集 V3.0, 从中下载 2017 年 194 个区站的气温、降水量和风速日值数据, 先计算出各区站各项数据的年平均值, 再利用 ArcGIS 对其进行插值. 插值算法选用克里金插值法, 这种算法是对空间分布数据求最优、线性、无偏内插的估计, 考虑了各已知数据点的空间相关性[77].

这里按照不同导航标准将机场分类, 在每一类中对不同类型超限事件的频率和机场海拔做相关性分析. 分析得到一些相关性较高的事件类型, 如表 5-4 所示 (由于 RNP AR 标准机场数量较少, 相关系数置信度不高, 因此未在表中列举).

选取 RNP APCH 标准下接地点远于其他标准下空中载荷大事件做进一步分析. 随着海拔升高, 空气密度降低、空气阻力减小使得空中拉平距离变大, 引发接地点远事件, 着陆时很容易冲出跑道; 而空气密度降低, 也会使飞机升力减小, 使得飞机升力与重力不平衡, 引发空中载荷大事件, 其海拔与频率的相关性如图 5-8 所示.

表 5-4　超限事件频率与海拔相关性

事件类型	事件名称
强相关典型事件 ($|r| > 0.6$)	接地点远、进近 1000ft 速度小、着陆跳起
中等相关典型事件 ($0.4 < |r| \leqslant 0.6$)	直线滑行速度大、反推使用晚、接地点近、转弯滑行速度大、起飞擦机尾风险、下滑道偏差大 (500—150ft)、离地俯仰角大、最终进近 100ft 以下横滚角偏差大、离地速度大、爬升速度大 (50—500ft)
其他强相关事件 ($|r| > 0.6$)	进近 50ft 速度小
强相关典型事件 ($|r| > 0.6$)	进近 1000ft 速度小、进近下降率大 (500—50ft)、空中载荷大、接地点远、直线滑行速度大、起飞收起落架晚、接地点近
中等相关典型事件 ($0.4 < |r| \leqslant 0.6$)	爬升速度大 (50—500ft)、最终进近 100ft 以下横滚角偏差大、离地速度大、顺风落地、转弯滑行速度大、最终进近横滚角左右波动、下降梯度大 (50ft 以下)、下滑道偏差大 (500—150ft)、着陆减速晚
其他强相关事件 ($|r| > 0.6$)	进近 50ft 速度小、初始爬升横滚角左右波动
强相关典型事件 ($|r| > 0.6$)	空中载荷大、离地速度大、进近 500ft 速度大
中等相关典型事件 ($0.4 < |r| \leqslant 0.6$)	进近 50ft 速度大、初始爬升俯仰角小 (50—800ft)、接地点远、进近下降率大 (500—50ft)、着陆时航向变化大、着陆减速晚、进近下降率大 (2000—1000ft)、进近 1000ft 速度小、离地俯仰角大、地面滑行时推力大
其他强相关事件 ($|r| > 0.6$)	着陆时横滚角大 (50ft 以下)、低高度速度大 (低于 10000ft)、最终进近持续速度大

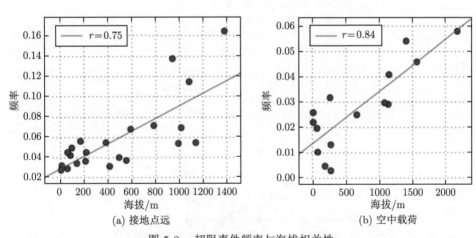

图 5-8　超限事件频率与海拔相关性

　　由于颠簸事件的空间分布具有明显的不均衡性, 不同位置的飞行颠簸可能是由不同的因素所引起的, 因此, 本章着重对飞机颠簸成因的空间异质性进行分析, 2016 年民航飞行颠簸点的分布如图 5-9 所示.

　　通过使用 DBSCAN 算法的聚类结果和对飞行颠簸点的观察, 发现颠簸点主要呈两种聚集方式：圆形聚集和条带形聚集, 如图 5-10 所示.

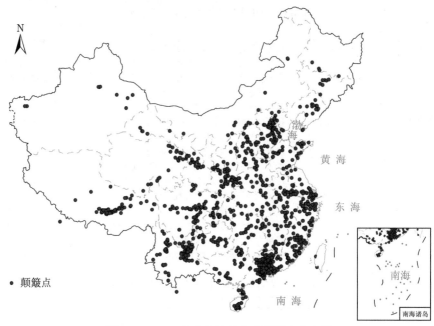

图 5-9　2016 年全年民航空中颠簸点分布图

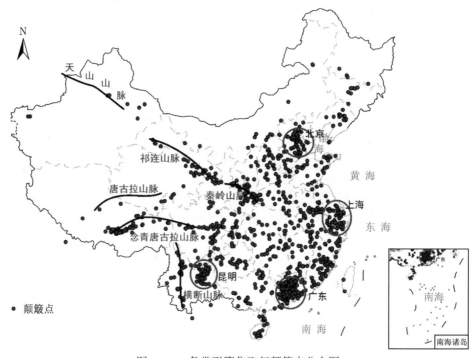

图 5-10　条带形聚集飞行颠簸点分布图

　　将图 5-9 对照我国行政区划图发现, 圆形聚集的飞行颠簸点主要分布在北京、上海、广州和昆明, 而北京首都国际机场、上海浦东国际机场、广州白云国际机场和昆明长水国际机场分别是我国面向北方机场群、华东机场群、中南机场群的国际枢纽机场, 和新疆乌鲁木齐地窝堡国际机场 (西北机场群) 并称为我国五大枢纽机场, 堪称全球最繁忙的机场之一. 这些机场航班量较多, 而飞机颠簸多发于飞机起飞、降落阶段, 是造成飞行颠簸点聚集的主要原因. 将图 5-9 对照我国地形图, 发现条带形聚集的飞行点主要沿我国的天山山脉、祁连山脉、冈底斯山脉、横断山脉、秦岭等山脉的走势分布, 猜测位于我国第一、第二地势阶梯的飞行颠簸点可能很大程度受当地的特殊地形地貌所影响.

　　本节针对这些关系在空间维度上的异质性特征, 采用地理加权建模技术, 包括地理加权汇总统计分析、地理加权主成分分析和地理加权回归分析等, 定性、定量分析具有空间特征的颠簸成因要素关系, 从而加强和深化对飞行颠簸成因要素的空间异质性分布的认识. 地理加权建模技术的优势在于它既能反映地理对象之间的异质性, 又不忽略它们之间原有的相关性.

　　图 5-11 中, 机场之间蓝色曲线表示两两机场之间的航班往来, 曲线透明度和粗细与年度航班总数成正比. 不难发现, 我国 2016 年全年飞行过程中颠簸点数量

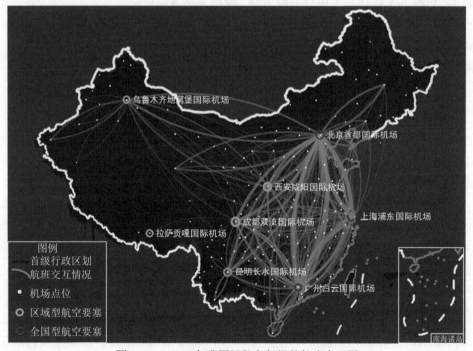

图 5-11　2016 年我国民航各机场的航班交互图

分布较多的区域与我国各机场间交互频繁的区域均位于我国东南部. 从该图可看出, 北京首都国际机场和上海浦东国际机场为名副其实的国际枢纽机场, 而如乌鲁木齐地窝堡国际机场和昆明长水国际机场的区域枢纽功能也显而易见, 从一定程度上验证了在我国东南部的飞机颠簸点数量高是由该区域航班量较大所导致的猜测.

5.2.2 多要素关联分析

针对多源数据融合成果中的时空众要素, 采用因子分析、关联分析和回归分析等解释性统计分析方法对多维要素属性空间进行关联分析和关系发现. 具体来说, 采用相关性分析、方差分析等技术对多维时空要素进行关联分析. 采用因子分析研究众多变量之间的内部依赖关系, 探求观测数据中的基本结构, 用少数几个假想变量来表示复杂要素属性数据的基本结构. 同时, 采用空间叠置分析、空间自相关分析等空间统计方法进行空间相关性分析, 分析不同影响要素属性与典型飞行安全事件之间的关系.

多源数据融合后对应高维属性要素空间, 使得后续建模分析过程异常复杂, 不利于对关系模型的有效解释, 增加了模型分析的不可靠性风险, 因此需要对高维属性要素空间进行主要因素抽析. 本章从两个途径对飞行风险的主要影响要素进行提取, 包括人工筛选和主成分分析方法. 根据前述关联分析结果, 对强相关要素进行筛选, 选择某个代表性属性作为主要考虑影响要素; 采用逐步选择方法 (Stepwise Approach) 对一定范围的目标属性要素进行分析, 按照要素对分析模型的贡献强弱进行筛选, 实现主要相关性要素的抽析与选择.

1. 海拔与超限事件频率相关性

我国整个地势以青藏高原平均海拔最高, 自西向东逐级下降, 形成三级阶梯: 第一级阶梯为柴达木盆地–青藏高原, 平均海拔在 4500 米以上; 第二级阶梯为内蒙古高原、黄土高原、云贵高原, 平均海拔为 1000—2000 米; 第三级阶梯是我国东部的低山丘陵及平原区, 平均海拔在 500 米以下[77].

海拔越高, 空气密度越小, 气压越低, 起飞或着陆的飞机滑行长度都会变长, 因此, 高原上的机场跑道比平原长得多[78,79]. 同时, 高原山区气象条件复杂, 容易发生低云、低能见度、大温差, 多雷暴、阵性风和风切变等, 也容易形成乱流, 造成飞机颠簸[80,81]. 图 5-12 给出了两种超限事件频率与海拔的相关性示意图.

2. 气温与超限事件频率相关性

我国地处欧亚大陆东南部, 濒临太平洋, 海陆差别很大; 同时我国地域十分广阔, 南北纬相差约 50°, 东西经相差约 60°, 广阔的地域和独特的地理环境造成了气温的空间分异性十分显著, 不同地区的年平均气温差异甚至超过 30℃. 其中, 东北地区和青藏高原地区年平均气温较低, 长江中下游平原、东南沿海地区年平均气温较高. 海拔和纬度是影响我国年平均气温分布的最主要因素, 存在较强的纬度地带性和垂直地带性分布特征 [82].

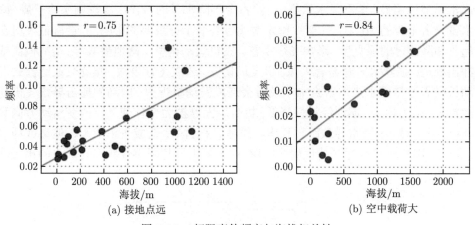

(a) 接地点远   (b) 空中载荷大

图 5-12 超限事件频率与海拔相关性

在飞行中, 气温会直接影响飞机的性能, 高温会降低飞机发动机的效率, 减小飞机起飞时的加速度和离地后的爬升率, 从而导致飞机的安全性能恶化和操纵困难. 根据计算, 气温每升高 10℃, 活塞式飞机、涡轮螺旋桨飞机、喷气式飞机的起飞着陆的滑跑长度分别可增长 5.25%、9.6%、13%[83]. 同时, 飞机上的高度表显示的是气压高度, 温度变化就会影响到气压高度和真实高度之间的关系, 使得高度表显示的数值产生偏差 [81]. 图 5-13 给出了两种超限事件频率与气温的相关性示意图.

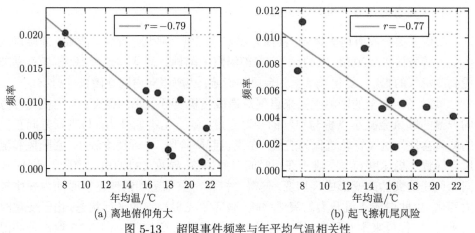

(a) 离地俯仰角大   (b) 起飞擦机尾风险

图 5-13 超限事件频率与年平均气温相关性

3. 降水量与超限事件频率相关性

我国位于东亚季风气候区, 东部地区受东南季风和西南季风的影响, 降水较多; 西北内陆则受西北气流控制, 降水稀少, 整体分布从东南沿海向西北内陆递减. 降水季节性明显, 夏季降水量集中, 约占全年降水量的 50%; 冬季则寒冷干燥, 降水量只占全年的 10% 左右[84]. 降水对飞行有着十分重要的影响, 它会降低飞机在起飞和降落时的能见度, 影响飞行姿态、飞机气动构型、落地参数等, 造成偏离或冲出跑道; 强降水区容易有大风, 引发风切变, 造成飞行事故; 螺旋桨或活塞式发动机吸入过量雨水之后若点火不及时会造成发动机熄火; 雨滴的撞击导致飞机动能损失, 阻力增加, 燃油经济性降低; 机身表面摩擦力变化使气流改变运动方向和速度, 升力减小; 降水导致跑道积水、结冰、积雪等, 造成飞机滑水、偏离或冲出跑道等, 影响机场运行区的使用[80]. 图 5-14 给出了超限事件频率与降水的相关性示意图.

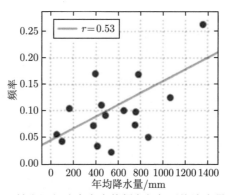

图 5-14   转弯滑行速度大事件频率与年平均降水量相关性

4. 风速与超限事件频率相关性

我国主要分布有两大风带, 具体为黑吉辽三省、河北、青海、西藏、新疆以及内蒙古等省区近 200km 宽的地带; 东部沿海的陆地、岛屿与近岸海域, 冬春季节受到冷空气的影响, 夏秋季节受到台风的影响, 从海岸向内陆丘陵延伸[85].

风对飞行安全的影响主要来自气流造成飞机飞行状态的改变, 与飞机飞行方向一致的顺风会减小飞机与空气的相对速度, 减小飞机的升力; 与飞行方向正交的侧风会使飞机飞行轨迹偏离航线. 在飞机起降阶段, 飞行速度较小, 强顺风和侧风会导致飞机速度和姿态难于在短时间有效调整, 导致飞机冲出跑道[86]. 此外, 风向和风速的突然改变形成风切变, 使得飞机相对空气运动的速度短时间内发生较大变化, 由此造成飞机升力的突然增减, 破坏了飞机稳定的飞行状态, 由于变化时间极短, 飞行员来不及反应, 因此容易造成飞机坠毁事故[87]. 图 5-15 给出了超限事件频率与年平均风速的相关性示意图.

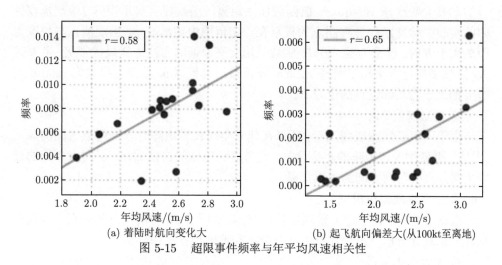

(a) 着陆时航向变化大   (b) 起飞航向偏差大(从100kt至离地)

图 5-15   超限事件频率与年平均风速相关性

5.2.3 颠簸诱因要素地理加权建模分析

相比于传统空间统计分析技术, 地理加权建模技术的优势之一是在任意空间位置得到不同的定量估计, 非常有利于通过地图可视化对结果进行表达.

1. *实验步骤*

对诱因要素的地理加权建模流程如图 5-16 所示.

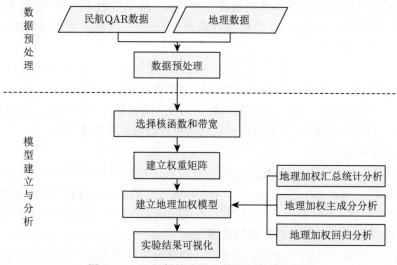

图 5-16   飞行颠簸成因异质性研究的流程图

1) 选择核函数和带宽

本书主要选择 Bi-square 核函数作为距离核函数建立权重矩阵 (地理加权回归的实验中除外), 保证观测点的权重在一定范围内逐渐减小, 当观测点与校准点距离大于 b 时, 权重为零. 另外, 实验采用交叉验证的方法选择最优带宽; 当 b 过大时, 模型接近于全局空间模型, 此时将直接指定带宽 b. 该类型指定为 adaptive, 即 b 的大小为最邻近点的个数.

2) 建立权重矩阵

由于飞机沿地球表面飞行, 所以在建立距离权重矩阵时选择两点之间的球面 (大圆) 距离作为该矩阵的距离度量, 它考虑到地球的自然曲率, 用两点之间的最短大圆距离代替两点间的欧氏距离.

3) 建立地理加权模型

根据 5.1 节的内容建立地理加权模型, 对我国 2016 年的飞行颠簸点进行地理加权汇总统计分析、地理加权主成分分析和地理加权回归分析.

4) 实验结果可视化

为了使实验结果便于观察和理解, 对实验所得到的统计数据和结果进行可视化, 并对其进行进一步的分析和说明.

2. 实验过程

本书使用 Lu 所开发的 GWmodel 工具包[71] 完成, 具体实验过程如下.

1) GWSS

使用二次核函数建立距离权重矩阵, 距离度量选择两点间的大圆距离, 由于本书中由交叉验证实验所得到的最优带宽较大, 模型接近于全局模型, 故直接指定为 80, 即选择校准点的 80 个最邻近观测点, 根据二次核函数计算权重, 将其他观测点的权重赋值为 0.

根据公式计算各飞行颠簸点的各变量的地理加权平均数和地理加权标准差, 以了解该点所在位置的颠簸水平以及飞行参数变化情况. 根据公式分别计算各飞行颠簸点的各变量与飞机过载增量 (颠簸强度) 间的地理加权协方差和地理加权相关系数, 了解该点所在位置的各变量与飞机颠簸强度的相关性.

2) GWPCA

在进行主成分分析的时候常常需要对数据进行标准化, 并用协方差矩阵指定主成分分析 (Principal Component Analysis, PCA). 在 GWPCA 中也使用 (全局) 标准化数据, 类似地用 (局部) 协方差矩阵指定 PCA. 这种标准化的效果是使每个变量在后续分析中具有同等的重要性.

使用二次核函数建立距离权重矩阵, 距离度量选择两点间的大圆距离, 带宽类型选择 adaptive, 采用交叉验证实验计算得到最优带宽 $b = 781$, 即对校准点最邻近的 781 个观测点计算权重, 将其他观测点的权重赋值为 0.

根据公式计算关于位置点的特征值对角矩阵和特征向量矩阵, 得到各校准点的主成分以及变量载荷, 将实验结果绘制成专题图.

3) GWR

在实际应用中, 地理加权回归模型对核函数的选择并不是很敏感, 但对特定核函数的带宽却很敏感, 带宽过大会导致回归参数估计的偏差过大, 带宽过小又会导致回归参数估计的方差过大. 在本书的地理加权回归分析中, 使用 AIC 选择合适的模型及带宽.

AIC 建立在熵的概念基础上, 可以用于评价所估计模型拟合数据的优良性. 通常来说, 增加自由参数的数目会提高拟合的优良性, 但同时也会增加模型的复杂度, AIC 的方法是寻找可以最好地解释数据但包含最少自由参数的模型. AIC 应用广泛, Hurvich 等 (1998) 将 AIC 扩展到非参数回归分析中的光滑参数选择, Brunsdon 等 (2002) 则在 Hurvich 的研究基础上将其进一步用于地理加权回归中的权函数带宽选择.

使用 Gaussian 核函数建立距离权重矩阵, 距离度量选择两点间的大圆距离, 带宽类型选择 adaptive, 根据 AIC 计算得到最优带宽 $b = 62$, 即对校准点最邻近的 62 个观测点计算权重, 将其他观测点的权重赋值为 0. 使用加权线性最小二乘法对各局部的地理加权回归系数进行估计, 得到各局部地理加权回归模型.

3. 结果分析

1) GWSS ($k = 80$)

(1) 地理加权平均数.

图 5-17 为飞机颠簸强度的地理加权平均数结果, 它反映局部区域飞机颠簸强度的平均大小, 从该图可以看出我国华北平原 (江苏、山东一带) 和河南省的平均颠簸强度较大, 而西南地区的平均颠簸强度相对较小.

图 5-18 为飞机的传感器所监测的风速的地理加权平均数结果, 从该图可以看出我国青藏高原、云贵高原东部和东北平原的平均风速较大.

图 5-19 为飞机的传感器所监测的风向的地理加权平均数结果, 从该图可以看出我国北部 (黄土高原、内蒙古高原、华北平原) 平均风向角度较大.

(2) 地理加权相关系数.

图 5-20 为风速和飞机颠簸强度的地理加权相关系数结果, 它反映局部区域风速和飞机颠簸强度的相关性, 由该图可看出, 在贵州、湖南、广西和海南省范围内 (红色颠簸点), 风速和飞机颠簸强度呈一定的正相关性, 其相关系数在 0.30 至 0.65 之间, 即该区域内风速越大, 飞机颠簸强度越大. 而在青藏高原东南部地区, 风速和飞机颠簸强度呈一定的负相关性, 其相关系数在 -0.30 至 -0.59 之间, 即

该区域内风速越大, 飞机颠簸强度越小.

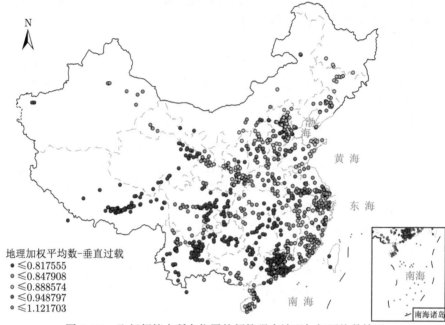

图 5-17   飞行颠簸点所在位置的颠簸强度地理加权平均数情况

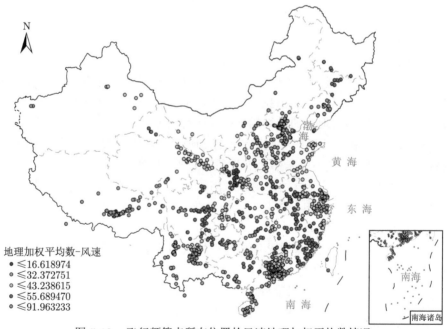

图 5-18   飞行颠簸点所在位置的风速地理加权平均数情况

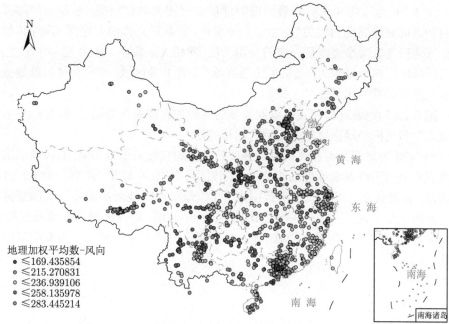

图 5-19 飞行颠簸点所在位置的风向地理加权平均数情况

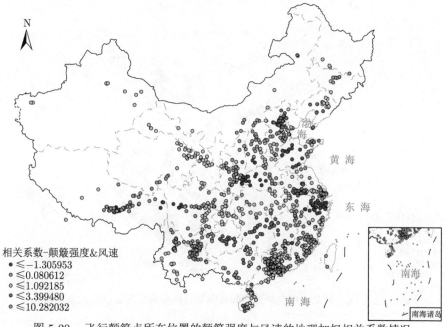

图 5-20 飞行颠簸点所在位置的颠簸强度与风速的地理加权相关系数情况

图 5-21 为风向和飞机颠簸强度的地理加权相关系数结果, 它反映局部区域风向和飞机颠簸强度的相关性, 由该图可看出, 在我国东部沿海地区 (深绿色颠簸点), 风向和飞机颠簸强度呈一定的负相关性, 其相关系数在 −0.30 至 −0.76 之间, 即该区域内风向角度越大, 飞机颠簸强度越小. 在其他区域, 风向和飞机颠簸强度基本上没有明显的相关性.

图 5-22 为地表高程和飞机颠簸强度的地理加权相关系数结果, 计算结果显示地表高程和飞机颠簸强度的并无明显的相关性.

图 5-23 为地表高差和飞机颠簸强度的地理加权相关系数结果, 它反映局部区域地表高差和飞机颠簸强度的相关性, 由该图可看出, 在辽宁, 北京、天津、内蒙古西部, 云贵高原、湖南、重庆范围内 (红色颠簸点), 地表高差和飞机颠簸强度呈一定的正相关性, 其相关系数在 0.30 至 0.44 之间, 即该区域内地表高差越大, 飞机颠簸强度越大. 在其他区域, 地表高差和飞机颠簸强度基本上没有明显的相关性.

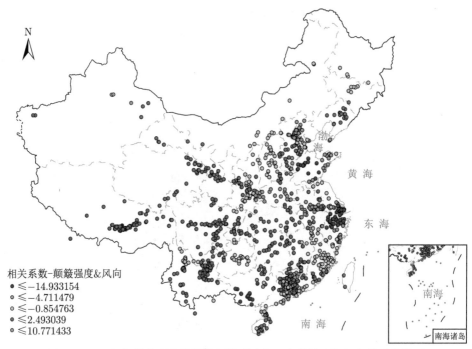

图 5-21   飞行颠簸点所在位置的颠簸强度与风向的地理加权相关系数情况

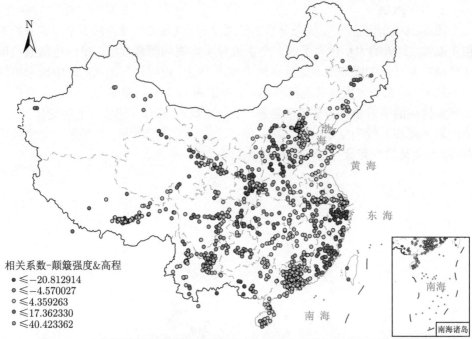

图 5-22　飞行颠簸点所在位置的颠簸强度与地表高程的地理加权相关系数情况

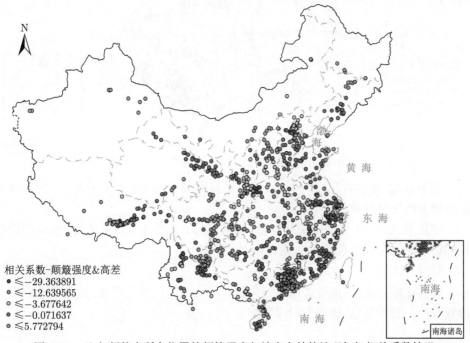

图 5-23　飞行颠簸点所在位置的颠簸强度与地表高差的地理加权相关系数情况

2) GWPCA

图 5-24 为地理加权主成分分析的结果, 它反映局部区域内前五个主成分的累积贡献量, 其值的大小代表了这五个主成分对数据的解释程度. 橙红色颠簸点所在区域的前五个主成分的贡献量达到了 65% 以上, 说明这些区域的影响因素可能较为简单, 前五个主成分就能解释 20 个变量的 65% 以上的变化. 而浅黄色颠簸点聚集区域的前五个主成分就能解释 20 个变量的 55%—59% 以上的变化, 其影响因素可能相对较为复杂一些. 对其第一个主成分进行解析, 观察第一个主成分对 20 个变量的载荷量, 如图 5-25 所示.

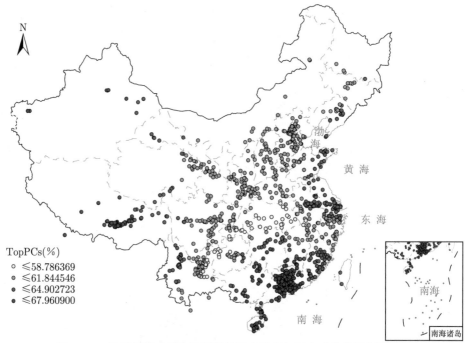

图 5-24　飞行颠簸点所在位置的前五个地理加权主成分的累积贡献率

从图 5-25 可以看出, 不同地区飞机颠簸受到不同飞行参数的影响, 对各省份影响最大的飞行参数见表 5-5.

对其第二、三个主成分进行解析, 观察第二、三个主成分对 20 个变量的载荷量, 其结果如图 5-26 和图 5-27 所示.

3) GWR

我们使用 AIC 为地理加权回归分析选择合适的模型及带宽, 此处不考虑模型的复杂性, 选择 AIC_c 值最小的模型如下

$$VRTG \sim LONG + LATG + FLAP + GS + ALT\_STD + N12 + ALT\_QNH$$

$$+ \text{TAT} + \text{ELEV} + \text{ELEV\_CHANGE} + \text{N11}$$

$$+ \text{WIN\_DIR} + \text{WIN\_SPD} + \text{GW} + \text{HEAD\_MAG} + \text{RUDD}$$

$$+ \text{DRIFT}$$

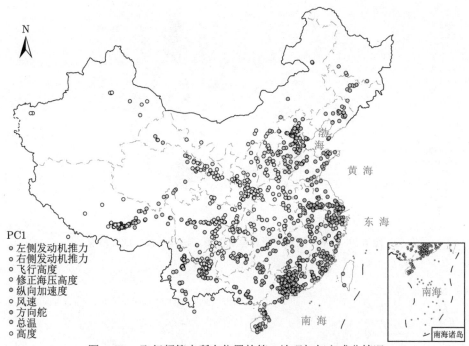

图 5-25　飞行颠簸点所在位置的第一地理加权主成分情况

表 5-5　第一地理加权主成分所对应区域列表

区域	第一主成分载荷最大的飞行参数
西藏中东部、云南西部、青海、四川西部 (青藏高原)、黑龙江、吉林、江西北部	总温 (TAT)
北京、天津、河北、辽宁	左侧发动机推力 (N11)
福建	右侧发动机推力 (N12)
海南、广东	方向舵 (RUDD)
山东、江苏、上海、安徽、浙江	纵向加速度 (LONG)
河南	飞行高度 (ALT_STD)
山西、陕西、湖北、重庆、四川中东部、甘肃	修正海压高度 (ALT_QNH)
贵州和云南东部	风速 (WIN_SPD)
新疆、西藏西南部	高度 (ELEV)

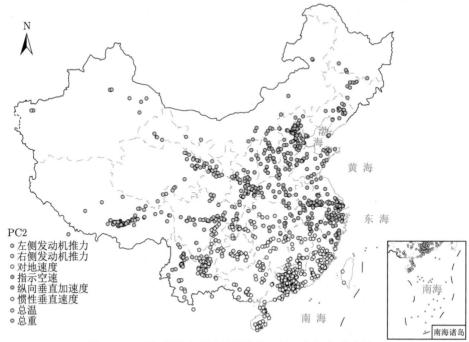

图 5-26　飞行颠簸点所在位置的第二地理加权主成分情况

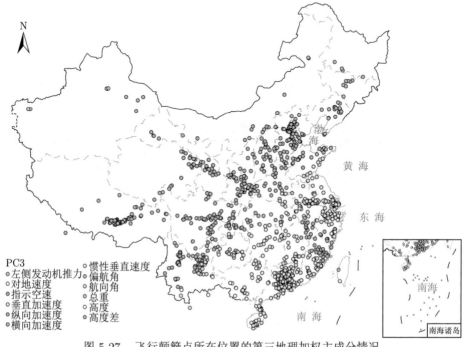

图 5-27　飞行颠簸点所在位置的第三地理加权主成分情况

该模型的全局多元线性回归结果和地理加权回归结果如表 5-6 所示.

从表 5-6 可以看出, 地理加权回归模型相对于多元线性回归模型的拟合程度更好, 对于同一回归方程来说, 前者的 R^2 比后者高出约 0.158, AIC_c 值低出约 237. 两者均通过 F 检验, 且大部分变量通过显著性检验. 可观察重要变量的系数估计及其在空间上的变化.

表 5-6 最优模型的多元线性回归结果和地理加权回归结果

	多元线性回归		地理加权回归	
Adjusted R-squared	0.3816		0.5398102	
AIC_c	−231.0374		−468.3374	
p value(F-statistic)	< 2.2e−16 ***		< 2.2e−16 ***	
Pr(> $|t|$) of Coefficients:				
(Intercept)	< 2e−16	***	0.194284	
LONG	< 2e−16	***	< 2e−16	***
LATG	< 2e−16	***	< 2e−16	***
FLAP	0.005386	**	0.999992	
IVV	2.04e−07	***	< 2e−16	***
RUDD	0.229784		< 2e−16	***
ALT_STD	0.195542		0.007905	**
ALT_QNH	0.000499	***	0.280305	
N12	0.001118	**	0.422622	
TAT	0.760658		7.69e−05	***
GS	0.629060		< 2e−16	***
ELEV_CHANGE	0.020972	*	0.000419	***
ELEV	0.603324		0.946469	
N11	0.066972	.	0.238494	
WIN_SPD	0.016811	*	< 2e−16	***
DRIFT	0.001744	**	< 2e−16	***
GW	0.003021	**	0.596852	
WIN_DIR	0.254351		0.907623	
HEAD_MAG	0.761359		0.945994	

Signif. codes: 0 '***' 0.001 '**' 0.01 '*' 0.05 '.' 0.1 ' ' 1

各变量的回归系数估计结果如图 5-28 所示.

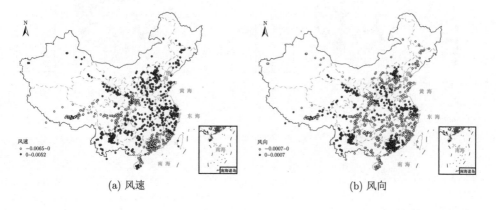

(a) 风速   (b) 风向

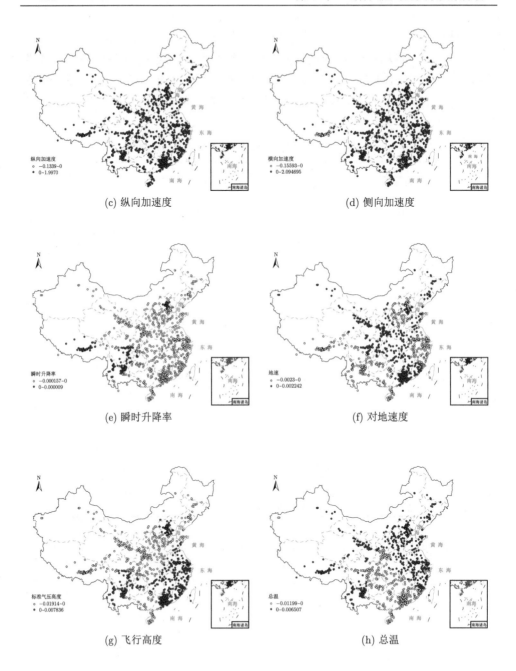

(c) 纵向加速度

(d) 侧向加速度

(e) 瞬时升降率

(f) 对地速度

(g) 飞行高度

(h) 总温

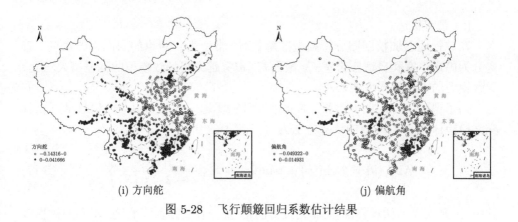

图 5-28   飞行颠簸回归系数估计结果

5.3   不稳定进近诱因要素分析

以机场为单元考虑不稳定进近事件的发生与机场周边环境条件、气象数据等对不稳定进近事件的发生进行诱因要素分析, 同时将不稳定进近事件发生的数量作为因变量, 不同气象条件发生的天数、机场跑道条件等数据作为自变量进行线性回归以及地理加权回归分析, 进行不稳定进近事件的诱因要素分析.

考虑到自变量存在不同的空间尺度以及气象条件存在时间的非平稳性, 本章采用多尺度地理加权回归分析[88](Multiscale Geographical Weighted Regression, MGWR) 与时空地理加权回归分析[89](Geographical and Temporal Weighted Regression, GTWR) 进行对比实验.

5.3.1   模型概述

1. 地理加权回归分析模型

地理加权回归分析模型是通过对数据集中的各诱因要素拟合回归模型, 将落在各个因变量邻域范围内的要素的因变量和自变量合并, 所分析的每个邻域的形状与范围取决于邻域类型和邻域选择方法. 通过构建地理加权回归分析模型来探究各诱因要素与因变量之间的空间关系, 最后的结果是利用诱因要素的空间系数以及一系列诊断量进行分析. 地理加权回归分析模型的计算如式 (5-14)、式 (5-15) 所示. 其求解过程需要确定以下三个变量:

(1) 距离类型.

在进行地理加权回归分析模型的解算时, 首先需要确定两点直接的距离, 主要有欧氏距离以及曼哈顿距离. 曼哈顿距离适用于城镇规划的地点, 不适宜用于实验的解算.

(2) 带宽优选.

在进行地理加权回归分析模型的解算时, 带宽为实验点的周围点的数量. 带宽分为固定带宽和自适应带宽. 一般而言, 带宽越大将导致模型的偏差增大, 但会导致模型的方差解释度变差.

为了得到更好的明显效果, 需要进行带宽优选. 本书利用赤池信息准则以及交叉检验计算. AIC_c 值的计算方法为

$$\mathrm{AIC}_c(b) = 2n \ln(\hat{\sigma}) + n \ln(2\pi) + n \left\{ \frac{n + \mathrm{tr}(S)}{n - 2 - \mathrm{tr}(S)} \right\} \tag{5-17}$$

其中, $\hat{\sigma}$ 是误差的估计标准差, b 为设置的带宽, $\mathrm{tr}(S)$ 为矩阵的迹. 本书的建模过程中通过比较赤池信息准则计算值的方法来选取最佳带宽.

(3) 核函数.

核函数的选择需要同时考虑数据的情况以及回归模型的情况进行选择, 同时需要考虑回归模型的计算量级, 在本次实验中采用 Bi-square 核函数进行计算.

2. 多尺度地理加权回归分析模型

地理加权回归分析模型通过交叉验证等带宽优选的方法来决定模型的最佳带宽, 从而探索因变量与自变量关系中的空间非平稳性. 但是传统的地理加权回归分析模型是通过预设所有模式化的过程, 即所有变量在相同的空间尺度进行. 实际进行研究时, 需考量不同的变化过程在不同的空间尺度上进行, 即计算最适带宽向量表达, 也是自变量特定过程发生的空间尺度. 例如降雨对植被密度的影响, 在一个空间尺度上起作用, 而另一些关系, 例如来自周围植被的竞争, 在不同的空间尺度上起作用. 所以本书采用多尺度地理加权回归分析模型, 它通过放弃模型中所有空间尺度上运行的假设, 会产生更强大的空间模型的潜力模型.

多尺度地理加权回归分析模型的计算公式如公式 (5-18) 所示

$$y_i = \beta_{i_0} + \sum_{k=1}^{m} \beta_{bw_k} x_{i_k} + \epsilon_i \tag{5-18}$$

在多尺度地理加权回归分析模型中采用的是后向拟合算法, 最大化预期对数似然的后向拟合算法通常用于校准广义加性模型, 并提供校准多尺度地理加权回归分析模型的方法.

3. 时空地理加权回归分析模型

通过将时间效应引入地理加权回归分析模型中, 发展了一种地理加权回归分析模型的扩展模型, 即时空地理加权回归分析 (GTWR) 模型[90]. 与传统的地理

加权回归分析模型不同, 时空地理加权回归分析模型将时间和空间信息集成到加权矩阵中, 以挖掘空间和时间异质性. 时空地理加权回归分析模型设计体现了一种局部加权方案, 其中地理加权回归分析模型和时间加权回归成为时空地理加权回归分析模型的特例.

时空地理加权回归分析模型通过考量空间和时间的异质性来提高其拟合优度, 通过构造基于参数估计的权重矩阵来考量参数估计中的时空非平稳性, 即从观测点 i 和所有其他观测点 (u, v, t) 之间的距离. 因此, GTWR 模型可以表示为

$$y_i = \beta_0(u_i, v_i, t_i) + \sum_{k=1}^{m} \beta_k(u_i, v_i, t_i) X_{i_k} + \epsilon_i \qquad (5\text{-}19)$$

本质上, 该模型为每个变量 k 和每个时间点 i 提供 $k(u_i, v_i, t_i)$ 的估计. 同时 $k(u_i, v_i, t_i)$ 的估计可以表示为

$$\hat{\beta}(u_i, v_i, t_i) = \left(X^{\mathrm{T}} W(u_i, v_i, t_i)\, X\right)^{-1} \left(X^{\mathrm{T}} W(u_i, v_i, t_i)\, y\right) \qquad (5\text{-}20)$$

其中 $W(u_i, v_i, t_i) = \mathrm{diag}(i_1, i_2, \cdots, i_n)$, n 是观察次数. 这里, 对角线元素 $\alpha_{ij}(1 \leqslant j \leqslant n)$ 是 (u, v, t) 的时空距离函数, 对应于校准邻近观测点 i 的加权回归时的权重. 因此, 时空地理加权回归分析模型取决于时空距离衰减函数 w_i 的选择. 为了校准模型, 仍然假设在时空坐标系中靠近 i 点的观测数据点对 $\beta_k(u_i, v_i, t_i)$ 参数估计的影响大于距离 i 点较远的数据点.

5.3.2   实验设计与模型比较

本章所使用的数据为 2019 年全年的不稳定进近事件, 而气象条件、温度、风力等级等自变量在不同时间段内对不稳定进近事件的影响程度不同, 因此, 在进行诱因要素分析的时候更需要考量时间尺度的影响. 而设置时间尺度的大小与数据量的大小以及诱因要素分析的结果息息相关, 为证明不同时间尺度的影响, 在本次实验中, 采用以全年尺度、季节尺度、月份尺度三个时间尺度进行实验设计.

1. 模型优选

在进行地理加权回归分析之前, 需要对变量进行检验与优选[91]. 本书基于赤池信息准则 (AIC) 进行模型变量选择. AIC 是由日本统计学家赤池弘次提出的一种用来衡量模型的拟合程度的标准, AIC 是以熵的概念为基础进行建立的, 可以用于衡量模型的拟合程度以及复杂度, 本书通过 AIC_c 值来评价一个模型的好坏. 具体流程如下:

① 对所有的双变量地理加权回归分析模型进行计算, 即因变量对各个独立变量进行回归.

② 记录 AIC_c 值最小的最佳模型, 并记录最佳模型的自变量, 并在后面的模型中保留最佳模型对应的自变量.

③ 为了寻找到最优模型, 依次引入自变量组的其他变量. 记录 AIC_c 值最小的最佳模型, 并记录本次保留自变量. 重复以上步骤, 直到所有的自变量都包含在模型之中.

本次实验将模型中的 AIC_c 值进行排序并对其进行可视化, 以不稳定进近事件的触发数量为因变量的所有模型进行可视化如图 5-29 所示, 同时将每个模型的 AIC_c 值进行可视化. 本次实验根据全年范围内的不稳定进近模型选择出最优模型. 从图 5-29 中可以观察到不同模型的 AIC_c 值的变化, 当 AIC_c 值稳定后, 选择 AIC_c 值变化不大的对应模型, 同时为了方便矩阵解算, 最终地理加权回归分析模型的自变量选择为阴天、起降架次、大风天气、中雨、跑道宽度.

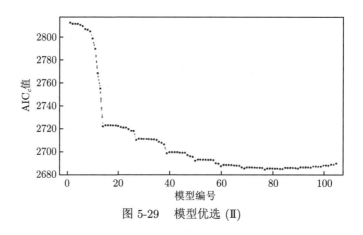

图 5-29　模型优选 (Ⅱ)

2. 精度评定

在评价模型好坏的时候, 需要适合的检验统计量对建立的模型的综合性能进行评价. 本章中, 在评价模型性能中选择以下的检验统计量:

(1) 残差平方和 (Residual Sum of Squares, RSS).

各模型的偏离情况的统计量可以通过残差平方和表征, 反映模型的整体性能. 模型的残差平方和越小, 说明最后该模型的拟合值越接近观测值.

(2) R^2 值.

R^2 值是一种决定系数, 主要用来反映因变量的全部变异能通过回归模型被自变量解释的程度. 如果 R^2 值越高意味着模型对因变量的拟合程度越高, 反之越低. 而在模型的检验中, 由于不同模型的自变量数量引起 R^2 值的明显变化, 本书通过计算调整后的 R^2 值来进行模型检验.

(3) AIC$_c$ 值.

AIC$_c$ 值是校正后的赤池信息准则, AIC$_c$ 值可以用来评估模型的信息保留度. 与 RSS 值相比可以消除自由度对它的影响, 可以从绝对意义上对比模型的信息缺失程度.

从表 5-7 和表 5-8 中可以发现不同时间尺度的地理加权回归分析模型的优良:

(1) 以季节为时间尺度的回归模型与以月份为时间尺度的回归模型的整体趋势一致. 下半年模型的拟合程度整体优于上半年模型的拟合程度, 尤其是 9 月份与 12 月份. 主要是下半年发生不稳定进近事件较多, 分布机场较广, 模型拟合程度较高. 而春季发生事件较少, 拟合程度低.

(2) 以季节为时间尺度的回归模型的整体性能略优于以月份为时间尺度的回归模型. 以季节为时间尺度使得数据点要多于以月份为时间尺度的回归模型, 拟合程度较好. 同时, 季节性的天气, 如东南沿海台风等现象, 经过时间的积累对不稳定进近的影响更加明显, 秋冬季的整体拟合程度较好, R^2 高于 0.4.

(3) AIC$_c$ 值可以反映模型的信息保留度. 而第二季度以及第三季度模型的信息保留度要优于第一季度以及第四季度, 信息保留度较高的月份是 7 月至 9 月. 这三个月份发生事件频繁, 气温较高, 气候条件复杂, 机场附近不稳定气流的影响容易导致飞机进近时发生不稳定进近事件.

(4) 2019 年上半年部分月份地理加权回归分析模型的调整 R^2 值低于全局模型的调整 R^2 值. 主要在于这几个月份触发不稳定进近事件较少, 机场分布较为集中, 地理加权回归的模型解释度不高.

表 5-7   GWR 模型精度结果 (月份)

月份	OLS				GWR			
	RSS	AIC$_c$	R^2	Adj.R^2	RSS	AIC$_c$	R^2	Adj.R^2
1 月	7857	523.1	0.11	−0.036	7749.08	524.67	0.12	−0.072
2 月	11536	534.2	0.11	−0.038	11206.16	535.71	0.13	−0.070
3 月	15500	667.18	0.09395	−0.02423	15442.11	652.269	0.10	−0.07
4 月	260137	1046.71	0.249	0.1695	243346.8	1048.80	0.29	0.16
5 月	846650	1202.32	0.2349	0.1576	832930.5	1203.05	0.24	0.15
6 月	461555	1132.00	0.3006	0.229	457223.4	1133.24	0.31	0.21
7 月	677767	1201.54	0.2733	0.2014	667909.1	1202.71	0.28	0.18
8 月	2187571	1944.72	0.464	0.4308	1741202	1941.26	0.57	0.47
9 月	4255369	2083.96	0.5126	0.483	3292661	2075.11	0.62	0.53
10 月	4248035	2071.66	0.4884	0.457	3866984	2069.58	0.53	0.47
11 月	665675	1647.83	0.4947	0.4607	594636	1647.10	0.55	0.47
12 月	599620	1673.359	0.6379	0.6142	535241.9	1670.64	0.67	0.63

表 5-8　GWR 模型精度结果 (季节)

季度	OLS				GWR			
	RSS	AIC_c	R^2	Adj.R^2	RSS	AIC_c	R^2	Adj.R^2
第一季度	2332191	1601.2	0.2392	0.20	2222745	1604.32	0.27	0.19
第二季度	8853054	2205.6	0.3923	0.37	8586943	2208.75	0.41	0.36
第三季度	26205870	2433.5	0.4603	0.44	23844993	2432.37	0.51	0.45
第四季度	831480.4	1756.6	0.5367	0.52	609775.7	1743.87	0.66	0.59

　　利用地理加权回归分析模型对模型进行解释的时候, 发现解释度的整体提高不多. 本书同时考虑时间对于不稳定进近事件的整体影响, 采用时空地理加权模型进行对比实验, 具体结果如表 5-9 所示.

表 5-9　GTWR 模型精度结果

	OLS				GWTR			
	RSS	AIC_c	R^2	Adj.R^2	RSS	AIC_c	R^2	Adj.R^2
月份	21570875	17058.12	0.26	0.25	11788117	16427.17	0.59	0.56
季节	45772506	8449.19	0.37	0.36	22090909	8367.236	0.70	0.62

　　从表 5-9 中, 我们可以发现不同时间尺度的时空地理加权模型的优良:

　　(1) 时空地理加权回归分析模型的实验结果优于线性回归的结果, R^2 值高于 0.3, 考虑时空异质性的模型解释度更高, 更好地诠释因变量与自变量的诱因要素关系.

　　(2) 时空地理加权回归分析模型的实验结果优于简单时间尺度划分的地理加权回归分析模型. 调整 R^2 值比基于面板划分的地理加权回归分析模型高 0.1 至 0.2. 考虑时空单元的差异性的模型的信息保留度也较高, 能够更好地表征不稳定进近事件在时空尺度上的变化规律.

　　(3) 由于以季节为时间尺度的数据量较丰富, 以季节为时间尺度的模型拟合程度要优于以月份为时间尺度的时空地理加权回归分析模型. 通过更精细化的时间尺度的模型描述, R^2 值提高 0.11, 模型保留程度较好.

　　由表 5-10 可以看出, MGWR 的 R^2 值明显高于 GWR 以及 OLS 模型, 模型的拟合程度更好, R^2 值提高. 同时多尺度地理加权模型的残差平方和更小, 回归结果更接近于真实值. 并且与时空地理加权回归分析模型进行比较, MGWR 模型的结果也要更优, 更能诠释自变量与因变量之间的关系.

　　由表 5-11 可知, MGWR 模型能够反映不同变量的尺度大小, 即描述变量的差异化作用尺度, 而传统的地理加权回归分析模型反映的是变量的平均作用尺度. 通过 MGWR 模型的计算, 大部分变量呈现空间不平稳性.

表 5-10   MGWR 模型精度结果

模型	RSS	AIC$_c$	R^2	Adj.R^2
OLS	21350758	17036.04	0.266	0.263
GWR	15092572	16740.43	0.481	0.432
MGWR	25143819	2579.65	0.861	0.793

表 5-11   MGWR 模型带宽及其回归系数

变量	带宽	最小值	中值	最大值
Intercept	24	−633.45	−97.84	208.55
阴天	23	4.02	7.21	9.46
大风天气	7	−4.65	12.99	35.27
跑道宽度	165	−0.12	−0.11	−0.10
中雨	9	0.67	57.86	255.07
起降架次	9	0.0005	0.0031	0.0082

阴天、大风天气、中雨、起降架次 4 个自变量的回归系数整体呈现空间不显著, 而跑道宽度的回归系数整体呈现空间显著. 由于各个机场的距离较远, 气候条件对于不稳定进近的作用尺度较小, 尤其是中雨与大风天气. 但是跑道宽度相对于每个机场来说, 宽度变化不大, 所以对不稳定进近事件的作用尺度较大. 起降架次描述的一个机场的运载能力, 起降架次较大的机场多集中在省会城市, 周边城市机场起降架次不高. 对不稳定进近事件的作用尺度较小, 形成以省会城市为中心的辐射圈.

5.3.3 模型回归系数可视化

1. 多尺度地理加权模型

不同尺度的参数对不稳定进近事件的影响程度不同, 不同的尺度更能反映不同参数的影响程度与系数分布. 从图 5-30 可知, 起降架次、阴天天数、大风天数、中雨对不稳定进近事件的发生起正向影响, 而跑道宽度对事件的发生主要起负向影响.

随着民航行业规模的扩大, 起降架次的增加使民航事故征候数目增加[92]. 而民航局会针对起降架次较多的机场采取更高级别的安全监管并采取精密进近的手段, 但存在时效性. 如图 5-30 (a) 所示, 起降架次对不稳定进近事件的发生起正向影响, 其中华北一带的机场尤为明显, 如北京首都国际机场、天津滨海国际机场、石家庄正定国际机场等. 说明该地区的管控措施对于不稳定进近事件的缓解低于机场规模扩大所带来的风险, 应该采取更加有效的管理措施来应对风险.

阴天由于能见度低, 从而影响不稳定进近事件的发生. 由图 5-30 (b) 可知阴天主要对不稳定进近产生正向影响的地方集中在沿海地区, 如厦门高崎国际机场、福州长乐国际机场、泉州晋江国际机场等. 同时沿海地区的阴天也会伴随大风, 对飞机的降落产生较大的影响.

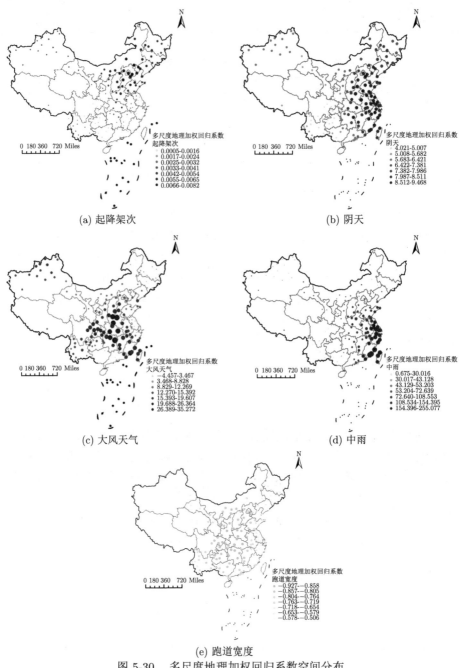

(a) 起降架次　　　　　　　　　　　　　　　　(b) 阴天

(c) 大风天气　　　　　　　　　　　　　　　　(d) 中雨

(e) 跑道宽度

图 5-30　多尺度地理加权回归系数空间分布

大风天气对飞机降落影响较大, 本次实验通过统计不稳定进近事件与大风天气次数之间的分析, 发现大风天气对不稳定进近事件的影响主要体现在中部地区到东南沿海地区, 且明显高于西部地区, 如图 5-30 (c) 所示. 致使飞机增加不可控度, 从而容易引发不稳定进近告警, 同时风力过大容易导致航偏角过大从而引发不稳定进近事件的发生.

中雨与大雨的情况会严重影响进近过程中的机场标志能见度. 雨水过大会影响机场标志的清晰程度, 使飞行员出现感知错觉, 觉得飞机仍处于较高位置. 同时, 如果雨较大的情况会使灯光涣散, 导致飞行员查看跑道的宽度、方位以及实际长度出现严重的变形. 风雨天气会导致飞机的时速适当增加, 增加不稳定进近的风险. 中雨对不稳定进近事件的影响几乎都是较强的正向影响, 通过多尺度地理加权建模可以发现中雨具有明显的空间异质性, 对于沿海地区的飞机降落影响较大, 尤其是东南沿海地区, 如图 5-30 (d) 所示. 但是强降雨有较强的季节性, 需要通过时序相关的建模与预测分析不稳定进近与降雨之间的时空关系.

在不同宽度的跑道进近的过程中, 容易对高度判断产生影响. 如图 5-30 (e) 所示, 跑道宽度对不稳定进近事件的发生产生负向影响, 跑道越宽, 能有效降低不稳定进近事件的发生. 影响较小的机场为新疆博乐阿拉山口机场、伊宁机场等小型机场, 跑道宽度约 36 米. 影响较大的机场集中在中部机场, 如长沙黄花国际机场 (最宽跑道达 60 米)、武汉天河国际机场 (最宽跑道达 60 米). 较宽的跑道有助于飞行员获得更好的目视效果, 可以针对影响较小的跑道进行扩建.

2. 时空地理加权回归分析模型

本节对时空地理加权回归分析模型 (季节) 进行系数可视化, 图 5-31 与图 5-32 展示了中雨与大风天气对不稳定进近事件的影响.

由于中雨与大雨的情况可能使灯光的清晰度下降将导致目标看得模糊, 使飞行员感到飞机过高, 造成降落时的飞行风险. 中雨或大雨打在挡风玻璃上阻碍飞行员视线. 同时由于机场灯光分裂成多个灯光致使跑道长宽与位置发生变形. 从系数时空分布来看, 中雨对不稳定进近事件的发生有较大的正向影响, 尤其是夏季的东南沿海地区. 夏季的东南沿海地区雨水较多, 对飞机降落的影响较大, 系数较大. 到了秋冬季节, 雨水减少, 东南沿海受雨水的影响程度也逐渐降低.

气流的不稳定容易导致飞机飞行发生不同程度的颠簸, 导致飞机姿态发生不同程度的变化. 从图 5-32 可以发现不稳定进近事件的发生与大风天气之间的时空关联. 夏季、秋季以及冬季大风天气在东南沿海系数较高, 尤其是秋季, 说明大风天气对不稳定进近事件的正向影响较强. 沿海大风主要发生在冬半年 (指从 10 月起至第二年 3 月), 尤其是厦门、汕尾周边. 由于第一季度触发不稳定进近事件较少, 风力等级对于不稳定进近事件的系数出现了负数, 即负向影响, 不具有统计意义.

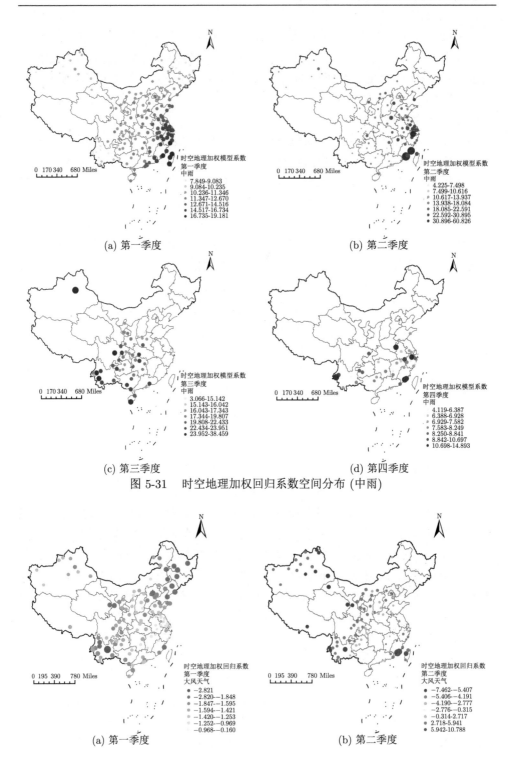

(a) 第一季度

(b) 第二季度

(c) 第三季度

(d) 第四季度

图 5-31　时空地理加权回归系数空间分布 (中雨)

(a) 第一季度

(b) 第二季度

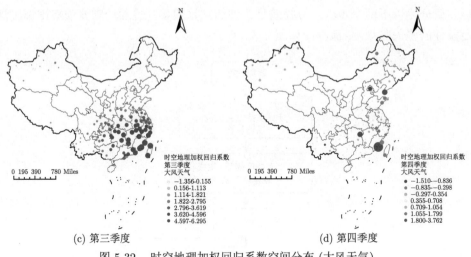

(c) 第三季度   (d) 第四季度

图 5-32   时空地理加权回归系数空间分布 (大风天气)

5.4   风险诱因要素关系建模

5.4.1   关系模型构建

关联规则主要是通过描述某个事件发生时会引发其他事件的发生, 表示事件存在一定的关联规则. 项集 (Itemset) 表示 0 个或者 N 个事件的集合, 关联规则是事件 $X \to Y$ 的关联表达, 项集 X 和 Y 不相交, 包含 k 个项的项集被称为 k 项集. 项集频度, 即支持度计数 (Support Count) 表示某项集出现的事务数目. 上述的关联规则也需要一些阈值制约, 即支持度与置信度约束, 支持度的计算方法如公式 (5-21):

$$\text{Support}(X, Y) = \frac{P(X, Y)}{P(\text{All})} \tag{5-21}$$

其中 $P(X, Y)$ 表示 X 与 Y 共同出现的频次, $P(\text{All})$ 表示所有事件发生的概率. 支持度表示某一项集在全部事件中发生的概率, 频繁项集是指超过最小支持度 (min_support) 的所有项集. 在研究 $X \to Y$ 规则的发生时, 需要考虑 X, Y 组合中 Y 在包含 X 的事务中出现的频繁程度, 计算方法如公式 (5-22):

$$\text{Confidence}(X \to Y) = P\left(\frac{Y}{X}\right) = \frac{P(X, Y)}{P(X)} \tag{5-22}$$

其中 $P(X, Y)$ 表示 X 与 Y 共同出现的频次, $P(X)$ 表示 X 出现的频次. 支持度和置信度均大于设置阈值的不稳定进近事件规则, 即为强关联规则. 关联规则挖掘主要分为以下两个步骤: 寻找满足条件的频繁项集并且通过频繁项集挖掘出满足条件的强关联规则, 流程图如图 5-33 所示.

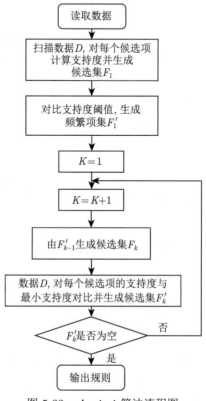

图 5-33　Apriori 算法流程图

Apriori 算法需要根据挖掘规则的实际情况与数据量大小设定最小支持度 (min_support) 与最小置信度 (min_confidence). 依次通过遍历数据库寻找频繁项集, 累计每个项的计数; 同时寻找满足最小支持度的项集并寻找频繁项集 1 的集合, 得到候选项集, 并记为 F_1. 随后通过 F_1 集合寻找频繁项集 F_1', 通过先验原理以保证所有非频繁项集的超集都是非频繁的. 然后, 再次遍历数据库并寻找频繁 2 项的集合 F_2', 使用 F_2' 寻找 F_3'. 循环上述操作, 直到不能再遍历出频繁 k 项集. 由于对频繁项集 F_k 的查找需要一次数据库的完整遍历, Apriori 算法利用频繁项集的先验性质来降低搜索成本, 提升算法效率.

5.4.2　不稳定进近风险诱因要素关系建模

关联规则分析被广泛应用于挖掘事件之间的关联关系, 本书针对不同触发原因导致的不稳定进近事件对各飞行参数进行关联规则分析. 在专业民航领域中,一般认为俯仰角超过 45° 被称为飞行异常, 容易导致一些严重的飞行事故发生. 而在不稳定进近事件的探测中, 民航领域认为俯仰角超过一定角度时, 尤其是下降过程中飞行员应该提高警惕, 防止更严重的飞行事故发生.

从俯仰角超限与诱因要素关联规则分析结果 (表 5-12) 可以发现, 从飞行员手动操作来说, 推力超限以及油门分解器角度过大极有可能导致俯仰角超限的发生, 置信度高达 0.947 和 0.779. 在飞机接收到指令降落到指定跑道的时候, 反推力装置关闭, 飞机开启刹车系统让轮胎降下来, 这个时段的飞行操作比较复杂, 对飞行员有较高的要求, 所以有可能是飞行员的手动操作失误导致的. 下降率过大以及空速较高也会导致俯仰超限事件的发生, 尤其是下降率过大, 置信度高达 0.979. 下降率较大会发生在飞行高度的各个飞行区间, 在降落过程中飞行员应该实时关注飞行的俯仰角与飞机下降率情况并及时进行调整, 避免更严重的飞行事件发生. 当下降率过大并且在感知垂直加速度过大时, 飞行员应当及时注意飞机姿态、飞机航迹以及调整下降率以避免不稳定进近的发生以及冲偏出跑道等更大的降落事故的发生.

表 5-12　关联规则挖掘结果 (俯仰角超限)

X	Y	支持度	置信度	提升度
VREF-IAS_40_60	PITCH_unsafe	0.014	0.155	2.239
IVV_2000	PITCH_unsafe	0.053	0.979	14.133
N21_100	PITCH_unsafe	0.01	0.947	13.665
TLA1_30	PITCH_unsafe	0.058	0.779	11.249
ROLL_unsafe	PITCH_unsafe	0.019	0.159	2.302
PITCH_unsafe	ROLL_unsafe	0.019	0.273	2.302
PITCH_unsafe	VRTG_0.8_1	0.033	0.477	1.102
PITCH_unsafe	AOAL_(−10)_(0)	0.011	0.155	1.804
PITCH_unsafe	HEAD-SEL_COURSE1_150	0.028	0.41	1.045
PITCH_unsafe	LONG_0.015	0.064	0.918	1.251
PITCH_unsafe	MACH_0.26	0.039	0.569	1.584

5.5　小　　结

本章将民航 QAR 数据和地理数据进行融合, 对飞行颠簸事件和不稳定进近事件及其成因进行研究探索, 完成了事件从提取到分析的整个过程. 分别从非空间 (全局) 和空间 (局部) 的角度对飞行颠簸事件的成因进行了分析, 非空间分析方面, 使用一般统计方法 (相关性分析、主成分分析、多元回归分析) 找出影响飞行颠簸事件的主要因子及其关系; 空间分析方面, 研究了飞行颠簸点的时空分布, 并使用地理加权建模技术 (地理加权汇总统计分析、地理加权主成分分析、地理加权回归分析) 对其在空间关系上的异质性进行了定性、定量的分析和描述. 现

对本章的研究要点和发现进行总结, 主要包括:

(1) 对我国 2016 年民航飞行颠簸事件在时间和空间上的分布进行了研究, 并对其分布规律做出了相应解释.

(2) 分别从非空间和空间的角度对飞行颠簸事件的成因进行了研究, 并对其空间关系的异质性进行了探索和分析, 对不同地势阶梯内的飞行颠簸影响要素进行了归纳.

(3) 对不稳定进近风险的时空分布模式与不稳定进近事件诱因要素进行分析.

本章首先采用探索性数据分析方法从空间、时间以及时空综合三个方面对不稳定进近的风险进行分析. 通过皮尔逊相关系数的计算, 发现不稳定进近与小雨、中雨、阴天、多云、大风天气等气象条件相关性较高. 为了进行诱因要素分析, 本章采用多尺度地理加权回归分析、时空地理加权回归分析与地理加权回归分析进行对比实验, 并探索不同时间尺度对诱因要素分析产生的影响, 从宏观的角度对不稳定进近事件的发生进行诱因要素分析. 实验发现多尺度地理加权回归分析模型的结果要优于其他模型. 说明在进行模型回归的时候, 要详尽地考虑自变量的尺度变化对因变量的影响. 最后对模型回归系数进行可视化, 观察不同地区的机场、不同的诱因要素对不稳定进近事件的影响, 从而探究不同诱因要素对不稳定进近事件发生的影响.

本章采用的气象数据为县级气象数据, 缺乏精确的机场气象数据, 部分县级市与机场附近的距离较远, 气象数据与机场附近气象数据存在偏差, 尤其是中高原地区的气象数据. 实验需要进一步考虑精细化的时空诱因要素分析以达到全面精细化的结果, 提高模型的解释能力, 同时在进行分析建模的时候需要考虑因变量为零值对建模的影响, 可以采用鲁棒性模型降低影响, 提高模型的可解释度.

第 6 章 典型飞行风险预警技术

2019 年，我国日均航班量已达近 1.6 万架次，随着空中交通流量持续增长，空域环境日益复杂，如何贯彻 "安全第一、预防为主、综合治理的方针"，改善民航安全形势是一个迫切需要解决的问题，民航安全管理正在逐步从经验管理转向系统安全风险预警管理阶段[93,94]. 目前的飞行风险预警研究主要是针对人为因素造成的风险进行预警研究，对于地形因素和气象因素对飞行安全的风险影响研究还很少. 在现有的飞行风险预警研究中加强地形因素和气象因素对飞行风险的影响，从而优化和改善飞行风险的有效预警具有十分重要的意义.

预警管理研究源于危机管理理论，最早在 20 世纪 60 年代提出，现有的飞行风险预警管理主要是针对人为因素、飞机故障和技术改进进行研究. 在人为因素方面，文献 [95] 利用有效的管理手段强化机组和空管人员的安全意识，使用新产生的情境视觉设计对预警技术进行辅助; 文献 [96] 提出了民航交通灾害预警管理系统模型和组织方式，对造成航空灾害的重要因素——机组行为失误进行了分析; 文献 [97] 设计用于提升人的潜意识警觉性和降低驾驶舱工作负荷的系统. 在飞机故障方面，文献 [98] 提出通过飞行品质监控进行飞行预警管理; 文献 [99] 将航空事故风险指标应用于安全预期性效果研究，获得了很好的风险预警效果; 文献 [100] 成功地研发了用于机载的飞行防撞系统、近地预警系统、风切变预警系统等. 在技术改进方面，文献 [101] 提出利用粗糙集算法对指标体系进行简化，提炼出最为关键的风险因素作为预警的指标，并建立了 BP 神经网络预警模型. 文献 [102] 根据 SHEL 模型对风险因素进行分析，建立了风险预警指标体系. 基于 QAR 数据分析，文献 [103] 提出风险预测模型，实现飞行风险告警的关口前移，提前发现风险点并及时处理，提高了飞行的安全保障. 文献 [104] 将大数据理论运用于空中交通管制运行安全预警，从数据源入手对运行安全的主要影响因素进行分类识别，建立安全评估模型.

根据预警模型的复杂度，可以将预警模型分为线性模型和完全自由连接的树模型. 线性模型用于解决具有线性关系的变量之间的预测问题，树模型能够较好地映射非线性关系. 树模型简单、运行速度快、方便解释，是目前主流的预测方法. 神经网络模型通过不同神经元之间的各种各样的连接可以拟合任意复杂函数，实现对真实世界的模拟和学习，是目前最流行，准确率最高的预测方法.

6.1　飞行风险的数据预处理

QAR 数据是一种时间连续、包含大量飞行参数的时序飞行数据. 对于有关的飞行预警模型而言, 无法满足模型对于数据的要求; 此外, 超高维的数据特点使其包含了大量的冗余信息和非必要的特征参数. 因此, 在进行飞行风险预警研究分析前, 需要根据相关模型的数据要求对 QAR 进行预处理. 本章中, 针对 QAR 数据预处理的主要技术流程如图 6-1 所示.

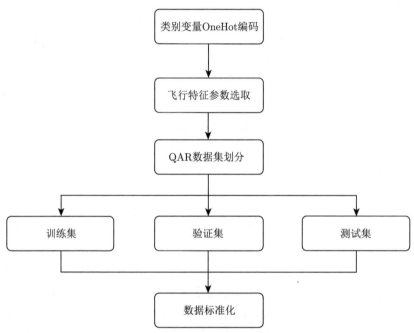

图 6-1　飞行风险的数据预处理技术流程

6.1.1　类别变量 OneHot 编码

QAR 数据时序时间长、参数多, 影响不稳定进近事件发生的参数也多, 并非所有的参数都是数值变量, 也存在一些类别变量. 在进行模型训练时, 需要对类别数据进行 OneHot 编码. 例如在飞机降落过程中记录时间数据, 实际它们是两个不同的时间段, 不能对其进行简单的数值大小的比较. 同样, 在飞行阶段 (FLIGHT_PHASE) 中, 不同的飞行阶段用不同的符号替代, 例如 "TAKE OFF" 代表飞机起飞阶段, "CLIMB" 代表飞机爬升阶段, "CRUISE" 代表飞机巡航阶段, 实验中飞行阶段不能用 "0, 1, 2" 代替, 否则会认为巡航阶段的数值要比爬升、起飞阶段大. 独热编码, 即 OneHot 编码可以解决这个问题, 对于每一个变量, 如果

有 m 个状态, 那么经过 OneHot 编码后, 变成 m 个二元变量. 这些状态是互斥的, 每次只会有一个状态被激活. OneHot 编码可以解决分类器无法对属性数据进行处理的问题, 而且从一定程度上也可以对对应的数据特征进行扩充.

6.1.2 预警模型特征选择

QAR 数据中记录大量的参数, 包括飞行姿态参数、动力学参数、外部气象环境参数和飞行操作参数等. 然而, 在实际飞行预警应用中并非所有的飞行参数都被纳入预警模型进行飞行预警研究. 一方面, 飞行参数之间具有其线性关系, 会造成信息的冗余; 另一方面, 过多的参数会导致模型的复杂度高, 训练难度大, 最终会降低飞行预警的准确性和高效性. 因此, 在构建飞行预警模型前, 进行飞行特征的选择是一项必要的数据预处理. 本章以飞行不稳定进近预警为案例, 介绍特征选择的方法与技术.

1. 移除方差过小的特征

选取与不稳定进近事件相关的参数, 包括人为因素、飞机状态以及外部环境. 然后对输入特征进行进一步的筛选, 对特征进行降维, 降低不稳定进近预警模型的开销, 增强模型的性能. 模型筛选主要从以下两个方面考虑:

(1) 特征发散与否: 当某个特征没有发散时, 方差接近于 0, 即 QAR 数据在这个特征上不存在差异性, 该特征对于模型训练的作用不大.

(2) 特征与目标事件的相关性: 不同的特征对于目标事件的贡献度不同, 即与目标事件的相关性高低差异性, 在进行特征选择时, 应遵循优先选择与目标事件相关性高的特征, 剔除相关性低的特征原则.

对于不稳定进近风险预警模型的特征选择流程如图 6-2 所示.

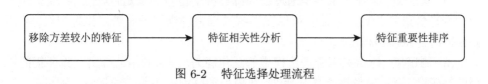

图 6-2 特征选择处理流程

2. 皮尔逊相关性分析

在不稳定进近事件预警中, 需要分别对不稳定事件进行提取, 并且计算参数间的皮尔逊相关系数. 通过俯仰角、横滚角以及下降率的相关性分析可知, 马赫数、地速与空速之间的皮尔逊相关系数很高, 它们之间可以相互表达. 在进行不稳定进近事件预警的过程中, 只需要选择一个参数.

1) 俯仰角

通过俯仰角相关性分析可知, 部分特征与俯仰角超限事件的相关程度较高, 尤其是下降率可以达到 0.85. 而推力、左侧攻角、油门分解器角度以及纵向加速度相关性程度较高.

2) 横滚角

通过横滚角相关性分析可以发现大部分数据与横滚角相关性并不很强, 这说明很难通过线性计算对横滚角进行预测, 所以要进行特征重要性排序.

3) 下降率

通过下降率相关性分析可知, 部分特征与下降率超限事件的相关程度较高, 主要是俯仰角大小、推力、左侧攻角、油门分解器角度以及纵向加速度相关性程度较高.

4) 特征重要性排序

由于皮尔逊相关系数仅分析特征之间的线性相关性, 通过 XGBoost 模型来对 QAR 数据特征与不稳定进近事件的相关程度进行关联分析. 一个特征在进行 XGBoost 模型的建立时被用来构建决策树的频次越高, 它对于预测的重要程度越高. 特征的重要程度是通过对 QAR 训练数据中的每个特征进行计算, 并进行排序得到的.

6.1.3　模型数据划分

为了评估风险预警模型的性能, 在进行模型训练之前, 需要对 QAR 数据进行划分, 从而得出最优模型. 数据划分主要分为训练集、验证集与测试集.

(1) 训练集. 训练集中的数据被用来训练模型内的参数, 根据训练集数据进行调整, 以得到更好的模型效果.

(2) 验证集. 验证集主要是通过在训练过程中检查模型是否收敛, 对模型超参数的合理性进行验证. 验证集可以在训练过程中观察模型是否发生过拟合, 从而判断何时停止模型训练.

(3) 测试集. 测试集用于评价模型的泛化能力, 测试利用训练集和验证集的模型的精确度, 查看模型性能是否合理. 在模型训练中并不是必须划分出测试集.

在建立不稳定进近风险预警模型时, 需对数据进行标准化. 同时, 为了防止训练集数据与测试集数据的相互干扰, 要分别对训练集数据与测试集数据进行标准化. 在进行数据标准化的时候, 需要对数据集中的均值、方差进行记录, 同时对测试集以相同步骤进行标准化实验, 使所有数据集的结果包含在同一个数量级中.

6.1.4　QAR 数据标准化

QAR 数据中的指标参数多、覆盖面广、时序时间长、采样频率高, 数据的处理与运用难度增加, 且数据中的参数有不同的量纲. 为了保证结果的可靠性, 在进行特征选择之前需要对数据进行标准化, 让不同量纲的数据特征有同样的数量级与规模, 且不改变数据的分布.

数据标准化是通过按比例对数据进行缩放, 使之落入对应的数值区间. 目前有很多数据标准化的方法, 主要分为两种: 直线形方法 (极值法、标准差法、折线形法, 如三折线法) 以及曲线形方法. 不同的数据标准化方法对风险预警的结果产生不同的影响, 且没有通用的方法可以使用. 常见数据标准化的方法有: Min-max 标准化 (Min-max Normalization)、Z-score 标准化 (Z-score Standardization)、Log 函数转换、atan 函数转换. 主要使用 Min-max 标准化, Min-max 标准化是对原始数据的线性变化, 使数据结果落到了 $[0,1]$ 区间, 即对数据 $x_1, x_2, \cdots, x_n$ 进行变换, 计算公式如式 (6-1) 所示

$$y_i = \frac{y_i - \min(x_j)}{\max(x_j) - \min(x_j)} \tag{6-1}$$

Min-max 标准化方法将数据转换为 $[0,1]$ 区间的小数, 并且将有量纲的表达式转换成无量纲的表达式, 且不会改变原始数据的分布情况.

6.2 空中颠簸风险预警方法

6.2.1 XGBoost 模型

树模型中的 XGBoost (eXtreme Gradient Boosting) 是一种基于梯度 Boosting 的集成学习算法, 通过集成多个树模型形成一个强分类器. 由于 XGBoost 分类模型的高效性和准确性, 它被广泛应用于金融预测、电力预测、购买行为预测、疾病预测等各种分类和回归场景. XGBoost 的算法思想来源于 Boosting 算法, 同时 XGBoost 模型属于树模型[100], 它的思想是集成多个分类回归树, 从而形成一个强大的 XGBoost 分类器. XGBoost 是目前最流行的机器学习算法, 它的优点如下:

(1) XGBoost 的核心算法支持并行计算, 模型运行速度快.

(2) 除了本身的树模型分类器, XGBoost 还有线性模型分类器.

(3) XGBoost 拥有包括 Python、R 在内的多种计算机语言的应用程序接口.

(4) XGBoost 模型提供了多种防止过拟合的策略.

(5) XGBoost 能够较好地处理稀疏数据.

(6) XGBoost 支持用户自定义样本权重, 从而可以自助选择更需要关注的样本.

飞行颠簸预警模型的构建使用了 30 多万条训练数据, 并使用大约 16 万条数据对模型进行评估. 为了防止飞行颠簸预警模型对某一条 QAR 数据学习过于深

入, 在将数据用于模型构建之前, 实验中将所有航班数据打乱. 本次实验取 5s 内的 QAR 数据, 将其整理为一个三维的数组, 其中第一维表示巡航阶段 QAR 记录数; 第二维表示 5s 时间内 QAR 记录总数, 值为 40; 第三维表示特征选择后特征的数量, 值为 18. 本实验将利用这个三维数组预测 1min 之后的 EDR 数值.

　　由于 QAR 数据中各个记录与 EDR 指标并没有明显的线性关系, 因此, 本实验使用 gbtree 作为 XGBoost 预警模型的 Booster, 其生成的结果最优树如图 6-3 所示. 为了让模型有足够长的训练时间寻找其最优参数, 本实验将 Boosting 迭代次数设置为 1000 次; 设定了提前停止轮数为 3, 即当三个训练轮次内, 模型精度没有提高时, 结束模型训练; 使用了均方根误差作为训练的评价依据. 为了防止模型过拟合, 本实验设置了树的最大深度为 5, 将 gamma 参数设定为 0.01, 将 subsample 参数设定为 0.8, 将 colsample_bytree 参数设定为 0.8, 将 lambda 参数设定为 1.2. XGBoost 飞行颠簸风险预警模型一共生成了 428 棵树, 其中第 425 棵树的表现最好, 如图 6-4 所示.

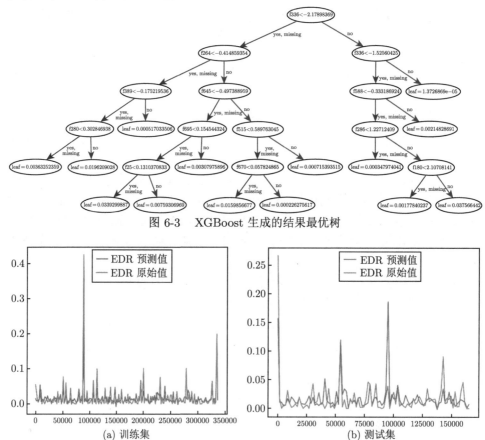

图 6-3　XGBoost 生成的结果最优树

图 6-4　模型预测结果

为了对 XGBoost 飞行颠簸风险预警模型的预测效果进行评估, 本实验首先利用建立好的预警模型, 分别对训练集和测试集的数据进行 EDR 预测, 结果如图 6-5 所示. 由图可知 XGBoost 飞行颠簸风险预警模型对训练数据学习情况较好, 基本能够预测突变的 EDR 数据, XGBoost 飞行颠簸风险预警模型的预测结果与原始 EDR 数据走势基本一致, 预测效果较好. 但是在某些 EDR 数值并不大的情况下预测出了较大的数值, 这可能是预警模型在学习过程中过拟合的结果.

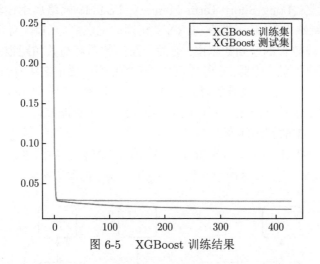

图 6-5 XGBoost 训练结果

本实验采用均方根误差 (Root Mean Square Error, RMSE) 对飞行颠簸风险预警模型性能进行评价. RMSE 反映了通过模型预测的值与原始的值的差别, 其数量级与原始值和预测值的数量级一致, RMSE 的计算公式如式 (6-2) 所示

$$\text{RMSE} = \sqrt{\dfrac{\displaystyle\sum_{i=1}^{n}\left(X_{\text{ori},i} - X_{\text{pre},i}\right)^2}{n}} \tag{6-2}$$

图 6-5 所示为 XGBoost 飞行颠簸风险预警模型的均方根误差, 其中蓝色的线表示训练集的均方根误差, 橘黄色的线表示测试集的均方根误差. 可知, 通过训练, 模型的均方根误差从 0.25 下降到 0.03 以下. 其中训练集的 RMSE 为 0.0177, 测试集的 RMSE 为 0.0278. 即当 EDR 的原始值为 x 时, 预测值将大致在 $x - 0.03$ 和 $x + 0.03$ 范围内. 由于飞行颠簸风险评判标准中, EDR 的最小数量级为 0.1, 因此, 0.03 以内的差别并不会对飞行颠簸强度判断有太大的影响.

6.2.2 人工神经网络

1. 循环神经网络模型

QAR 数据是时间序列数据, 在飞机飞行过程中, 飞行数据的变化会与前一刻时间的飞行操作有关. 循环神经网络 (Recurrent Neural Networks, RNN) 正是可以用于处理这种数据的模型[105]. RNN 是有记忆力的神经网络, 它适用于处理诸如 QAR 数据这样的时间序列数据[106].

长短时记忆 (Long Short-Term Memory, LSTM) 网络属于循环神经网络模型, 但它更为特殊[107]. 除了拥有与 RNN 相同的记忆能力, LSTM 还有遗忘数据的能力. 在一段较长的序列数据中, 前面一段的数据对与其相距很远的靠后的数据的影响是很微弱的. 因此, 在长序列中, 模型并不需要记忆所有特征, 应该遗忘不重要特征[108]. 一般一次航班时长在 1h 以上, 以秒为时间单位量算, 每次航班的 QAR 数据记录长度均在一万行以上. LSTM 的优势能够较好地解决长时间序列数据 QAR 数据的预测问题.

RNN 与 LSTM 的主要区别就在两者的输入输出上, 如图 6-6 所示, 与 RNN 不同的是, LSTM 多了表示神经元状态 (Cell State) 的参数 c.

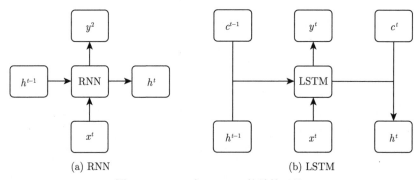

(a) RNN (b) LSTM

图 6-6 RNN 与 LSTM 的结构对比

RNN 接收输入神经元的全部数据, 因此没有神经元状态参数 c^t. 而 LSTM 通过遗忘阶段、输入阶段 (选择记忆阶段) 和输出阶段三个阶段控制神经元状态的传输. 通过这样的内部机制, LSTM 能够保留重要特征, 及时剔除不重要特征, 优化了 RNN 对所有特征全部保留的缺点[106]. 相比于其他常见神经网络模型, LSTM 引入了更多的机制, 因此在模型构建过程中需要解算的参数也更多, 这使得 LSTM 模型的训练需要更长的时间[109].

为了有足够长的训练次数对模型进行训练, 本实验设置 LSTM 飞行颠簸风险预警模型构建时的迭代次数为 500 次. 为了提高训练效率, 此处将训练的 patience

参数设置为 3, 当训练 3 个轮次后, 损失值仍然保持不变, 则结束模型训练. 由于 QAR 数据记录频率高, 为了让进入训练模型的数据覆盖较长的时间, 此处将 batch_size 设置为 300, 即每次进入模型的样本数为 300. 本实验构建的 LSTM 飞行颠簸风险预警模型的网络层由 LSTM 层、Dropout 层和 Dense 层组成. 其结构如图 6-7 所示. 其中 LSTM 层的输出维度为 32, 即 LSTM 将记忆过去的 32 个节点状态. 每一层网络的激活函数为 softsign. 使用测试集的均方误差 (Mean Squared Error, MSE) 评估模型, 并利用 Adam 优化器对飞行颠簸风险预警模型进行优化.

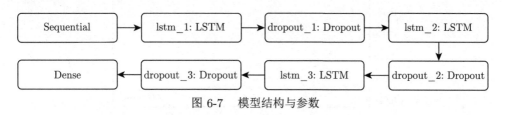

图 6-7 模型结构与参数

2. 模型精度评价

LSTM 飞行颠簸风险预警模型预测结果如图 6-8 所示, 图 (a) 为预警模型对训练集进行预测的结果, 由图 (a) 可知 LSTM 飞行颠簸风险预警模型能够基本学习 EDR 变化规律, 但是对于突变的 EDR 数据依然拟合不够. 图 (b) 为预警模型对测试集进行预测的结果, 由图 6-8 可知 LSTM 飞行颠簸风险预警模型的预测结果与原始 EDR 数据走势基本一致, 预测效果较好.

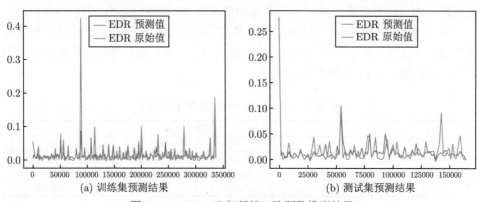

图 6-8 LSTM 飞行颠簸风险预警模型结果

使用模型训练过程中的均方误差得到均方根误差, 从而评价 LSTM 飞行颠簸风险预警模型的性能. 如图 6-9 所示为 LSTM 飞行颠簸风险预警模型的均方根误差, 其中蓝色的线表示训练集的均方根误差, 橘黄色的线表示测试集的均方根误差. 由图 6-9 可知通过训练, 模型的均方根误差从 0.04 下降到了 0.03 以下. 其中训练集的均方根误差为 0.0242, 测试集的均方根误差为 0.0264.

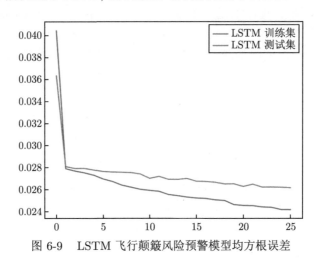

图 6-9　LSTM 飞行颠簸风险预警模型均方根误差

6.3　不稳定进近风险预警方法

6.3.1　不稳定进近风险预警建模

在对 QAR 数据进行归一化处理后, 按照时间序列进行整理, 形成二维矩阵的形式. 采取滑动窗口的方式对 QAR 数据集进行构造, 预测标签为时间步长为 10s 之后的 y 值. 同时在保障模型运行效率的情况下, 滑动窗口大小也设为 10s.

为了建立应对不同触发原因的预警模型, 以及在不同的 QAR 数据中也拥有良好的预测能力, 需要让模型有良好的泛化能力, 表 6-1 为不同时间偏移情况下俯仰角、横滚角与下降率的预测结果.

表 6-1　不同时间步长的精度 (MSE)

特征参数	时间步长/s			
	5	10	30	60
PITCH	0.004	0.0061	0.1910	0.0257
ROLL	0.0117	0.0113	0.0288	0.0322
IVV	0.0023	0.0061	0.0138	0.0205

在同时考虑预测精度以及给予飞行员足够时间做出飞行调整以避免更严重的飞行事故发生. 选取时间偏移量即时间步长为 10s, 预测 10s 后的飞机的俯仰角、横滚角与下降率.

为了验证模型的有效性, 预警模型的 LSTM 网络层结构由 LSTM 层、Dropout 层以及 Dense 层构成. 不同的触发原因所设计的 LSTM 预警模型结构略有不同, 需要根据实验结果不断进行迭代与调整. 为了减少模型发生过拟合的情况, 模型设计不超过 2 层. 其中横滚角预警模型与下降率预警模型的 LSTM 层的输出维度为 128, 即 LSTM 记忆 128 个节点状态, 每一层的激活函数为 softsign. 实验中使用测试集均方误差来评估模型, 并使用 Adam 优化器来对预警模型进行优化, 俯仰角预警模型的 LSTM 层只有一层, 图 6-10 展示了横滚角预警模型基本结构.

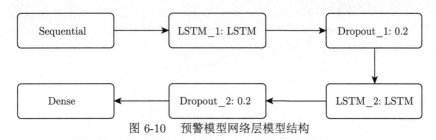

图 6-10 预警模型网络层模型结构

为了提高模型的准确度, 本次实验设置 LSTM 不稳定进近风险预警模型的迭代次数为 300 次, 同时为了提高训练效率, 将 patience 参数值设置为 3. 当 3 轮训练结束以后, 损失值如果没有发生改变, 则结束此次训练. 为了提高进入模型训练的数据覆盖率, 本次实验将 batch_size 设置为 200, 即每次进模型训练的样本数为 200.

6.3.2 模型精度评价

1. 俯仰角

LSTM 对于俯仰角的预测结果如图 6-11 所示, 预测模型能够较好地学习与预测俯仰的变化趋势. 图 6-11 为 LSTM 模型预测的均方根误差. 经过模型迭代后, 模型测试集的均方误差从 0.0095 降到 0.0061, 即均方根误差从 0.097 下降到 0.078, 满足实时预警的需求.

2. 横滚角

LSTM 对于横滚角的预测结果如图 6-12 所示, LSTM 预测模型能够较好地学习与预测横滚角的变化趋势. 经过模型迭代后, 模型测试集的均方误差显著下降. 同时, 模型的测试集与训练集的均方根误差相差不大, 说明模型有较好的泛化能力, 能够较好地预测不稳定进近事件.

3. 下降率

LSTM 对于俯仰角的预测结果如图 6-13 所示, 预测模型能够较好地学习与预测俯仰角的变化趋势. 图 6-13 为 LSTM 模型预测的均方根误差. 经过模型迭代后, 模型测试集的均方误差从 0.0227 降到 0.0061, 即均方根误差从 0.15 下降到 0.078, 满足实时预警的需求, 且拟合程度较好, 模型泛化能力较强.

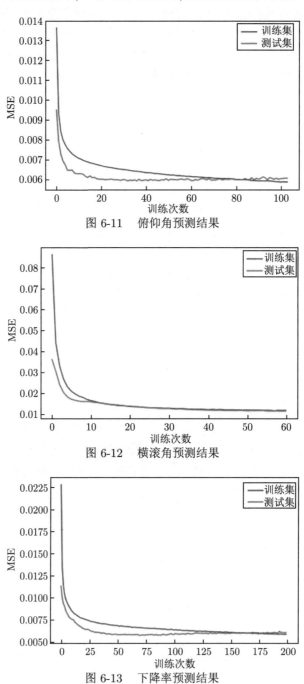

图 6-11   俯仰角预测结果

图 6-12   横滚角预测结果

图 6-13   下降率预测结果

6.4　小　　　结

　　本章以空中颠簸和不稳定进近飞行风险的预警为案例, 介绍了典型飞行风险的预警技术方法与理论. 在空中颠簸预警中, 分别介绍了基于 XGBoost 和基于人工神经网络两种模型的预警方法; 而后介绍了不稳定进近飞行预测模型的构建方法. 通过对本章的阅读与学习, 能够了解和掌握针对飞行风险预警的数据预处理和飞行风险的预警技术与方法.

第 7 章　综合飞行风险分析

7.1　可控飞行撞地

国际航空运输协会 (International Air Transport Association, IATA) 将可控飞行撞地 (Controlled Flight Into Terrain, CFIT) 定义为: 飞行过程中飞行器在未失去控制的情况下与地形、水面或其他障碍物相撞的事件. CFIT 是指在飞行中并不是由于飞机本身的故障, 比如发动机失效等发生的事故, 而是由于机组在毫无察觉危险的情况下, 操纵飞机撞山、撞地或飞入水中, 而造成飞机坠毁或严重损坏和人员伤亡的事故.

7.1.1　可控飞行撞地事故统计

在 2008—2017 年十年内, 国际上一共发生了 47 起 CFIT 事故, 平均每年大约 5 起. 从总体上看, CFIT 事故发生的数量在逐年下降, 尤其在最后五年 (2013—2017 年) 事故数量明显减少. 在 2011 年发生了 10 起 CFIT 事故, 是发生次数最多的年份, 其中 9 起造成了人员伤亡, 2015—2017 年每年仅发生了一起 CFIT 事故, 图 7-1 为 CFIT 事故与其造成的死亡人数随年份的分布.

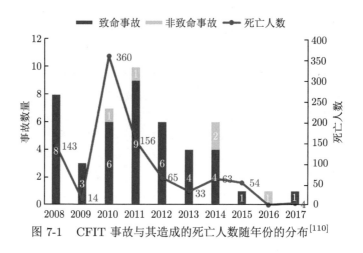

图 7-1　CFIT 事故与其造成的死亡人数随年份的分布[110]

事故的绝对数量不足以真实地反映安全性能, 除非按照每年飞行的航段数量进行标准化以统计事故率, 否则仅具有有限的比较价值. 图 7-2 为每年 CFIT 事

故的发生率, 图中可以看出致命事故和非致命事故的发生率都有下降的趋势, 2017
年下降到了 0.02 起每百万架次的频率, 这一频率显著低于之前, 此前平均致命事
故发生率为 0.05, CFIT 事故发生率为 0.07, 而 2016 年没有发生一起 CFIT 的致
命事故.

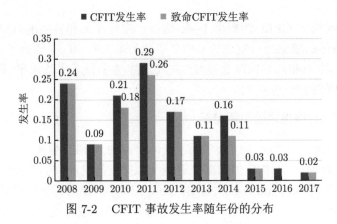

图 7-2 CFIT 事故发生率随年份的分布

CFIT 事故发生率的降低一般可归功于地面接近预警系统 (Ground Proxim-
ity Warning System, GPWS) 和地形感知预警系统 (Terrain Awareness Warning
System, TAWS) 的研发与使用. 在飞机设计、飞行员训练、提高飞行标准、连续下
降最终进近 (Continuous Descent Final Approach, CDFA) 技术、进近灯光指引
和其他视觉进近引导程序、地面最低安全警告 (Minimum Safe Altitude Warning,
MSAW) 系统的改进与使用也降低了 CFIT 事故的发生率.

图 7-3 为 2008—2017 年发生在各个飞行阶段的 CFIT 数量分布. 从数据来
看, CFIT 可能发生在飞行的任何阶段, 其中进近阶段发生的频次最高为 24 起, 占
到了所记录的 51%, 而 5 起非致命的 CFIT 中的 2 起发生在着陆阶段, 3 起发生
在进近阶段.

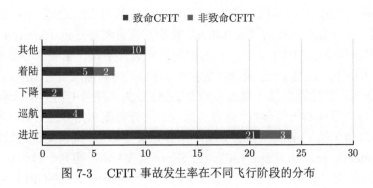

图 7-3 CFIT 事故发生率在不同飞行阶段的分布

　　飞行员对操作环境的熟悉程度也会影响 CFIT 的发生, 在客运、货运以及定期或非定期的飞行中 CFIT 有着不同的发生频率. 据统计, 47 起 CFIT 记录中有 24 起 (51%) 发生在客运航班上, 18 起 (38%) 发生在货运航班中, 剩余的 5 起 (11%) 为调机飞行. 客运航班中发生在亚太地区的最多, 而货运航班中更多发生在非洲地区.

　　不同地区发生 CFIT 的概率不同, 这在一定程度上和各地的航空安全状况相关, 来自独联体的航空公司发生的 CFIT 事故最多共有 10 起, 占到了总数的 21%. 欧洲、北亚、中东和北非以及北美发生的 CFIT 事故低于平均水平, 即 6 起, 其他区域发生的则高于平均水平.

7.1.2　可控飞行撞地风险原因分析

　　大多数事故的发生都是由众多因素共同引起的, CFIT 也不例外, 我们需要分析其发生的原因并采取相应的措施来避免类似情况的出现, 例如更严格的监管, 对安全管理系统 (Safety Management System, SMS) 规定进行更严格的执行以及更多的飞行培训. 可控飞行撞地可发生在仪器气象条件或目视气象条件期间, 主要原因是错误的飞行高度、飞行程序、不精正确的飞行操作, 机组对增强型近地警告系统的错误反应等。IATA 将 CFIT 的影响因素按照威胁和错误管理结构进行划分, 分为以下四个方面[111]:

　　(1) 潜在风险: 事故发生前系统中存在的, 未被触发的潜藏风险.

　　(2) 环境和航线风险: 发生在机组人员影响范围之外的事件或危险, 需要机组人员保持关注并且妥善应对.

　　(3) 机组人员失误: 机组人员未按照规定或协商结果进行某种行为.

　　(4) 航空器状态:机组人员的错误操作导致航空器进入了不可逆转的危险状态.

　　CFIT 的发生是由许多因素引起的, 表 7-1 给出了因素统计结果, 其中缺乏规律的监督是导致 72% 的 CFIT 事故的一个因素; 故障或缺乏地面导航设备是造成 49% 事故的原因; 精确导航或基于性能的导航 (Performance Based Navigation, PBN) 方法的实施被视为降低 CFIT 风险的一种方法. 因此, 鼓励各组织遵守国际民航组织关于 PBN 执行的建议和准则, 特别是垂直制导进近 (Approaches with Vertical Guidance, APV) 方法. 在恶劣的气象条件下操作也被认为是导致 51% 的 CFIT 的原因; 能见度低, 缺乏视觉参考, 包括黑暗和黑洞效应, 是 46% 事故的原因; 受限照明的跑道会显著增加 CFIT 的风险; 为了降低 CFIT 的风险, 飞行员应该能够得到准确的天气预报, 重点是风向、飞行时间和路线. 照明问题的解决, 如视觉滑降指示器 (Visual Glide Slope Indicator, VGSI) 或视觉进场坡度指示器系统 (Visual Approach Slope Indicator System, VASIS) 也是一种保证飞机安全的方法. 错误或不清楚的图表页或操作手册被认为是导致 2% 的 CFIT 的原因; 不正确、过时或不清楚的进场指引会增加发生 CFIT 的风险, 不清楚的进场指引可能会导致飞行员偏离或误解这些指引, 从而将航空器飞行至不安全区域, 机场靠近山区的情况下这种行为将会极其危险. 如果飞行员不熟悉机场环境, 并且在夜间进入机场, 后果将会更加严重. 他们还必须确保进行适当的飞行前计划会议, 并熟悉飞行经过和降落时的地形. 错误的或违背规定的做法也是造成 CFIT 的一个因素. 不稳定的进场方式会使机组人员的注意力从进近程序转移到对飞行器控制上, 此时进行安全进近需要调整飞行路径和角度、配置, 并且需要空速稳定, 一旦这些参数中的一个或多个不正常, 进近就会变得不稳定, 安全着陆便需要机组人员对飞行器进行一些调整或控制, 否则就应该开始返航.

表 7-1   导致 CFIT 事故发生的因素统计

风险类型	具体风险	因素占比
潜在风险	监管	72%
	仪器和设备	54%
	安全管理	46%
	飞行操作	31%
	飞行程序: 作业和检查	21%
环境风险	气象条件	51%
	航空救援	51%
	地面导航系统故障	49%
	能见度差	46%
	视觉参考丢失	33%
航线风险	操作压力	10%
	飞机故障	11%
	航空电子设备/飞行仪器	5%
	自动驾驶	3%
机组人员失误	标准作业程序	56%
	蓄意行为	41%
	手动飞行控制	21%
	零件明细表	18%
	非蓄意行为	15%
航空器状态	可控飞行撞地	56%
	垂直/横向速度偏差	49%
	非必需天气侵入	18%
	不稳定进近	10%
	不稳定进近后的着陆	5%

在飞行中地面最低高度安全警告系统, 连续下降最终进近 (Continuous Descent Final Approach, CDFA) 技术可以使飞机进近过程更加稳定, 因此应该尽可能地推广这一技术, 其中现代导航系统将使所有飞行器都能够维持稳定的下降速率. 航空公司应该要求它们的飞行员能够在降落时稳定进近或在遇到不稳定进近时及时调整降落策略. 很大一部分 CFIT 发生的因素中都有飞行员情景意识的

丧失, 情景意识指的是飞行员能够意识到影响飞行安全的因素, 垂直和水平位置以及当时与地形、水面以及障碍物距离的能力, 因此这一问题在飞行员层面上是可以避免的. 据记录数据显示, 49% CFIT 的发生存在垂直和横向位置或速度偏差, 而能够有效帮助飞行员增强情景意识、能够更准确地认识到与地形和其他障碍物的距离的一个有效仪器为增强型近地警告系统 (Enhanced Ground Proximity Warning System, EGPWS), 这可以帮助飞行员获得更准确的全球定位以及导航和地形警告.

机组人员不按照程序操作也是导致 CFIT 发生的重要因素, 与 56% 的事故有关, 有效的机组协调和客舱资源管理 (Cabin Resource Management, CRM) 原则与行为可以减少飞行员的工作量, 降低人为失误的概率. 航空公司必须确保它们的飞行培训能够有效地解决影响飞行安全的潜在因素, 比如环境问题、技术或非技术的因素以及报告中出现的其他影响飞行员正常操作的隐患. 理论驾驶教学和模拟驾驶应该能够训练飞行员在真实情景下做出正确决策的能力, 模拟驾驶能够帮助飞行员练习面对即将发生的 CFIT 的预防措施.

7.1.3　可控飞行撞地风险模型构建

我们针对 A320 机型构建了 CFIT 风险参数集, 在参数集研究和提取的基础上, 进一步利用中国民航飞行品质监控基站所采集的 QAR 数据和标准, 选取与 CFIT 密切相关的监控项和超限标准, 构建了 CFIT 风险融合模型.

参考国际民航组织《安全管理手册》(Doc 9859) 中的风险矩阵理论, 即风险等于严重程度与发生可能性的乘积, 构建计算模型如式 (7-1):

$$R(e) = k_1 R(e_1) \cdot k_2 R(e_2) \tag{7-1}$$

其中, $R(e)$ 为事件风险融合值; k_1 为事件类监控项目风险权重因子; $R(e_1)$ 为事件类监控项目风险融合值, 如式 (7-2) 所示; k_2 为连续监控项目风险权重因子; $R(e_2)$ 为连续型监控项目风险融合值, 如式 (7-3) 与 (7-4) 所示.

(1) 事件类监控项目风险计算模型:

$$R(e_1) = \sum a \cdot \frac{\ln(T_d \times 3)}{\ln(T_a \times 3)} \cdot \frac{n}{m} \tag{7-2}$$

其中, a 表示监控项目是否发生, 若发生则 $a = 1$, 若未发生则 $a = 0$; T_d 为监控项目所包含事件发生次数; T_a 为不分机型全行业监控项目事件发生次数; n 为指定时间内发生的次数; m 为指定时间内的航班量.

(2) 连续型监控项目风险计算模型包括两个: 一个为正逻辑, 即数值越大危险性越大, 如进近速度大; 另一个为逆逻辑, 即数值越小危险性越大, 如起落架放下晚.

$$R^+(e_2) = \sum a \cdot \text{AVG}\left(\frac{X_d - X_t}{X_e - X_t}\right) \cdot \frac{n}{m} \tag{7-3}$$

$$R^-(e_2) = \sum a \cdot \text{AVG}\left(\frac{X_t - X_d}{X_t}\right) \cdot \frac{n}{m} \tag{7-4}$$

其中, X_d 为待分析值; X_t 为阈值 (即触发蓝色警告的阈值); X_e 为极值 (即所有待分析值中的极值, 正逻辑时为最大值, 逆逻辑时为最小值).

最后, 计算每个分项指标值并进行归一化操作, 把不同的分项指标进行加权求和, 乘以 100 后即得到 CFIT 风险融合值, 其值域范围处于 0—100.

7.1.4 预防 CFIT 的对策与建议

一般来说, CFIT 事故都在多种危险因素的共同作用下发生, 可采取以下措施进行预防[112,113].

(1) 进行更加完善的飞行准备: 熟悉航路、航线以及进离场航线相关机场的安全高度问题, 特别针对净空条件不好的机场, 如云贵川等西部高原航线和机场.

(2) 做好进近简令交互: 许多 CFIT 事故是由飞行机组缺乏有效交流造成的, 大都发生在目的地机场的进近阶段. 因此, 机组之间要加强信息的有效交流.

(3) 增强垂直安全警醒度: 75% 以上的 CFIT 事故, 是由于机组没有充分意识到高度和接近地面的真实情况. 因此, 机组要始终清楚地了解自己的航空器相对于周围地面的高度, 以及指定的或期望的飞行路线, 可采取以下手段对垂直高度进行监控, 避免事故发生:

(i) 机组要通过监控、交叉检查来证实指定高度和高度改变. 一是弄清扇区最低安全高度的基准点、扇区范围及其高度. 二是弄清最低超障高度、沿航线最低高度、最低下降高度和最低可接受高度以及地形和障碍物的实际高度. 三是在低温、低压或大风的情况下, 最低使用高度应作相应修正调整. 四是向下穿过过渡高度层时, 要通过标准喊话和交叉检查或借助 "下降进近检查单" 来核实设置的高度表基准值是否正确. 空中交通管制 (Air Traffic Control, ATC) 要确保提供的高度表基准值是有效的和准确的.

(ii) 核实无线电高度表的指示: 目前的飞行仪表, 对水平位置显示比较直观, 而垂直位置 (飞行运行时, 飞机所在位置和高度与障碍物、地形等的关系环境等) 则从高度表上看不到将要发生的趋势. 在终端区域内, ATC 经常引导飞机在最低引导高度上飞行, 这个高度可能会低于扇区最低安全高度. 在这一关键的安全飞行阶段, 垂直和水平方位上的环境警觉性就显得极为重要, 对其每一个指令都要审视后才能执行, 因为 ATC 有时也会发布一些错误的指令, 使得飞机不能保持足够的越障高度.

(4) 尽可能采取自动飞行方式: 为了防止 CFIT 事故, 在仪表条件或天气、环境复杂或夜间, 推荐采用自动飞行方式. 飞行员腾出更多的精力用于监控飞行的水平状态和垂直状态. 研究表明, 当大脑的全部能量用在操作动作上时, 相应的思考能力趋于低能值; 反之, 当大脑的全部能量用在思考决策上时, 相应的动作能力会趋于低能值. 在低能值范围, 出现失误或差错的概率相对较大.

使用仪表着陆系统 (Instrument Landing System, ILS) 进近可以大幅降低进近中的风险. 但是 ILS 也并非万能的, 在没有建立水平航向 (Localizer, LOC) 前不可下降高度, 即使四转弯时机较早, 可能高于下滑道, 也不可在未建立 LOC 的情况下提前下降高度[114].

7.2　TCAS RA

7.2.1　TCAS 介绍

空中防撞系统[115](Traffic Alert and Collision Avoidance System, TCAS) 是用来向机组人员提供避免碰撞的建议, 并提高机组人员对附近飞行器的意识的相关系统. TCAS 已经在保护飞机免受空中碰撞和解决冲突以及威胁方面得到了广泛的应用, 并且随着科学技术的不断发展和经验的累积, TCAS 也在进行持续更新, 可以适应更广泛的应用场景.

TCAS 系统目前经过了两代的发展: TCAS I 和 TCAS II, 两者都为机组人员提供了驾驶舱显示屏, 可以显示正在应答的 "入侵者" 的存在, 但是它们在预警能力和其他功能上具有一定的区别. TCAS I 系统可以通过提供 "Traffic, Traffic" 作为交通咨询 (Traffic Advisory, TA) 来对潜在的碰撞进行警告, 但它不提供任何解决建议, 即 TCAS I 系统仅可以通过显示屏帮助机组人员在视觉上感知到入侵者的存在, 但实际的解决措施仍需要机组人员自行设计. TCAS II 在 TCAS I 的基础上提供称为解决建议 (Resolution Advisory, RA) 的二级警报, 图 7-4 为系统给出 TA 和 RA 的范围, 可以为机组人员提供实际的纵向解决措施来避免碰撞. 目前在航空器上应用的多为 TCAS II 系统的三个不同版本, 分别为 TCAS II 6.04a、TCAS II 7.0 和 TCAS II 7.1.

TCAS II 独立于飞机导航运行、飞机管理系统和空中交通管制工作, 因此在评估碰撞风险并提供建议时, 系统不考虑空管许可、飞行员意图和空中管理系统的情况. TCAS II 除了连接到可以为 RA 提供自动响应的空客的自动驾驶/飞行引导 (Autopilot/Flight Director, AP/FD) 之外, 不会与其他任何自动驾驶仪连接. AP/FD 的 TCAS 模式是为了在实现交通规避的情况下进一步确保安全而开发的, 消除了 TCAS 在机动过程中从一种模式切换到另一种模式的需要. 该系统结合 AP/FD 和 TCAS, 可以在发生空中交通冲突的情况下提供基于 TCAS 的

RA 和最佳避免策略的垂直速度引导, 同样可以避免飞行员的反应过度, 提高安全性, 并且能避免在操作过程中乘客的不良体验.

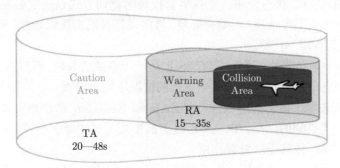

图 7-4   TCAS 时空综合预警区域

TCAS II 提供碰撞避免策略, 机组人员应该立即对 TCAS 的 RA 做出正确的反应, 这同时也意味着飞行员有时会因此而无视或违背空管指令. 根据已有经验, 机组人员能否做出正确反应取决于 TCAS 程序的正确与否和机组人员的培训是否到位. 在 TCAS 发出 RA 时, 机组成员任何延误或不正确的反应都会影响这一系统指示的有效性, 他们的行动将会决定 TCAS 能否发挥作用. 此外, 避免空中相撞是有两个飞行器参与的行为, 如果飞行员决定不对 RA 做出回应, 这不仅意味本机 TCAS 提供的安全指令被忽视, 也将使另一方飞行器 TCAS 的安全保障失效, 会极大地影响飞行安全. 此外, 飞行员不得进行与 RA 相反的动作, 这可能导致与迎面而来的飞机相撞. 然而, 如果 TCAS 的 RA 与其他关键驾驶舱警告相反, 飞行员应遵循其他关键警告, 比如失速警告、风切变和 GPWS/TAWS 在优先级上都应高于 TCAS 的 RA, 特别是当飞机离地距离小于 2500ft 时.

自 2008 年以来, 美国联邦航空管理局一直在自主进行一种新的空中碰撞避免系统 ACAS X (Airborne Collision Avoidance System X) 的研究和开发, 这种系统使用了 "动态规划" 和其他在 TCAS II 开发时还不存在的计算机科学技术, 并通过对决议报告的离线优化来生成警报. 在编码规则上, ACAS X 警报逻辑基于比空域概率模型和其他操作相关因素更适用的数字查表法构建. ACAS X 概率模型提供了未来飞机位置的统计表示, 它还考虑到系统的安全和操作目标, 使逻辑更适合特定程序与空域配置. 在实际的飞行过程中, 飞机实际状况被输入一个叫作 "动态规划" 的优化过程中, 并实时根据冲突的情况来确定最佳的行动方案, 该系统采用了一种奖励与成本对比系统, 以确定哪种操作能够产生最大的效益 (比如在实施成本收益高的规避操作的同时, 保持安全分离). 考虑操作的实际执行情况和飞行员的可接受程度的关键指标包括在非关键遭遇中尽量减少会导致逆转/故意侵入的高空飞跃或破坏性的警告频率.

ACAS X 从一系列传感器中收集检测值 (大约每秒一次), 并使用各种模型 (如概率传感器模型来计算传感器误差特征) 来估计状态分布, 包括对位置和速度的概率分布的估计. 状态分布决定数字查找表的查询方式以确定要采取的最佳操作 (包括 "什么也不做选项"). 如有必要, 将向飞行员发出决议通知. 据分析, 引入 ACAS X 将具有以下优势.

(1) 减少 "不必要的" 警告: TCAS Ⅱ 是一个有效的系统, 可以按照设计运行, 避免碰撞, 但它可以在飞机仍可安全飞行的情况下发出警报.

(2) 对未来操作概念的适应性: SESAR 和 NextGen 都计划实施新的操作概念, 这将减少飞机间的间距. TCAS Ⅱ 目前的形式与这些概念不兼容, 而且会过于频繁地发出警报, 使其无法发挥作用.

(3) 其他种类飞机的应用: 为了保证建议会被执行, TCAS Ⅱ 严格限制了能够达到某种标准的飞机才能使用该系统 (例如要求飞机爬升率可以达到2500ft/min), 这些标准使得大部分通用航空或无人机以及遥控飞机系统无法使用 TCAS.

(4) 未来监控环境的适用: SESAR 和 NextGen 广泛使用新的监视源, 特别是基于卫星的导航和先进的广播式自动相关监视系统 (Automatic Dependent Surveillance Broadcast, ADS-B) 功能. 然而, TCAS Ⅱ 仅依赖于飞机上的应答器, 这将限制其灵活性.

(5) 安全性的提升: ACAS X 将在安全方面获得改进, 同时降低虚警率.

除此之外, 有研究者认为下一代 TCAS 应该具有指挥员 (Commander, CDR) 功能, 即除了提供垂直方向的躲避策略外, 还能够对水平方向上的行为给予指导. 例如, 在紧急情况下, 一架飞机接收到 "右转、爬升" 的指令, 另一架则接收到 "左转、下降的指令", 这样显然可以增加飞机在水平面和垂直面上的间隔, 而且在飞机的垂直高度受限时, 水平方向上的行动就可以减小危险程度, 增大可操作性. Peng 等[116] 研究了基于 GPS 和 ADS-B 的新一代 TCAS, 提出了不改变飞行方向改变速度和不改变速度改变飞行方向两种水平逃逸策略. 此外, Romli 等[117] 考虑将水平方向和垂直方向的 RA 结合起来, 这项研究可以使 ADS-B 在 TCAS 中得到应用, 但是仿真结果表明, 与 ADS-B 的集成虽然可以在一定程度上提升 TCAS 的躲避性能, 但却对飞机动态性能和输入数据等模块化因素造成不利影响. Gallego 等[118] 提出了一个可以对成对组合的一些指标进行评估的相遇模型, 该模型的目的在于评估复杂性和 TCAS 指标表明的威胁检测指标之间的一致性, 并确定所提出的复杂性度量是都可以在分离管理和碰撞避免层之间的检测过程中实现操作集成, 研究表明, 在 TCAS 中提出的水平复杂性度量和变量在不同种类的飞机的距离、角度和速度达到预警阈值时相同. Tang 等[119] 提出了一种新的 TCAS 结构, 可以弥补控制终端区 (Control Terminal Area, CTA) 性能的一些限制, 并降低虚警的可能. 这项研究的目的在于在飞机驾驶舱中对基于 ADS-B 的视觉信息进行表示, 这一行为可以帮助机组人员去验证某一操作是否正确并且使得他们可以在更小的压力下进行操作, 尤其是在 CTA 区域. 一般情况下, 进行水平方向行为需要掌握其他信息, 如 ADS-B 卫星数据、GPS 信息、雷达信息等, 因此提供的解决措施将完全不同于目前仅能提供垂直方向建议的系统, 需要更先进的硬件设备来对信息进行更充分的描述.

还有一些其他的方法改善了原有的碰撞避免逻辑, 并且暂不考虑水平方向的躲避策略. Munoz 等[120] 对在 TCAS II 数学模型上构建的 RA 检测模型被提出, 它与对比散度 (Contrastive Divergence, CD) 算法相似, 但是并不计算间隔损失, 而是监测多架飞机的 RA, 并通过建立路线运动学模型对算法进行精确验证, 它能够准确描述在一定时间内会对飞机造成威胁的地形因素. 在常规操作过程中, 当前配备的 TCAS 的无线电信号通过一个带通滤波器筛选出来, 该滤波器通过所有 TCAS 相关的无线电信号. 相当于其范围扩大, 带通滤波器带宽更窄, 只允许指定的 TCAS 无线电信号, 改善了信号的信噪比. 装备在飞机上的 TCAS 通过改变检测距离模式来对不同距离的入侵飞机进行探测. 除此之外, 一些其他方法也将其他信息包含进来, 如 ADS-B 信息和雷达系统, 在文献中, TCAS 与 ADS-B 广播信息结合起, 可以广播并且接受临近飞机的飞行状态, 将这两种信息融合起来可以降低 TCAS 的中断率, 对监控范围进行扩展并且提升其精度. 雷达和基于 GPS 的 TCAS 被结合起来, 可以对可操作航班的航线的仪表飞行规则和目视飞行规则之间的差别提供保证, 而且更高分辨率的雷达数据可以被用来核对 TCAS 的相关命令[121]. 通过使用雷达来寻找目标, 那些没有配备高度报告设备的飞机可以获得准确的高度信息, 提高的精度同样允许空中交通的角度透视显示并且增强情境感知. Tang 等[122] 提出的因果模型通过整合与碰撞信息相关的状态数据, 生成所有可能的结果来对机组人员的决策进行指导. 此外, 通过采用一些创新技术, 使得飞机在成功避免碰撞后避免二次危险, 提高了计算效率, 有效解决了状态探测中常见的扩展性问题.

7.2.2 TCAS RA 事件统计分析

随着我国航空事业的迅猛发展, 有限的空域与逐渐增多的航空器的矛盾愈加突出, 民用航空器之间发生冲突、小于规定间隔的安全事件接连发生, 航空器相撞风险凸显. 2018 年, 全年民航飞行品质监控基站共监控到 400 多万架次航班数据, 其中 TCAS RA 警告事件共监控到 209 起.

从发生的月份来看, 6 月、2 月和 8 月的发生数量及万次率排名前三; 夏季 (6—8 月) 为此事件高发季节, 发生次数 64 起, 占总数的 30.62%. 从发生地点分布图可以看出, 超限事件集中于我国东部地区. 按飞行阶段统计来看, 爬升阶段发生次数最多, 为 77 起, 其次是巡航阶段, 为 57 起. 根据对警告触发时下降率的统计可知, 72 起 (34.45%) 警告触发时飞机以 0—1000ft/min 的下降率在下降, 104 起 (49.76%) 警告触发时飞机处于上升状态.

7.2.3　TCAS RA 警告建议措施

通过对现有的 TCAS RA 数据分析发现, 机组在处置 TCAS RA 时, 在以下几个方面还有改进和提升的空间, 航空公司的训练模式也需要根据运行情况进行优化.

(1) 保持必要的警觉性, 加强对空域内其他航空器的观察, 将有助于减少不必要的 TCAS RA 警告.

(2) 遵循标准操作程序.

(3) 遵守完成起始动作时间与垂直速度的要求, 严格按照机载防撞系统设计性能来操作飞机.

(4) 提高避让动作质量.

(5) 优化模拟机训练方式, 训练服务于运行, 运行优化训练方式.

7.3　擦　机　尾

擦机尾是指飞机在运行过程中, 机尾部分与跑道道面发生了接触. 按照事故征候标准的规定, 擦机尾事件发生后, 如果仅需维修或更换尾橇, 未造成航空器受损, 也属于运输航空一般事故征候. 擦机尾事件往往会导致机体大范围的结构损伤, 严重的会造成机体破损, 不仅影响到飞行运行安全, 同时也可能会造成巨额维修费用. 根据机尾擦地造成的损伤位置和程度的不同, 将擦机尾的损伤分为三个等级:

(1) 机尾轻微擦地, 具体表现为仅有飞机的非主承力结构出现损伤, 飞机的主承力结构没有损伤.

(2) 机尾一般擦地, 具体表现为飞机的非主承力结构出现损伤的同时, 主承力结构也存在损伤, 但主承力结构上的损伤可以通过简单的修复恢复其承载能力.

(3) 机尾严重擦地, 具体表现为飞机的主承力结构如隔框、桁条等出现严重损伤, 且损伤无法通过简单的修复来恢复其承载能力.

7.3.1　擦机尾事件原因

据中国民航不安全事件统计分析报告阐述, 在 1989—2018 年, 我国民航共发生擦机尾事件 79 起, 其中发生在起飞阶段的有 31 起, 发生在着陆阶段的有 41 起, 在复飞阶段的有 7 起. 据空客公司对飞机擦机尾事件的统计与分析, A320 机型发生擦机尾的频率为每百万次四次, 而 A321 机型为每百万次十五次, 其中 29% 发生在起飞阶段, 69% 发生在着陆阶段 (包括复飞), 接地后连续起飞 (训练) 占 2%. 仅从统计数据上可以看出 A321 型飞机发生擦机尾的概率要高于 A320 型, 而且擦机尾事件更容易发生在着陆阶段. 在飞机的整个飞行过程中, 起飞和着陆占的时间仅有 6%, 却有 63%的擦机尾事故发生在这段时间内, 在起飞和降落的关键阶段, 擦机尾的风险由多个因素共同决定, 稍有不慎就会引发事故. 擦机尾的主要原因包括:

(1) 错误的舱单输入或错误的速度输入, 导致起飞擦机尾;

(2) 机组过早带杆或粗猛带杆导致擦机尾;

(3) 抬轮过程中错误地使用配平;

(4) 抬轮时带坡度导致擦机尾.

(5) 飞行指引使用不当.

飞机的不同外形尺寸在一定程度上会导致不同的擦机尾风险, 着陆时的姿态和相应的擦机尾的角度裕度也会不同, 以 A320 系列飞机为例, 各机型会导致擦机尾的角度和相应的机身数据如表 7-2 所示.

表 7-2 各机型擦机尾的角度与机身数据

机型	机身长度/m	主轮机尾距离/m	擦机尾角 (起落架收起时)
A318	31.44	16.13	姿态大于 $17.3°(15.7°)$
A319	33.84	17.73	姿态大于 $15.5°(13.9°)$
A320	37.57	19.86	姿态大于 $13.5°(11.7°)$
A321	44.51	22.53	姿态大于 $11.2°(9.7°)$

可以从表 7.2 中看出, 相似的机型会随着机身长度的增加而导致擦机尾事件的角度裕度减小, 对应着陆时的难度就会更高, 发生擦机尾的风险也会变大. A321 型号飞机的角度裕度小于 A320 型飞机, 意味着 A321 型飞机更容易发生擦机尾事件, 这和空客公司统计得到的结果是相同的. 飞行员在经过改装培训后, 可以执飞空客 A320 系列中任何一种机型, 并且在实际飞行中, 当天不同航段可能涉及不同的机型, 对机型不同的疏忽也可能会增加擦机尾的风险, 所以空客公司规定在执行航班时, 起飞简令中必须涉及执飞机型以防擦机尾.

除了飞机型号, 还有很多其他因素会对擦机尾风险造成影响, 这些因素部分是由不当操作导致的, 不利的环境因素也会加大这一风险. 在起飞和降落时对应了不同的因素, 起飞时会引起擦机尾的主要因素有抬轮时机过早、过大的俯仰率变化、起飞构型的错误选择和强侧风的影响; 着陆时 (包括复飞) 会对擦机尾造成影响的因素有小速度进近、拉平高及平飘远、特殊的地形机场环境和低能见度、着陆后的弹跳以及低高度复飞等.

由于飞机升力与其真空速成正比, 因此抬轮速度过小会导致飞机升力不够而无法离地, 这时若进行拉杆就会导致无法及时起飞而擦机尾. 在 QAR 记录中, 规定记录从前轮离地到主轮离地过程中, 主轮离地 0.5s 内的最大仰角如表 7-3 所示, 其通过 PEP (Performance Engineers Programs) 的 OFP (Operational Flight

Path) 模块进行计算, 此例为 A321-211、CFM-5B3 机型, 在成都机场起飞时按照不同的抬轮速度对应的最大仰角值. 可以看出每提前 2kt 抬轮, 在起飞时的最大仰角可能增大 0.3° 左右, 在实际中可以通过对 QAR 数据进行监控实现离地仰角限制从而减少擦机尾的风险, 其中 QAR 警告是以 90% 离地擦尾角为标准的, 若当前仰角超过擦尾角的 90%, 便会触发警告.

表 7-3   A321-211 不同抬轮速度对应的最大仰角

抬轮速度/kt	QAR 拟记录的最大仰角/(°)
158	7.86
156	8.15
154	8.44
152	8.74

在正常的起飞过程中, 应按照手册要求, 以恰当的每秒 3° 的速率带杆, 能有效地防止擦机尾, 通常是机头超过了规定的抬头率, 造成飞机还没离地时, 姿态就超过了机尾触地机身角的许可限制, 容易造成姿态变化过大过快而擦机尾. 而如果出现起飞重心靠后, 相同条件下, 飞机的俯仰操作性会变好, 所需俯仰速率变化会减少, 且 QAR 记录的最大仰角数值会减小, 如果还是按照正常的抬轮速率, 实际的俯仰速率变化比正常的要大, 可能会造成擦机尾事件. 若要寻找正确的抬轮时机, 需要计算重心的改变与整个抬轮离地过程中姿态速率变化的关系, 如表 7-4 所示.

表 7-4   重心位置的改变与避免擦机尾事件的相关条件

重心/%	抬轮到离地时间/s	所需的俯仰率变化/((°)/s)	QAR 记录最大仰角/(°)
25	2.6	3.06	7.91
27	2.6	3.04	7.86
29	2.6	3.03	7.82
31	2.6	3.01	7.77

在起飞中选择更大的襟翼构型, 可以减小擦机尾的风险, 在同样条件下, 构型 2 比构型 1+F 产生的升力要大, 起飞过程中, 需要更小的俯仰姿态, 增加了擦机尾的角度裕度. 按照空客公司给出的数据统计, A321 机型构型 2 比构型 1+F 的擦机尾裕度增加了 1ft 左右, 同样条件下, 各机型的构型 2 比构型 1+F 的离地姿态都要小, A320 机型是 1.5° 左右, A321 机型是 1.2° 左右.

在起飞时突然出现的强侧风会使飞机出现姿态变化, 此时若按照正常速率进行抬轮, 会由于产生的顺风分量而导致机尾离地的间距减小, 增大了擦机尾风险. 据实验表明, A320 系列飞机起飞时能够承受的最大侧风为 38kt, 而且在强侧风条件下, 机翼上的气动效应会降低, 从而导致飞机的操纵性变差, 起飞时的俯仰率在一定程度内会发生变换, 不能以正常速率加速到抬轮速度. 同时, 如果机组为了保持滑跑方向, 增加了侧杆的横向输入, 使用副翼来抵消强侧风的不利影响, 此时过大的横向输入会导致扰流板的偏转, 一定程度上破坏了气动构型, 进一步减小了飞机的升力, 这样会直接降低机尾与地面间距, 大大增加了擦机尾的风险.

着陆阶段由于更难对飞机姿态进行控制, 加上更为复杂的场地因素以及其他因素, 导致更高的擦机尾事故的发生率. 在降落时若收油门时机偏早、出现顺风分量或者速度修正量不够等, 则飞机的进近速度会过小. 飞机在进行小速度的进近和着陆时稳定性会变差, 由式 (7-5) 的俯仰动力矩公式可知, 在重量偏轻的情况下, 下沉速率会更快.

$$M_z = m_z q b_A S \tag{7-5}$$

其中 M_z 为俯仰气动力矩, m_z 为俯仰气动力矩系数, q 为动压, b_A 为机翼平均空气动力弦长, S 为机翼面积.

若是在着陆阶段对高度判断不准确或拉平的时机偏早, 或是拉平动作过于剧烈, 就会造成拉平高, 速度减小加快. 收油门后的姿态会比正常情况大, 为了保证下降率在可控范围内, 需要不断增加杆量, 这就会增大擦机尾的风险. 如果保持好带杆量, 并且为了防止重着陆而缓收油门, 则飞机下沉缓慢, 容易造成平飘过远.

高高原机场往往对应着不平稳的周边地形, 在这类机场以及其他不能准确确定周边环境的机场降落时, 就会由于对高低状态判断失误而产生着陆问题. 而且由于机场建在山地之间, 伴随经常性的低云覆盖, 往往在降落到决断高度时才能看到跑道, 留给机组调整飞行轨迹和飞机状态的时间就会很短, 也会导致机组判断不准确从而修正过量造成擦机尾. 若是机场跑道存在坡度, 便会在机组进近时因为目视误差而判断失误引发擦机尾甚至重着陆.

着陆弹跳的主要原因在于飞机接地前的拉杆量过大, 并且在机轮接地瞬间遭受的撞击力引起的反弹形成的合力, 在小迎角、大下降率并且瞬间释放较大能量的情况下, 飞机在接地瞬间受到的反作用力将会更大, 从而使飞机产生弹跳. 在这种情况下擦机尾会发生在弹跳后的二次接地中, 如果弹跳较低不需要复飞时, 此时油门已经处于慢车状态, 自动弹出的减速板会破坏飞机的气动构型, 急剧减小的升力使得在弹跳后机组会下意识松杆或顶杆修正, 由于此时与地间距较小, 而整个过程俯仰变化过大, 擦机尾的风险会增加.

在复飞阶段, 一般把从拉平高到接地过程中的复飞称为低高度复飞, 离地间距一般为 0—50ft. 低高度复飞擦机尾, 一般是由于机组缺乏心理准备导致决策不当, 油门从慢车位到复飞位不果断, 此时油门从接近慢车到复飞推力为非线性推力变化, 响应偏慢. 机组为了让飞机不接地或者主轮接地轻, 容易使俯仰姿态变化较快、较大造成擦机尾.

7.3.2   擦机尾的风险预测

目前, 对于飞机擦机尾事件的研究多集中于对其进行风险预测和预防. Theriault[123] 研发了一种能够通过图形化警告来提高飞行员对于擦机尾事件警觉性的目视警告系统; Chan[124] 通过对香港国际机场的一起擦机尾事件进行讨论, 研究了天气变化 (风切变) 对擦机尾事件的影响; Ho[125] 通过在自动驾驶仪和控制链的内环和外环之间设置保护电路, 可以反制飞机尾部在进近着陆操纵期间擦地; 张建文等对大型客机擦地事故征候进行分析, 从而得出了两个导致擦机尾的新的因素, 即几何外形对起飞和着陆时的机身角的限制以及飞机气动力点和尾翼的最小距离的减小可能都会导致擦机尾事故. 汪磊等[126] 通过将国内民航运输航空飞机从 1989 年到 2015 年擦机尾事件的发生数作为基础数据, 采用时间序列模型和AIC 构建了飞机擦机尾事件发生率预测模型和模型阶数, 并借此来预测之后的擦机尾事件的事故发生率.

在 QAR 被普遍装配后, 此方面的研究便多通过 QAR 数据对擦机尾风险进行量化. 汪磊等 [127] 将 380 套波音 737-800 型号飞机的 QAR 数据作为样本数据, 通过蒙特卡罗方法进行模拟实验, 得到了不同情况下的俯仰角变化和擦机尾风险之间的预测曲线; 孙瑞山等 [128] 通过对大量 QAR 数据进行统计分析, 来对飞机起飞离地仰角值的分布进行预测, 并根据其分布特征, 对应飞机起飞离地时的监控标准, 预测了飞机起飞时发生擦机尾时间的可能性. 中国民航飞行品质监控基站监控全行业的 QAR 数据, 设立了行业的擦机尾事件监控项目及标准, 相关的量化结果及分析正在逐步推进.

7.3.3   飞机擦机尾的检查和维修

飞机在发生擦机尾事件后, 不仅会受到外部损伤, 也会对内部结构造成伤害, 这些内部伤害可能导致整体结构失效, 影响飞机的飞行安全. 目视检查的方法仅仅能够对外部损伤情况进行判断, 而内部结构的损伤则需要采用更复杂的方法进行全面检查[129].

机尾擦地后, 产生的主要损伤类型包括磨损、变形、紧固件松动、裂纹等, 可以通过目视检查法和湍流检查法来检查和确认损伤. 其中目视检查法可以确认磨损、变形、紧固件松动等类型的损伤, 湍流检查法能够确认飞机结构是否产生裂纹并对裂纹的位置和大小等信息进行确认. 一般来说, 如下部位最容易发现损伤: ① 飞机后下部防撞装置, 外部勤务盖板; ② 飞机后下部蒙皮; ③ 飞机后下部蒙皮上的连接紧固件; ④ 飞机擦地处内部的桁条、隔框、连接夹片、紧固件; ⑤ 飞机的后压力隔框结构等. 可根据图 7-5 所示的流程图对飞机进行全面检查.

在发生机尾擦地后, 要通过仔细检查来确定损伤情况, 并根据具体的损伤细节来制定维修方案, 否则若存在未被检查出或未完整修复的飞机结构和功能, 之

后的飞行安全便会受到威胁, 细致的检修方案能够保证飞机安全运行, 可以大大
缩减飞机的停留时间并节省费用, 减小损失.

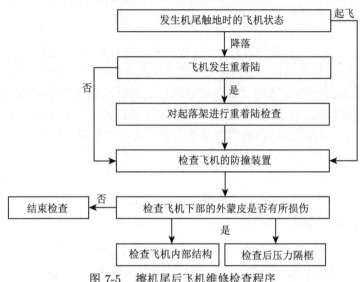

图 7-5　擦机尾后飞机维修检查程序

若发生机尾轻微擦地, 即通过目视检查发现损伤仅仅出现为了防止机尾擦地
而配备的尾橇和勤务门等非主要承力结构, 或虽然蒙皮伤出现磨损, 但擦伤尚在
许可范围之内时, 说明飞机尾部和地面之间的撞击力较小, 不会导致内部结构出
现损伤, 因此无须对内部结构进行进一步的检查, 仅需对出现损伤的部位进行维
修或更换.

在发生机尾一般擦地时, 即通过目视检测发现机尾下部蒙皮存在超出手册范
围的擦伤, 说明飞机尾部和地面的撞击力相对较大, 需要进一步检查飞机的内部结
构, 用以确认内部结构和压力隔框是否出现损伤. 经过检查, 如果发现内部的非重
要结构件 (如桁条夹片) 上有损伤, 但主要结构件上没有变形或损伤; 或即使内部
的主要结构上发现损伤, 但损伤比较轻微, 可以通过简单的修理恢复其承载能力.
机尾一般擦地需要通过目视和高频湍流检查方法来确认蒙皮上的损伤范围, 然后
按照手册或厂家的建议进行维修, 恢复飞机结构的完整性.

机尾严重擦地发生在通过目视检查时内部的主要结构伤有大面积的形变和其
他类型的损伤, 而且这种损伤无法通过简单的修理进行恢复. 机尾严重擦地往往
伴随着巨大的撞击, 撞击不但造成结构件的表面损伤, 还往往造成结构件内部的
潜在损伤, 且潜在损伤很难被检查出来, 这将成为飞机后续运行的重大安全隐患.
另外, 简单的修理无法恢复由于大面积严重损伤而破坏的结构完整性, 而复杂的

修理往往耗时较长, 费用很高, 相对来说不经济. 所以, 针对机尾严重擦地, 一般通过更换损伤的蒙皮, 以及隔框、桁条等主承力结构件来恢复其结构完整性.

7.4　重　着　陆

重着陆是指在飞机着陆过程中, 接地时相对于地面垂直加速度过大超过了该机型能够承受的最大接地加速度, 或接地时飞机升力的改变与飞机重力之比过高. 根据我国最新民航咨询通告《航空运输承运人飞行品质监控 (FOQA) 实施与管理》, 在飞机接地前的 2s 到接地后 5s 内, 着陆垂直载荷大于 1.6g 为轻度重着陆, 大于 1.8g 为严重重着陆, 这通常也是航空公司对着陆标准的检测范围. 重着陆会使飞机的结构特别是机翼、起落架等部件承受较大的载荷, 过大的载荷会对机体结构造成损伤, 而有些损伤是目视不能发现的, 只有通过探伤检查才能发现. 重着陆很大程度上会影响旅客的飞行体验.

7.4.1　重着陆的成因

重着陆的形成往往离不开环境因素和人为因素的影响, 其中环境因素包含风切变、机场设施等, 人为因素涉及操作飞机俯仰的输入量、俯仰大小、下降率等, 造成重着陆的可能是其中几个因素的综合.

低空风切变通常定义为 600m 以下高度的空间在水平方向和垂直方向上的风速剧烈变化的现象, 其对航空安全威胁巨大, 研究显示低空风切变导致的异常起降占所有异常起降的 19.44%. 飞机机翼与气流之间的相对速度产生升力, 升力与相对速度差的平方成正比, 因此, 风切变会导致升力波动从而导致起降不稳定, 升力公式表征如下

$$L = \frac{1}{2}C_L \rho S V^2 \tag{7-6}$$

其中 L 为由速度差产生的升力, C_L 为物体对应的升力系数, ρ 为当前位置对应的空气密度, S 为受力面积, V 为速度差.

顺风切变通常对飞机危害最大, 由于其突然增加的顺风或减小的顶风会使飞机机翼相对空气速度突然减小从而大大减小飞机升力, 导致航空器低头、下降率突增从而损失高度 (以获取速度), 对于正在进近的飞机, 使其低于下滑线飞行, 有可控飞行撞地的风险. 此时为了满足稳定进近的需求, 飞行员需要及时增大油门使飞机空速上升从而产生升力, 随后带杆使飞机下降率减小或者平飞以重回正常下滑轨迹. 对于带有自动油门的空客飞机, 按照速度基准模式飞行的飞机为了满足其进近速度的要求, 顺风切变将会使全权限数字式发动机控制 (Full Authority Digital Engine Control, FADEC) 自动提高发动机功率. 在个别极为严重的顺风切变情况下, 飞机无法通过自动油门控制的推力区间维持速度, 但飞机仍然处于

性能包线内未激活任何保护, 飞行员需要手动使用起飞/复飞推力以保持飞机升力并带杆以保持适当姿态直至复飞. 而对于低空飞行乃至已经进入着陆操纵过程的飞机而言, 飞行高度极低, 飞行员无法使飞机低头以增大下滑角来换取飞行速度, 因为它同时会导致下降率增大, 有更高可控飞行撞地风险. 对于低空和近地面顺风切变修正, 飞行员只能使用带杆, 即提高升力系数的办法来获取升力, 即使升力系数随着飞机迎角的增大而增大. 对于空客飞机而言, 由于着陆的时间非常短暂 (根据大量着陆样本统计, 从 100ft 到接地的时间通常只有约 10s), FADEC 对于突然的顺风切变往往不能及时做出反应, 着陆时, 往往油门还没有增加到以维持速度的百分比, 飞行员又会同时将油门收至慢车为接地时飞机伸出地面扰流板做准备. 在此种情况下, 如果带杆不及时, 飞机有提前接地、场外接地的风险; 如果带杆过量, 飞机会有机尾触地的风险.

过大的下降率有重着陆甚至撞地的风险, 过大下降率会激活 EGPWS 的警告, 提示飞行员拉起复飞. 大下降率导致的重着陆轻则会造成飞机机体结构损伤, 重则导致飞机解体机毁人亡. 导致此类操作的原因是飞行员视觉受到影响从而未能对飞机下降率进行正确的判断, 在合适高度做出正确的减小下降率的操作 (比如拉平). 空客公司要求, 在有精密进近航道指示器 (Precision Approach Path Indicator, PAPI) 或目视进近下滑道指示器 (Visual Approach Slope Indicator, VASI) 进近的情况下, 当飞机接近地面, 应该避免较大的下降率, 即使在试图保持密切地跟踪下滑道. 对飞行员目视判断有影响的包含气象因素和机场条件.

导致重着陆的气象因素则包括气温、气压、风以及降水、雾、霾、烟、浮尘等可能会对能见度产生影响的环境条件. 气温和气压在高温和高高原使得空气密度减小, 飞行动压减小, 使得飞机、发动机性能变差, 若要达到相同的动压并实现与低海拔低气温时相同的飞机性能, 则需使真空速增加. 变化的气温和气压引起风的快速变化, 从而影响油门、姿态控制的稳定性. 对于高高原机场, 更大的真空速导致进近期间地速的增加, 伴随相应下降率的增加, 以保持更陡的进近坡度. 受风速影响, 会造成飞机速度变化, 影响飞机的俯仰和油门控制. 顺风使飞机升力快速减小, 这会造成地速增加, 为了保持进近下滑坡度, 伴随相应的下降率增大. 逆风使飞机升力增加, 下降率减小, 地速减小, 对飞行员操作和对接地时间的判断造成影响. 在降水、雾、霾、烟、浮尘等能见度低的情况下, 飞行员会形成目视跑道偏高的错觉. 降水会影响能见度, 在小雨或中雨中, 由于雨的晕圈效应, 跑道可能显得模糊, 增加了在目视航段无法感知垂直或水平偏差的风险. 大雨会影响对深度和距离的感知, 具体情形如下:

(1) 雨水落在驾驶舱风挡上折射光线, 会导致飞行员误以为位置偏高从而诱发稳杆动作, 使飞机低于下滑轨迹飞行;

(2) 白天跑道上的降水会减弱进近灯光的光线强度, 使飞行员误以为跑道还很

远从而降低下降率甚至平飞, 高于下滑轨迹, 最终导致刹车距离长或冲出跑道;

(3) 夜晚跑道上的降水会增大进近灯光的光线强度, 使飞行员误以为跑道比平时近, 从而增大下降率, 最终导致场外接地或重着陆;

(4) 强降水区周边可能会伴随下沉气流或者微下击暴流, 而下降气流将会突然增大飞机下降率, 对于正在着陆的飞机具有较大危险性.

气温低时, 被雪覆盖的地形, 再加上满天云, 将失去正常地面障碍物参考, 使飞行员无法感知地形的特点 (比如坡度) 以及相对于地形的高度. 薄雾 (雾层厚度低于 300ft) 情况下, 将导致低空遮蔽和斜向能见度低; 当飞机处于薄雾的上部时, 可以看到地面或机场和跑道, 但当进入雾层后, 就将失去前方和斜向能见度; 同时飞行员也会产生上仰的感觉, 从而诱导机组向下推杆, 并导致飞机低于预计的下滑航径, 使下滑梯度大于预计值. 在霾中飞行还会形成跑道比正常远的错觉, 结果导致减小下滑梯度并最终造成接地靠前.

机场条件包含跑道宽度、坡度、灯光和照明及机场地形. 如图 7-6 所示, 跑道窄或跑道长, 会形成高度高的错觉; 跑道宽或跑道短, 会形成高度低的错觉. 上倾跑道, 会形成高度高的错觉或感觉下滑道过陡. 同时, 跑道接地区域前地形的升高或跑道坡度的增加, 会影响无线电高度报告, 直至飞跃跑道入口, 由于飞行机组使用无线电高度判断拉平开始的高度, 很有可能会造成较晚的拉平输入. 而下坡跑道, 会形成高度低的错觉或感觉下滑道过于平缓.

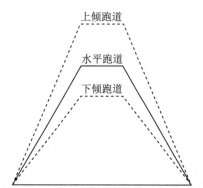

图 7-6　不同坡度下的飞行员对相同高度跑道的视觉感知

灯光和照明会影响对深度的感知. 明亮的灯光或在照明好的情况下, 飞行员会感觉离着陆点近; 较弱的灯光或照明差, 则会感觉离着陆点远. 对于机场地形, 无特征地形会形成高度偏高的感觉. 跑道灯光间的间隔不标准也会改变飞行员对跑道距离和下滑航径的感知, 如果只能看到部分跑道灯光, 例如: 目视起落航线或目视盘旋的三边或四边, 则跑道可能显得更远. 进近区域有上坡或者在跑道的进近端有下凹地形将产生高度过高的错觉. 可能导致飞行员稳杆增大下滑梯度,使飞机以低于下滑轨迹的航迹飞行, 也有可能导致飞行员不能发现下滑轨迹过平 (下滑角过小). 下坡可能会使飞行员产生过低的感觉, 感觉飞机沿较小的下滑轨迹飞行. 产生此类错觉容易将飞机修正到过高的航迹上, 或不能察觉过陡的下滑角. 雨天着陆时, 由于湿跑道反射光线比平常弱, 影响人的深度感知, 容易使飞行员感觉跑道比平常远, 大下降率和拉平晚更容易发生, 如图 7-7 所示, 分别为上坡处和下坡处的错误感知.

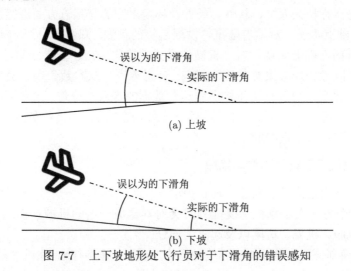

图 7-7 上下坡地形处飞行员对于下滑角的错误感知

除了以上自然因素的影响, 飞行员本身也需要对重着陆事件负责, 据统计, 造成重着陆的飞行员操作技术原因主要有: ① 人为造成偏差过大, 无稳定进近意识, 虽然机型的不同而相对于飞机稳定的内容稍有不同, 但都会写在《快速检查单》或者《机型使用手册》内; ② 收油门时机不当, 收油门时机应取决于高度、速度、飞机姿态等, 而不能一味按照提示; ③ 机组相对于偏差修正能力不强, 机动修正能力差; ④ 对飞机的性能不熟悉, 不了解; ⑤ 不了解目的机场、跑道的特点, 如跑道坡度落差、下滑角度、跑道宽窄等; ⑥ 教员放手量大, 接管时机、方法不恰当.

7.4.2 基于 QAR 数据的重着陆分析与预测

QAR 对重着陆进行分析提供了数据基础, 可以在此基础上对事件前后飞机所经历的各种状态进行分析对比, 寻找其中的共性从而对可能引发这些状态的条件进行寻找, 从而找到导致重着陆的根本原因, 便可以针对这一原因引入预防措施或采用积极手段进行预防.

近年来, 从业者也探索了一些在这方面的探索, 取得了一些成果. 王旭辉等 [130] 提出模糊加权 Markov 方法, 根据起落架载荷时间序列的概率分布来对时间序列进行预测, 并且实现了对重着陆的等级评价, 在一定程度上能够控制重着陆风险. 许桂梅等[131,132] 通过着陆阶段的运动方程, 确定造成飞机重着陆的主要影响因素, 利用最小二乘支持向量机进行分析, 从而实现对重着陆的诊断. 汪磊等[133] 采用统计建模方法建立的重着陆风险定量评价模型能够依据重着陆判定参数的分布函数及应用相应算法评价重着陆发生的可能性和严重性, 并据此计算风险等级. 郑薇[132] 通过对大量的起降 QAR 数据进行分析, 选定了重着陆的原因和对应的超限事件, SHEL 模型被用来对这些数据进行风险识别, 从操纵飞行员和操纵飞行员与运行相关人员、软件、硬件及环境之间的交互五方面进行风险因素辨识, 在此基础上实现了对重着陆事件发展趋势的预测. 郑磊等 [134] 在通过时间序列聚类分析的基础上实现了对飞机操作模式的确定, 在此基础上确定了飞行操作模式对重着陆预警的效果有着正面影响. 陈思等[135] 从参数识别、数据集构建和参数提取优化等方面进行了飞机历史运营数据的提取与处理, 建立了自适应变异粒子群参数寻优的支持向量机模型, 能够实现预警功能, 为飞行员操作, 飞机维修计划的制定和实施提供帮助.

7.4.3　重着陆后飞机的损伤与修理

重着陆会由过高的着陆速度而在地面和飞机之间产生一个让飞机纵向速度减小的力, 这个力在大于飞机承受能力时会对其造成一定的机械损伤, 这些损伤通常出现在机腹、机翼、机尾以及起落架部分[136].

(1) 机身前部防火墙及内部结构件损伤及变形、螺旋打地, 飞机着陆速度过大、着陆姿态不佳、跳跃着陆、重着陆等引起防火墙组件变形起皱, 甚至机身下部蒙皮和机身前部大量结构件、座舱前部地板、中央控制台壁板等发生不同程度的损伤变形. 结构修理方式为更换或修理变形的故障结构件, 对重要受力部件进行无损检测.

(2) 机腹擦地造成机身下部结构件损伤、天线损坏, 脚蹬处蒙皮撕裂, 飞机紧急迫降或起落架未放下的着陆造成机身下部结构件损伤, 中央翼盒连接螺栓擦伤, ATC、DME 等天线扯断. 修理方式为更换机身下部损伤的结构件, 更换各损伤的天线, 更换擦伤的螺栓.

(3) 尾椎隔框、蒙皮、方向舵下部受损变形, 飞机着陆时机身尾部触地造成机身尾椎隔框裂纹, 尾椎下部蒙皮破损裂纹, 方向舵下部整流罩凹坑, 尾椎系留环折断. 结构修理方式为更换机身尾椎后部隔框, 更换尾椎系留环及其连接件, 更换损伤的方向舵整流罩. 制作补片对受损蒙皮进行补强修理.

(4) 机翼尖部的蒙皮、结构件损伤变形, 飞机着陆时偏离跑道、翼尖触地造成机翼尖部翼肋、翼梁、蒙皮、桁条等结构件不同程度的损伤变形, 复合材料翼尖受损. 结构修理方式为更换翼尖, 修理蒙皮和翼肋、桁条等结构件. 对不易整体更换的损伤大梁、蒙皮、桁条进行切割、拼接修理. 为满足外形和空气动力学要求, 修理后对损伤侧机翼进行扭曲度测量.

7.5 飞行程序验证

国内飞行程序设计主要参考依据为 ICAO DOC8168 和民航局下发的咨询通告 AC-97-FS-005, 大量使用 PBN 飞行程序. 常规 PBN 程序具有以下几方面的优点:

(1) 精确引导航空器, 提高飞行运行安全;

(2) 提供垂直引导, 实施连续稳定的下降程序;

(3) 实现灵活优化的飞行航径, 增加飞机业载, 减少飞行时间, 节省燃油;

(4) 减少地空通信和雷达引导, 降低管制员工作负荷;

(5) 减少导航基础设施投资和运行成本, 提高运行的整体经济效益.

但是对于处在高原复杂地形或空域受限的机场, 常规 PBN 程序往往不能满足要求. 由于地形和空域的限制, 设计的程序可能不满足越障要求, 或者在满足越障的情况下对飞机性能提出了更高的要求, 造成机场可达率低, 飞机商载大幅度减小的局面. 常规的飞行程序设计的验证工作, 一般是在模拟机上进行验证, 待各种调试完毕后再进行真机验证, 真机飞行试验通过即可. 由于真机飞行试验的频次过少, 即采样数据过少, 这种模式具有一定的局限性. 程序设计的缺陷, 可以通过海量的 QAR 数据融合航图、地形等其他数据进行验证并优化调整. 基于海量的 QAR 数据, 对飞行程序设计进行真机验证及风险分析, 挖掘、量化程序设计的风险, 验证、优化改进措施, 进而反馈优化飞行程序设计, 实现飞行程序设计的闭环管控.

7.5.1 飞行程序异常探测

包括国际民航组织在内的权威机构目前对于进离场转弯飞行程序异常尚无明确的定义, 因此, 本书主要结合飞行员、程序设计专家提供的经验、知识, 提取研究对象中的异常航段进行研究分析. 这里的异常探测包括两点, 一个是航迹异常, 另一个是飞行坡度参数异常.

1. 冲偏出转弯净空保护区程序异常

高高原机场为了保护飞机在进离场转弯时免受当地的复杂地形影响, 会结合具体的航路规划和机场周边的地形设计转弯净空保护区, 其相较于普通机场的净空保护区更加重要, 具体体现在: 高高原机场附近的地形更为复杂, 为了保障飞机平稳起降, 机场常常建立在谷底或悬崖上, 而相较于平原地区的净空保护区中的主要障碍物——超过限高的地物, 其可以通过拆除来解决; 而高高原机场附近因地形原因造成的超过限高区域无法人为去除, 仅可通过优化航路设计的方式来解决. 此外, 民航客机在高高原机场起飞、降落对于飞行员操作要求更高, 高原反应和空气动力变形等问题均可能导致飞机飞行异常, 因而通过转弯净空保护区设计来规避飞行难度较大的地区, 以保障转弯时的飞行安全.

图 7-8 即是国内某机场的转弯保护区设计图, 而根据民航对于在高高原机场进行起降的客机要求, 其飞行过程中的进场转弯和离场转弯必须被包裹在其中, 因而对冲偏出保护区转弯飞行程序异常的定义即是转弯航迹超出保护区范围外.

图 7-8　国内某机场的转弯净空保护区

2. 坡度超限程序异常

飞机在转弯时相较于直飞航段, 其机身受力情况会发生变化, 转弯时的受力情况如图 7-9 所示, 从物理学角度来看, 物体在做圆周运动时需要产生向心力以保障运行的稳定性和协调性, 而从实际考虑, 飞机转弯时向心力来源即是下垫面提供的垂直于机身的升力中的一部分, 其中竖直分量用来和重力平衡, 而水平分量则用来充当向心力.

为此, 飞机在转弯时需要调整姿态, 而其中较为重要的即是调整包括偏航和翻滚等姿态角度大小, 其中偏航控制飞机飞行方向, 而翻滚角的大小则决定了飞机转弯质量, 调整方式如图 7-10 所示, 通常来说, 较大的翻滚角利于飞机快速转弯, 但是飞机翻滚角倾斜程度过度变化会给飞机上乘客带来不佳的飞行体验, 而这是民航客机运输所不希望看到的, 因而结合各个机场的实际情况不同, 机场对于转弯时的翻滚角有一定限定, 一旦超出界限则可以判定其未按照标准的飞行程序执行.

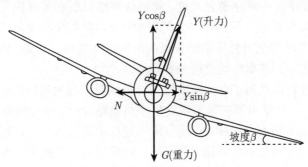

图 7-9 飞机转弯时的受力情况

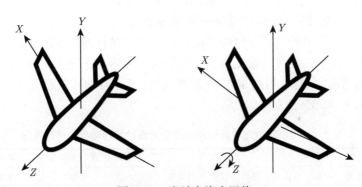

图 7-10 翻滚角姿态调整

在高高原机场进离场转弯时, 其转弯角度可能较大, 且因地形影响, 乘客、飞行员等往往可能会面临高原反应等问题的困扰, 因而尽可能平稳、安全实现飞机进离场转弯, 防止机上乘客出现晕眩等不适感觉成了高高原机场进离场转弯时的重要任务, 这也使得高高原机场飞机进离场转弯时对于飞行员操控精度要求有更高的要求, 其体现在本研究中即是, 要求转弯时翻滚角不超过 ±25°(对应于不同的转弯方向, 一般要求飞机左转弯时不超过 25°, 右转弯时翻滚角不低于 −25°).

本节通过筛选 QAR 航段数据, 得到进离场转弯可能存在的飞行航段; 之后利用阈值限定, 通过转弯变化率大小、连续度、最小转弯序列个数和提取转弯顺序等限制提取得到了较为完整的进离场转弯; 分析转弯保护区设计目的和翻滚角超限对于飞机在高高原机场进离场转弯时的影响, 并以此规定了飞行异常的标准; 最后结合该标准实现了对于不同的异常提取, 冲偏出转弯保护区异常通过叠置分析, 将保护区与转弯航段求交、求差结果作为研究对象.

7.5.2　飞行程序异常时空分析

根据冲偏出转弯保护区和翻滚角超限转弯异常的特点, 针对冲偏出转弯保护区异常, 选择以季度为时序研究尺度, 利用核密度分析和可视化分析分析航路变化对冲偏出转弯保护区飞行程序异常的影响; 针对翻滚角异常事件同样选择以季度作为时序研究尺度来研究异常转弯点的时序分布特性. 此外, 转弯方向和航路变化等因素会影响到该事件的空间分布特性.

虽然保护区设计是为了有力地支持飞行员规避不利的风场、地形条件等限制, 但是真实情况下, 冲偏出保护区异常发生多与航路设计、航空管制调度或保护区设计合理性等决策级别问题相关, 而与转弯过程中的飞行操作、机身状态或当日气候条件等飞机实时状态性问题关联不大, 因而对其研究也应针对转弯航路整体开展. 冲偏出转弯保护区异常研究分为两个部分, 包括对于某机场 16 跑道和 34 跑道起、降时发生的离场和进场转弯超出转弯保护区异常的分析.

1) 16 跑道起飞冲偏出转弯保护区异常分析

某机场 16 跑道起飞离场转弯时提取得到异常飞行转弯数量分布如表 7-5 所示, 该跑道作为某机场航班起飞离场阶段使用的主跑道出现了大量的冲偏出转弯保护区异常情况, 共提取得到 1854 条转弯轨迹, 其中有 666 条超出了保护区范围, 总偏出率约为 35.9%.

表 7-5　16 跑道起飞离场冲偏出转弯保护区转弯异常提取情况

时间	2017 年			2018 年			2019 年			2020 年		
	总数	异常	异常率	总数	异常	异常率	总数	异常	异常率	总数	异常	异常率
第一季度	33	1	3.03%	25	0	0.00%	70	68	97.14%	39	38	97.44%
第二季度	32	0	0.00%	102	0	0.00%	227	200	88.11%	144	4	2.78%
第三季度	14	0	0.00%	170	0	0.00%	256	195	76.17%	323	17	5.26%
第四季度	17	0	0.00%	106	16	15.09%	140	123	87.86%	156	4	2.56%

其时序变化的异常数量分布情况和变化率分布情况如图 7-11 所示, 据其可以发现异常发生情况分为三个阶段, 该类异常最早出现于 2018 年第四季度, 单季度 106 条转弯航迹有 16 条偏出, 总偏出率达到 15%; 在之前除 2017 年第一季度出现了一例偏出异常外, 全部转弯航段均在转弯保护区内部; 在 2018 年第四季度后, 2019 年全年和 2020 年第一季度均出现了较多的异常转弯, 平均转弯异常率在 90%, 这些均表明该部分转弯保护区已经无法很好地满足; 在 2020 年第一季度之后, 异常率再度下降, 大部分转弯航段保持在转弯保护区内部飞行.

按照上述异常大量出现和减少的时间节点, 合并可视化不同节点的正常和异常转弯航段, 其具体情况如图 7-12 所示, 结合其可以发现在 2018 年第四季度前, 偏离转弯保护区的航班在起飞后采取了西向转弯的策略, 而其余正常航班则全部是东向转弯离场的; 在第二阶段即 2018 年第四季度至 2020 年第一季度期间, 仍然保持该飞行转弯选择, 起飞后选择西向离场转弯的飞行航段大部分偏离了转弯保护区, 东向转弯离场的航段则全部保持在转弯保护区内部, 此外, 这一时段的数量发生了大的逆转, 前一阶段数量稀少的西向转弯离场策略成为该阶段飞机离场的首选策略; 在第三阶段, 异常转弯除了出现在起飞后西向转弯的航班中, 也有部分东向转弯的航班出现了偏出保护区的异常情况.

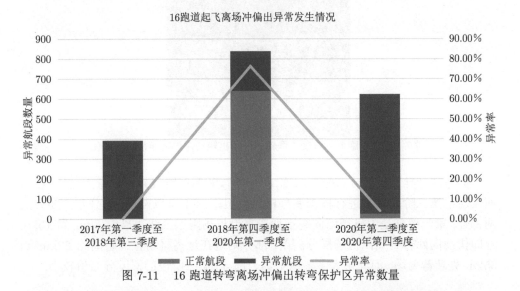

图 7-11　16 跑道转弯离场冲偏出转弯保护区异常数量

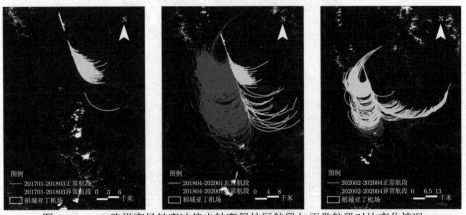

图 7-12　16 跑道离场转弯冲偏出转弯保护区航段与正常航段对比变化情况

而比对不同阶段异常航段空间分布变化情况 (图 7-13) 可以发现, 第一阶段和第三阶段的异常分布均更靠南, 且相较于第二阶段, 其数量上稀疏.

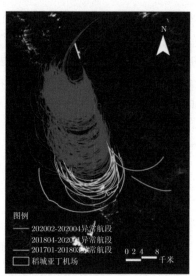

图 7-13　　16 跑道各阶段离场转弯冲偏出转弯保护区异常航段演化

　　而考虑到异常航段分布数量问题, 第一阶段和第三阶段异常数量太过稀少, 因而仅对于第二阶段异常进行核密度分析, 结合图 7-14 可以发现, 其分布主要分为两部分, 第一部分是由机场南向起飞后在靠近机场附近直线距离约 3km 到 15km 处即快速向西转弯飞离机场部分; 第二部分则是在远离机场直线距离约 20km 到 35km 处转弯离场. 而异常大多集中于第一部分, 第二阶段的密度分布值较小.

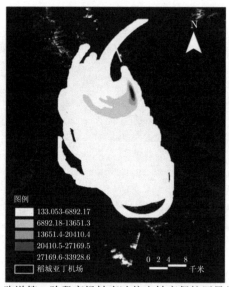

图 7-14　　16 跑道第二阶段离场转弯冲偏出转弯保护区异常核密度分析

比对不同阶段正常航段空间分布变化情况 (图 7-15) 可以发现, 第一阶段正常航段集中于机场南向起飞后快速东向离场转弯部分; 第二阶段则分为了两部分, 除了第一阶段的分布外, 还包括了飞行更远至更靠南部的位置后再向东转向的航段; 第三阶段则包含了西向和东向两部分, 其可以发现, 西向转弯作为第二阶段相同位置主要的异常航段在第三阶段已经变成了正常航段, 且其分布较为分散. 而除此之外, 东向转弯点进一步向南移动, 且其转弯相较于前部的东向转弯变得更为平缓.

利用核密度分析各阶段正常转弯航段的主要航路 (图 7-16) 可以发现, 其主要转弯航路确实在不断向南推移, 且越来越平缓, 在第三阶段主要的转弯航路由原来 90° 左右, 逐渐演变成 120° 的大转弯.

图 7-15 16 跑道各阶段离场转弯正常航段对比演化

而比对该过程全部航段航路核密度分析 (图 7-17) 结果可以发现, 该阶段出现异常的核心问题在于其主要航路发生了变化, 飞机南向起飞离场除了在距机场直线距离 10km 到 15km 处直接东向转弯离场外, 挖掘出了包括距机场直线距离 10km 到 15km 处西向转弯离场和在距机场 20km 到 35km 处东向转弯离场这两条新的航路.

2) 34 跑道起飞冲偏出转弯保护区异常分析

某机场 34 跑道起飞离场转弯时提取得到异常飞行转弯数量分布如表 7-6 所

示, 该跑道作为某机场航班起飞离场阶段使用的副跑道仅出现了少量的冲偏出转弯保护区异常情况, 共提取得到 1199 条转弯轨迹, 其中有 21 条超出了保护区范围内, 总偏出率约为 1.8%.

  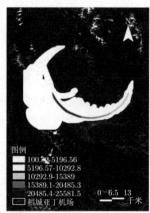

图 7-16　16 跑道各阶段离场转弯正常航段核密度分析对比

 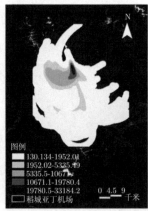 

图 7-17　16 跑道各阶段离场转弯全部航段核密度分析对比

表 7-6　34 跑道起飞离场冲偏出转弯保护区转弯异常提取情况

时间	2017 年			2018 年			2019 年			2020 年		
	总数	异常	异常率	总数	异常	异常率	总数	异常	异常率	总数	异常	异常率
第一季度	38	0	0.00%	32	0	0.00%	40	0	0.00%	15	0	0.00%
第二季度	60	0	0.00%	112	0	0.00%	167	6	3.59%	69	0	0.00%
第三季度	66	0	0.00%	85	0	0.00%	211	12	5.69%	122	0	0.00%
第四季度	23	0	0.00%	66	1	1.52%	78	2	2.56%	15	0	0.00%

　　而根据异常出现的时间线可以发现, 其与 16 跑道冲偏出转弯保护区异常在时间上的分布类似, 存在三个明显的阶段, 但是也有所不同. 其在第一和第三阶段全部转弯航段均正常, 而第二阶段异常数量也非常稀少, 且分布时间更为集中, 主要出现在 2019 年第二季度到第四季度, 时序变化的异常数量分布情况和变化率分布情况如图 7-18 所示.

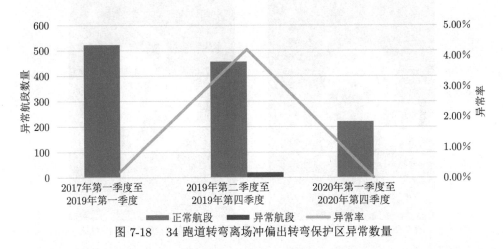

图 7-18　34 跑道转弯离场冲偏出转弯保护区异常数量

　　将各阶段的异常航段和正常航段进行可视化, 可以发现, 异常主要集中出现在飞机从机场北向的 34 跑道起飞后再西向离场转弯部分, 如图 7-19 所示.

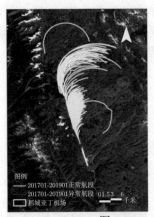

图 7-19　各个阶段异常转弯和正常转弯空间分布情况

　　而对各阶段全部航段和第二阶段的异常航段进行核密度分析可以发现主要航路, 如图 7-20 所示可以发现, 其主要转弯航路在不断向北推移, 且越来越平缓, 在第三阶段主要的转弯航路由原来 90° 左右, 逐渐演变成 110° 的大转弯; 且第二阶段的异常航段并没有形成新的航路, 第二阶段起飞后西向转弯形成的异常航段最大核密度值仅为 2500, 而第二阶段正常东向航段的核密度值为 21000 左右, 可见该阶段并未开辟出新的航路.

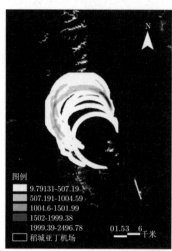
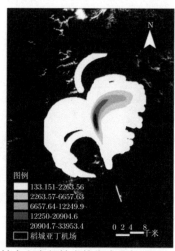

图 7-20　34 跑道第二阶段离场异常转弯和全部转弯核密度分析对比

　　但是比对不同阶段的核密度图可以发现, 图 7-21 中 34 跑道的离场主航路并未像 16 跑道那样发生大的改变, 主题仍然以从跑道起飞后直线飞行再东向转弯离场为主, 只是东向转弯的转弯点发生了变化: 第一阶段在起飞后 7km 到 15km 范围东向转弯; 第二阶段则在 17km 到 25km 处转弯; 第三阶段出现航路出现了分叉, 除了保留了第二阶段航路, 在 10km 处出现了一条较大弧度的转弯航路.

图 7-21　34 跑道各阶段离场转弯正常航段核密度分析对比

7.5.3 飞行程序异常影响因子分析

虽然机场附近的起飞航路较为复杂, 但是为了保障机场间的通航顺利, 飞机在飞离机场的起降航路后往往需要行驶在公共的飞行航路中, 从某机场起飞的民航客机主要飞往成都和重庆机场方向, 其整体航路较为复杂, 但是绝大部分航班均会在离场后首先向甘孜康定方向行进.

从稻城亚丁机场 16 跑道起飞的航班中提取向甘孜康定方向行进的航班, 利用核密度分析提取从稻城亚丁机场起飞至甘孜康定附近的通航主航路, 如图 7-22 和图 7-23 所示.

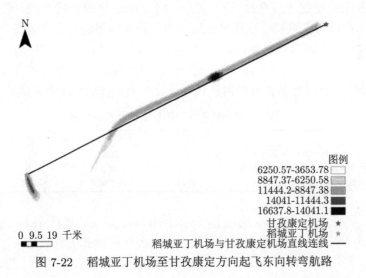

图 7-22　稻城亚丁机场至甘孜康定方向起飞东向转弯航路

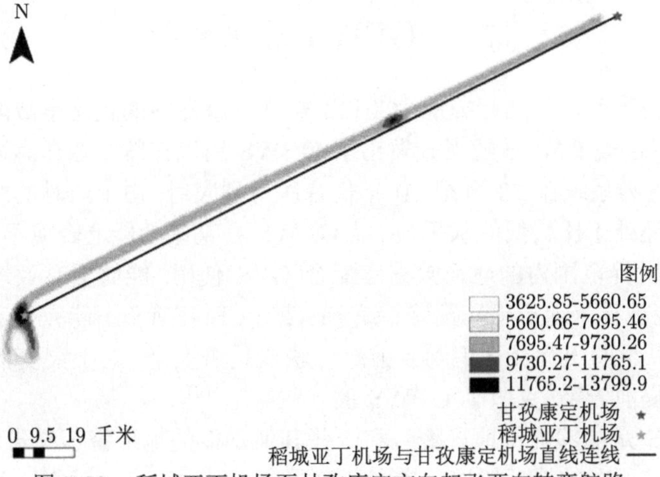

图 7-23　稻城亚丁机场至甘孜康定方向起飞西向转弯航路

结合图 7-22 和图 7-23 可以发现, 虽然从稻城亚丁机场起飞后直行 7km 到 15km 东向转弯可以直接向目的地进发, 但是其远离后续行进时的公共航线; 而为了进入公共航线轨道, 其还需要进行额外的二转弯甚至三转弯, 这无形中增加了航行难度, 因为相较于直飞航段, 转弯时的操作更为复杂, 转弯过程中稍有疏忽既有可能出现偏航情况, 因此在大多数情况下, 飞机升空后进入航线是不允许轻易地转弯和掉头的; 此外, 在转弯时需要始终保持飞机安全运行, 不能出现侧滑等问题影响乘客的飞行体验, 这也使得在航路设计时需要综合考量, 尽量避免出现转弯航段.

相较而言, 在起飞后直线飞行 10km 到 20km 再西向转弯或是在直线飞行 25km 后东向转弯仅需要一次相对弧度平滑且相对缓慢的转弯即可飞至既定的主航路, 比对三种不同转弯航路从转弯开始到飞入公共直飞航路结束用时 (表 7-7), 可以发现, 起飞后直行 7km 到 15km 后东向转弯的航路设计需要在更短的时间内完成多次转弯, 而飞行员在另外两种转弯设计下则可以更平缓地完成转弯.

表 7-7   各类转弯航路行驶至公共航路耗时

	最长耗时/s	最短耗时/s	平均耗时/s	航班数
起飞后直行 7km 到 15km 后东向转弯	425	302	367	314
起飞后直行 10km 到 20km 后西向转弯	794	361	449	409
起飞后直行 25km 后东向转弯	790	320	441	206

因此, 稻城亚丁机场 16 跑道起飞的最初设计, 起飞后直行 7km 到 15km 后东向转弯主航路逐渐被其他飞行航路所替代. 但从稻城亚丁机场的飞行程序更新事件来看, 其没有考虑到该航路设计改变可能带来的影响, 更新时间远远落后于航路设计规划修改事件.

7.6   GPWS 近地警告

历史数据表明可控飞行撞地 (CFIT) 是飞行事件中的致命事故的一个主要原因, 为了应对这类事故, 从业者开发出了 GPWS 用以在航空器在靠近危险地形时发出警告. 这类系统在 20 世纪 70 年代首次得到应用, 由于当时的航空器技术和预警技术都还处于比较低的水平, 所以 GPWS 在某些功能上表现不佳, 改进后的 EGPWS 将世界范围内的地形数据库配合 GPS 使用, 能够更有效地避免与地面撞击, 因此也被称为地形感知预警系统 (TAWS). EGPWS 不能完全避免 CFIT 事故, 但是可以帮助飞行员认识到当前航行轨迹是否安全, 对于突变的地形或安全的区域进行提前告警, 克服了 GPWS 的一些缺陷[137].

EGPWS 是能够提供地形警告和一些其他功能的地形警示与告警系统, 它使用了飞机当前所在的地理位置、姿态角、角度、对地速度、垂直速度和俯仰角作为输入, 根据这些数据与地形数据库进行匹配来判断是否会有与地形相撞的危险, 在有一定的风险时会提供视觉与听觉上的告警. 为了准确预警与地形或地面的相撞, EGPWS 包含了地形数据库、障碍物数据库和跑道数据库, 其中地形数据库包含了全球在数种分辨率下的地形数据, 障碍物数据库包含了超过 100ft 高的障碍物的相关数据, 跑道数据库拥有超过 3500ft 长的所有跑道的数据 (某些 EGPWS 的跑道数据库拥有超过 2000ft 的所有跑道数据). 此外, EGPWS 还对超限的俯仰角、过低的襟翼、未正确放下的起落架和倾斜角以及高度标注根据系统配置进行预警, 某些机型也对过于恶劣的风切变进行检测.

EGPWS 包含了基础 GPWS 的所有功能, 主要包含以下预警模式.

模式 1: 下降率过高. 下降率过高模式采用无线电高度和大气数据 (相应计算出垂直高度变化率) 作为输入, 判断飞机在当前高度下的下降率是否有撞地风险.

模式 2: 与地形靠近速率过高. 接近地形速率过高模式采用无线电高度表、飞机接近地形的速率 (由飞机位置信息和地形数据库综合得到) 和襟翼位置作为输入, 同时根据襟翼构型不同分为 2A (襟翼非着陆构型) 和 2B (襟翼着陆构型) 两个子模式. TAWS 持续监控不同构型下飞机的无线电高度和接近地形速率, 判断当前状态下飞机与地形的距离 (无线电高度) 和接近地形速率是否存在 CFIT 风险.

模式 3: 起飞后的不正常下降. 起飞后负爬升率或掉高度模式采用无线电高度和气压高度变化率作为输入, 在起飞、复飞阶段持续监控飞机是否在低高度出现负爬升率或高度损失.

模式 4: 非着陆构型撞地. 非着陆构型撞地模式采用无线电高度、空速、起落架和襟翼位置作为输入, 这个模式根据起落架和襟翼位置分为三个子模式: 4A、4B 和 4C. 4A 模式一般适用于航路和进近阶段, 起落架不在着陆构型; 4B 模式一般也适用于航路和进近阶段, 起落架处于着陆构型, 襟翼不在着陆构型; 4C 模式适用于起飞阶段, 起落架或襟翼不在着陆构型. 模式 4 的任一子模式下, TAWS 都会持续监控飞机当前空速和与地形的高度间隔, 当飞机存在 CFIT 风险时, 发出告警.

模式 5: 相对下滑道下偏过大. 相对下滑道下偏过大模式适用于进近阶段, 使用 ILS 进行着陆, TAWS 持续检测飞机下滑道下偏的程度, 若飞机下滑道下偏程度过大, TAWS 随即发出告警.

模式 6: 零件问题建议 (可选).

模式 7: 反应风切变 (可选).

为了对不同模式下 EGPWS 的飞机对于地形的防撞能力进行评估, 在此对 EGPWS 记录的霍尼韦尔飞行历史数据进行分析, 涵盖了从 1997 年到 2012 年超过 1800 万次飞行. 在模式 1 下, 有 89% 的告警发生时飞机所处的无线电高度低于 500ft, 有 67% 的告警发生时无线电高度低于 200ft. 在模式 3 下, 大多数告警发生在试飞和训练飞行时, 也有一些发生在起飞程序执行后. 在模式 4 下, 57% 的告警由于外部错误误发, 其中, 误报的主要原因是无线电高度表有问题 (误跟踪). 在模式 5 下, 有 34% 的下滑道告警发生在 100ft 的无线电高度以下, 飞行员在 100ft 以下的滑坡体下潜行时有大量情况发生. 在 1000ft 以下的航道中, 当机动拦截时, 会触发更高高度的滑坡体警报. 地形告警和地形净空功能会由大量的原因导致, 如图 7-24 所示, 不过其中大量警报仍然是由外部信号和地形/障碍物以及跑道数据库错误触发的. 将近半数的地形净空 (Terrain Clearance Floor, TCF) 告警由在跑道数据库中未标明终点的位置引起, 这通常意味着没有安装最新的地形/跑道数据库 (数据库在 EGPWS 中没有保持最新).

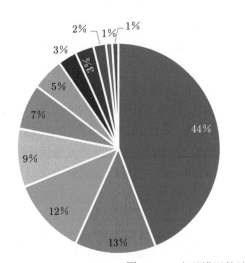

图 7-24　出现错误的地形告警的原因

在此基础上 EGPWS 具有一些独特的功能. 地形告警功能可以根据算法持续地计算地形与飞机之间的距离, 并且将这个距离与飞机维持当前飞行状态是否会与其相撞进行比对, 若会相撞, 则发出告警, 若不会相撞, 则会进行一定程度的提醒. 地形演示功能能够将周围的地形和障碍物通过一个专门的天气雷达显示器、可兼容的电子飞行仪器系统、电子导航系、多功能显示器上进行演示, 基于飞机的位置和内部的地形数据库, 地形显示在系统显示屏上, 以提供额外的态势感知. TCF 在一个跑道的周围的包层上创造不断上升的离地高度, TCF 告警基于当前的飞机高度、最近的跑道位置和无线电高度进行预警. 跑道净空提供与 TCF 相似的功能, 但是其基于飞机与跑道的高度差而非无线电高度进行预警. 几何高度功能旨在通过计算得到飞机高度帮助确保 EGPWS 功能能够在所有的飞行阶段和大气条件下最佳运行, 几何高度使用改进的气压高度计算 GPS 高度、无线电高度、地形和跑道高度数据.

针对不同的机型, 在面对 EGPWS 的警示时会有不同的应对规则, 机组人员必须严格按照航空手册上规定的程序来执行这些操作, 而且一旦警示出现或被触发, 它们应该不带任何犹豫地立即执行. 在夜间或某些气候条件下, 立即按照规则做出反应能够在很大程度上提高安全程度, 此时不宜浪费时间来判断是否真的具有危险, 而在白天或是可见度良好的情况下, 也应该按照指示迅速采取正确的行为直到风险结束. 在对 EGPWS 的警示做出反应时, 机组成员应该确保飞行航道上最大程度的障碍物净空并且使用最大推力清除可能存在风险的障碍物. 根据标准操作手册上的建议, 在发生警示时, 应该主动定位气节阀门并实现最大额外推力, 在紧急情况下确保使用的是最大能量, 不再值得飞行员设置能源分配. 如果在自动驾驶状态下, 应立即断开自动驾驶仪并且使摇杆器的音调或螺距限制指标平稳增加, 以获得最大的爬升性能, 若处于爬升状态, 则应继续爬升直到警示解除或航行安全得以确保, 最后, 应该参考空管的建议. 需要注意的是, 除非是在目视条件下操作, 或者飞行员综合所有信息确定除了爬升外转弯是更有效的措施时, 只应进行爬升操作; 导航不是必须基于地形警告显示系统进行的.

根据强制事故报告 (MOR) 的要求, 当飞机的飞行路线被修改以响应 EG-PWS 警报时, 应向对应的空中交通管制单位和相关部门提交书面的空中安全报告 (ASR). 航空公司可以收集并且使用这些数据, 来识别和发现潜在的可能影响航空安全的问题, 并据此来采取应对措施减轻危害, 飞机运营商在飞行数据监控过程中应该能够自动提取类似数据.

地形感知技术的引入, 如 EGPWS/TAWS, 直接或间接地减少了 CFIT 事故的数量. 有了这样的技术, 机组人员的态势感知能力得到了提高, 能够更快地应对潜在的 CFIT 事故. 为了使系统按照设计的方式工作, 飞机操作员应该保持软件和地形/障碍/跑道数据库的更新. 对 EGPWS 警告做出适当和及时的反应可以显著降低发生 CFIT 事故的风险. 为了实现这一目标, 飞行员应演示采取正确的行动, 并执行适当的恢复机动, 以响应警告和示警.

为了保证 EGPWS 能够发挥其全部的能力, 飞行员应该进行以下日常活动:

(1) 对航线以及飞机状况做出评价, 考虑是否适合为飞机装备 EGPWS 设备;

(2) 确保使用直接传送至 EGPWS 的全球定位系统;

(3) 实施培训计划, 确保机组人员能够有效应对 EGPWS 的警告并且了解到可能降低 EGPWS 有效性的因素;

(4) 制定程序, 确保 EGPWS 软件、地形、跑道和障碍物的数据库是标准的, 并且能够及时进行更新;

(5) 制定程序, 确保 EGPWS 设备处于激活状态, 可以在任何情况下使用;

(6) 最后需要在反复的训练中模拟 CFIT 事件来进行规避演习.

近年来, 民航飞行品质监控基站监控到了部分机场, 尤其是新开航线的机场 GPWS 近地警告频发事件, 比如沧源机场、万州机场等. 通过对警告数据进行深入分析, 发现该事件触发多数由于地形、地形数据库的更新及触发逻辑设置引起, 需地形数据库提供厂商、管理方、飞行程序设计单位多方协商解决, 从而消除隐患提高飞行安全.

7.7 小   结

本章对一些典型风险进行了基本概念的阐述与分析, 主要包括对各类事故发生模式的探索及其时空统计, 并对引发事故的原因、预防事故发生的措施、事故发生后的维修以及其他处理工作进行介绍. 希望通过数据分析引导从业者发现存在的安全问题乃至运行效率问题, 并通过先进的理论方法解决发现的问题, 提升行业的安全水平.

在本章涉及的所有风险中, 可控飞行撞地的危害是最直接的, 会导致大量的人员伤亡, 因此在飞机上引入了 TCAS 与 GPWS, 大大降低了可控飞行撞地的发生概率, TCAS RA 为飞机在互相靠近时告警, GPWS 也会在过于靠近地面时进行预警, 这使得飞机维持在较安全的空间位置. 擦机尾和重着陆是可能发生在飞机降落阶段的事故, 通常会对飞机结构造成一定损坏, 但很少出现人员伤亡. 偏离飞行程序的风险包含偏离进/离场程序, 高原机场附近的地形复杂, 稍有不慎便会发生意外, 本章对导致偏离程序的时空规律进行了探索, 并且分析了其影响因子, 提出了针对性的建议.

参 考 文 献

[1] Wayne R Monteith. Flight operational quality assurance[R]. Washington: Federal Aviation Administration, U.S. Department of Transportation, 2004.

[2] Civil Aviation Advisory. Guidance on the establishment of a flight data analysis program-Safety Management Systems[R]. Woden, Australian Capital Territory: Civil Aviation Safety Authority, 2011.

[3] CAA. Safety Plan of 2011-2013[S]. London: Civil Aviation Authority, 2014.

[4] CAA. FDM based precursors project update[R]. London: Civil Aviation Authority, 2014.

[5] CAA. Flight Data Monitoring CAP739[R]. London: Civil Aviation Authority, 2013.

[6] ICAO. Manual on Flight data analysis programmes[R]. Montreal, Canada: International Civil Aviation Organization, 2014.

[7] 李大伟, 徐浩军, 胡良谋, 等. 基于支持向量机的飞行事故率预测模型 [J]. 数学的实践与认识, 2009, 39(8): 124-128.

[8] 陈亚青, 韩云祥. 解释结构模型在航空事故分析中的应用 [J]. 防灾科技学院学报, 2009, 11(2): 4-6.

[9] 唐庆如. 航空发动机状态监控 [J]. 中国民航飞行学院学报, 2007(5): 3-8.

[10] 卿立勇. 基于飞行数据的飞机故障预测与故障诊断系统研究 [D]. 南京: 南京航空航天大学, 2007.

[11] 吉根林, 赵斌. 面向大数据的时空数据挖掘综述 [J]. 南京师大学报 (自然科学版), 2014, 37(1): 1-7.

[12] 李德仁, 马军, 邵振峰. 论时空大数据及其应用 [J]. 卫星应用, 2015(9): 7-11.

[13] 简灿良, 史少远. 智慧城市时空大数据云服务设计与实现 [C]. 第二十二届华东六省一市测绘学会学术交流会论文集 (一), 2021: 26-28. DOI:10.26914/c.cnkihy.2021.019225.

[14] Pan T L, Sumalee A, Zhong R X, et al. Short-term traffic state prediction based on temporal–spatial correlation[J]. IEEE Transactions on Intelligent Transportation Systems, 2013, 14(3): 1242-1254.

[15] 蒋之犇, 白建军, 蔡俊, 等. 2009 年甲型 H1N1 流感大流行时空分布特征分析 [J]. 地球信息科学学报, 2012, 14(6): 794-799.

[16] 陈鹏, 疏学明, 颜峻, 等. 犯罪活动在一天内的发生时间规律 [J]. 清华大学学报 (自然科学版), 2009, 49(12): 2032-2035.

[17] 刘晓晓, 孔云峰. 气象监测数据的时空特征分析与建模 [J]. 地理空间信息, 2009, 7(4): 104-107.

[18] 张媛, 胡庆武. 社交网络时空大数据聚类挖掘有效选择分析 [J]. 测绘地理信息, 2020, 45(2): 45-50. DOI:10.14188/j.2095-6045.2018032.

[19] 邱少宁, 朱杰, 郑加柱, 等. 出租车轨迹数据的南京人群出行模式挖掘 [J]. 测绘科学, 2021, 46(1): 203-212. DOI:10.16251/j.cnki.1009-2307.2021.01.028.

[20] 李晓娜. 轨迹数据驱动的城市群体多模式出行融合方法的研究 [D]. 武汉: 武汉大学, 2018.

[21] Elvidge C D, Baugh K E, Kihn E A, et al. Relation between satellite observed visible-near infrared emissions, population, economic activity and electric power consumption[J]. International Journal of Remote Sensing, 1997, 18(6): 1373-1379.

[22] 孙树娟. 我国高原航线飞机颠簸与地形的关系研究 [D]. 德阳: 中国民用航空飞行学院, 2012.

[23] 窦文生. 基于交通时空大数据的异常行为模式挖掘研究 [D]. 杭州: 杭州电子科技大学, 2016.

[24] Xi L, Deren L. Can night-time light images play a role in evaluating the Syrian Crisis?[J]. International Journal of Remote Sensing, 2014, 35(18): 6648-6661.

[25] Federal Aviation Administration. Federal Aviation Regulation 121 Appendix-_M[R]. Washington, 2009.

[26] Quinlan J R. C4.5: Programs for Machine Learning[M]. San Francisco: Morgan Kaufmann, 2014.

[27] Berk R A. Classification and Regression Trees (CART)[M]. New York: Springer, 2008: 1-65.

[28] 方匡南, 吴见彬, 朱建平, 等. 随机森林方法研究综述 [J]. 统计与信息论坛, 2011, 26(3): 32-38.

[29] Likas A, Vlassis N, Verbeek J J. The global K-means clustering algorithm[J]. Pattern Recognition, 2003, 36(2): 451-461.

[30] Har-Peled S, Mazumdar S. On coresets for k-means and K-median clustering[C]. Proceedings of the 36th Annual ACM Symposium on Theory of Computing, 2004.

[31] Park H, Jun C. A simple and fast algorithm for K-medoids clustering[J]. Expert Systems with Applications, 2009, 36(2): 3336-3341.

[32] 金琳. 空间数据聚类算法综述 [J]. 民营科技, 2012, 10: 91.

[33] 柳盛, 吉根林. 空间聚类技术研究综述 [J]. 南京师范大学学报: 工程技术版, 2010, 10(2): 57-62.

[34] Altman N S. An introduction to kernel and nearest-neighbor nonparametric regression[J]. The American Statistician, 1992, 46(3): 175-185.

[35] 葛莹, 朱国慧, 王华辰, 等. 基于 Ripley's K 函数浙江城市空间格局及其影响分析 [J]. 地理科学, 2014, 34(11): 1361-1368.

[36] Moran P A. Notes on continuous stochastic phenomena[J]. Biometrika, 1950, 37(1/2): 17-23.

[37] Geary R C. The contiguity ratio and statistical mapping[J]. The Incorporated Statistician, 1954, 5(3): 115-146.

[38] 王永, 沈毅. 空间自相关方法及其主要应用现状 [J]. 中国卫生统计, 2008, 25(4): 443-445.

[39] 唐晓华, 陈阳, 张欣钰. 中国制造业集聚程度演变趋势及时空特征研究 [J]. 经济问题探索, 2017(5): 172-181.

[40] Anselin L, Syabri I, Kho Y. GeoDa: An Introduction to Spatial Data Analysis[M]. New York: Springer, 2010: 73-89.

[41] Hall C, Zarro M. Social curation on the website Pinterest.com[J]. Proceedings of the American Society for Information Science and Technology, 2012, 49(1): 1-9.

[42] Han J, Choi D, Chun B, et al. Collecting, organizing, and sharing pins in pinterest: Interest-driven or social-driven[J]. ACM SIGMETRICS Performance Evaluation Review, 2014, 42(1): 15-27.

[43] Luo X, Zhou M, Xia Y, et al. An efficient non-negative matrix-factorization-based approach to collaborative filtering for recommender systems[J]. IEEE Transactions on Industrial Informatics, 2014, 10(2): 1273-1284.

[44] 刘岳峰, 陆态, 杨忠智. 时态 GIS 中动态网络建模及实现方法 [J]. 北京大学学报: 自然科学版, 2012, 48(3): 451-458.

[45] 黄影平. 贝叶斯网络发展及其应用综述 [J]. 北京理工大学学报, 2013, 33(12): 1211-1219.

[46] 李硕豪, 张军. 贝叶斯网络结构学习综述 [J]. 计算机应用研究, 2015, 32(3): 641-646.

[47] Cooper G F, Herskovits E. A Bayesian method for the induction of probabilistic networks from data[J]. Machine Learning, 1992, 9(4): 309-347.

[48] Heckerman D, Geiger D, Chickering D M. Learning Bayesian networks: The combination of knowledge and statistical data[J]. Machine Learning, 1995, 20(3): 197-243.

[49] 高扬, 雒旭峰. 基于 Bowtie 模型的机场安全风险分析 [J]. 中国安全生产科学技术, 2009, 5(5): 83-87.

[50] 陈柳伊. 国航对晴空颠簸的运行风险控制 [J]. 民航学报, 2018, 2(6): 88-89.

[51] Colson D, Panofsky H A. An index of clear air turbulence[J]. Quarterly Journal of the Royal Meteorological Society, 1965, 91: 507-513.

[52] Karman V T. Progress in the statistical theory of turbulence[J]. Proceedings of the National Academy of Ences of the United States of America, 1948, 34(11): 530-539.

[53] Sharman R, Tebaldi C, Wiener G, et al. An integrated approach to mid- and upper-level turbulence forecasting[J]. Weather and Forecasting, 2006, 21: 268-287.

[54] Cheng T, Tanaksaranond G, Brunsdon C, et al. Exploratory visualisation of congestion evolutions on urban transport networks[J]. Transportation Research, Part C. Emerging Technologies, 2013, 36: 296-306.

[55] 曾志刚. 利用飞机观测报告提高空中颠簸临近预报预警能力 [J]. 中国民航飞行学院学报, 2014, 25: 49-52.

[56] Williams J K. Using random forests to diagnose aviation turbulence[J]. Machine Learning, 2014, 95: 51-70.

[57] 袁江. 航空器空中颠簸等级划分标准应用研究 [J]. 科技风, 2017: 246-248.

[58] 王晓婷, 黄兵, 齐琳琳. 高空急流背景下一次飞机颠簸的数值模拟 [C]. 第 30 届中国气象学会年会, 南京, 2013.

[59] 苏腾, 王永忠. 利用 NCEP/NCAR 数据探寻高空颠簸高发区的方法研究 [J]. 云南大学学报 (自然科学版), 2016, 38: 557-562.

[60] Kim S, Chun H, Chan P W. Comparison of turbulence indicators obtained from in situ flight data[J]. Journal of Applied Meteorology and Climatology, 2017, 56(6): 1609-1623.

[61] Cornman L B, Cunning G, Morse C S. Real-time estimation of atmospheric turbulence severity form in-situ aircraft measurements[J]. Journal of Aircraft, 1995, 32(1): 171-177.

[62] Huang R S, Sun H B, Wu C, et al. Estimating eddy dissipation rate with QAR flight big data[J]. Applied Sciences, 2019, 9(23): 5192.

[63] Clark P J, Evans F C. Distance to nearest neighbor as a measure of spatial relationships in populations[J]. Ecology, 1954, 35(4): 445-453.

[64] 拓瑞芳, 金山, 冯向阳. AMDAR 资料在机场天气预报中的应用 [C]. 中国气象学会 2005 年年会, 中国苏州, 2005.

[65] Heinrich L, Klein S. Central limit theorem for the integrated squared error of the empirical second-order product density and goodness-of-fit tests for stationary point processes[J]. Statistics & Risk Modeling, 2011, 28(4): 359-387.

[66] Moran P A P. The interpretation of statistical maps[J]. Journal of the Royal Statistical Society: Series B (Methodological), 1948, 10(2): 243-251.

[67] 李存华, 孙志挥, 陈耿, 等. 核密度估计及其在聚类算法构造中的应用 [J]. 计算机研究与发展, 2004, 41(10): 1712-1719.

[68] 刘彦文, 刘成武, 何宗宜, 等. 基于像元尺度耕地质量局部空间自相关的基本农田划定 [J]. 农业机械学报, 2019, 50(5): 260-268, 319.

[69] 洪歧, 张树生, 王静, 等. 体绘制技术 [J]. 计算机应用研究, 2004(10): 16-18, 38.

[70] 郝德华, 关维国, 邹林杰, 等. 基于 Pearson 相关系数的快速虚拟网格匹配定位算法 [J]. 计算机应用, 2018, 38(3): 763-768.

[71] Gollini I, Lu B, Charlton M, et al. GWmodel: An R package for exploring spatial heterogeneity using geographically weighted models[J]. Journal of Statistical Software, 2015, 63(17): 1-50.

[72] 颜雪松, 蔡之华, 蒋良孝, 等. 关联规则挖掘综述 [J]. 计算机应用研究, 2002, 19: 1-4.

[73] 孙细明, 龚成芳. 关联规则在购物篮分析中的应用 [J]. 计算机与数字工程, 2008, 36: 57-60.

[74] 张晗, 任志国, 张健, 等. 基于主题词关联规则的医学文本数据库数据挖掘的尝试 [J]. 医学信息学杂志, 2008, 29: 32-35.

[75] 李时, 张成虎. 隐私保护关联规则在可疑金融交易识别中的应用 [J]. 兰州大学学报 (社会科学版), 2007, 35: 128-132.

[76] 黄仪方, 孙树娟. 高原航线飞机颠簸出现规律的对比分析——以青藏高原与云贵高原为例 [J]. 西安航空技术高等专科学校学报, 2012, 30: 8-14.

[77] 齐威, 刘爱利, 张雯. 中国地形三大阶梯面向对象的定量划分 [J]. 遥感信息, 2017, 32(2): 43-48.

[78] 李玉玺. 影响飞行的主要气象因素 [J]. 地理教育, 2002, 5: 31-31.

[79] 潘军, 陈柏松, 华欣. 高原机场着陆性能计算与分析 [J]. 科学技术与工程, 2020, 20: 2093-2098.

[80] 汪思涵, 张恒, 李旭东, 等. 道面积水厚度对飞机滑行影响试验研究 [J]. 建筑工程技术与设计, 2017(10): 2799.

[81] 袁丁, 翟瑞, 戴晨亮, 等. 气压式高度表的低温修正算法研究 [J]. 航空计算技术, 2019, 49(3): 24-27, 31.

[82] 邹友峰, 王勇, 闻德保, 等. 利用不同气候类型的 GPS 可降水量比较研究 [J]. 武汉大学学报 (信息科学版), 2012, 37(5): 573-576, 581.

[83] 马江, 刘宁, 吕莉莉, 等. 某中型飞机着陆进近气压高度指示偏差问题分析 [J]. 大科技, 2019(19): 290.

[84] 段茜茜, 曲建光, 高伟, 等. 基于 GPS 的 MODIS 近红外可降水量季节性模型建立 [J]. 测绘工程, 2017, 26(12): 21-26.

[85] 边清河. 台风与中纬度系统相互作用对华北暴雨贡献的中尺度研究 [D]. 南京: 南京信息工程大学; 南京气象学院气象学, 2003.

[86] 霍志勤. 基于历史数据的中国民航跑道安全管理关键问题研究 [D]. 南京: 南京航空航天大学, 2012.

[87] 武虎子, 耿建中, 罗振谊. 大型飞机在风切变环境中的轨迹控制研究 [J]. 科学技术与工程, 2013, 13(11): 3184-3189, 3208.

[88] Harris P, Fotheringham A S, Crespo R, et al. Inference in multiscale geographically weighted regression[J]. Geographical Analysis, 2020, 52(1): 87-106.

[89] Fotheringham A S, Crespo R, Yao J. Geographical and temporal weighted regression (GTWR)[J]. Geographical Analysis, 2015, 47(4): 431-452.

[90] Guo B, Wang X, Pei L, et al. Identifying the spatiotemporal dynamic of PM2.5 concentrations at multiple scales using geographically and temporally weighted regression model across China during 2015—2018[J]. Science of The Total Environment, 2020, 751: 141765.

[91] 卢宾宾, 葛咏, 秦昆, 等. 地理加权回归分析技术综述 [J]. 武汉大学学报 (信息科学版), 2020, 45(9): 1356-1366. DOI:10.13203/j.whugis20190346.

[92] 王燕平, 朱金福, 高宁煜. 基于起降架次的民航事故征候非线性回归预测 [J]. 武汉理工大学学报 (信息与管理工程版), 2016, 38(6): 672-677.

[93] Safety Management Manual, ICAO doc 9859 AN/474[J]. Montreal, Canada: International Civil Aviation Organization (ICAO).[Google Scholar], 2013.

[94] Ahn H, Won J. A trend of policy for remotely piloted aircraft system panel in international civil aviation organization[J]. Transactions of the KSME C: Technology and Innovation, 2016, 4(2): 117-122.

[95] Hicks M, de Brito G. Civil aircraft warning systems: Who's calling the shots?[J]. Air & Space Europe, 1999, 1(1): 45-47.

[96] 罗帆, 佘廉, 顾必冲. 民航交通灾害预警管理系统框架探讨 [J]. 北京航空航天大学学报 (社会科学版), 2001(4): 33-36.

[97] Sanfourche J. New interactive cockpit fundamentally improves how pilots manage on aicraft's systems and its flight[J]. Air & Space Europe, 2001, 3(1/2): 68-70.

[98] 罗帆. 航空灾害成因机理与预警系统研究 [Z]. 武汉: 武汉理工大学, 2004.

[99] Hunter D R. Retrospective and prospective validity of aircraft accident risk indicators[J]. Human Factors, 2001, 43(4): 509-518.

[100] 姚光明, 曹悦琪. 基于大数据的空中交通管制运行安全预警研究 [J]. 航空工程进展, 2016, 7(4): 452-458.

[101] 杨智, 罗帆. 基于粗糙集的空管安全风险预警指标优选 [J]. 武汉理工大学学报: 信息与管理工程版, 2012, 34(6): 5.

[102] 周航, 王瑛. 基于 SHEL 模型和神经网络的空中交通管制风险预警研究 [J]. 安全与环境学报, 2014, 14(3): 138-141.

[103] 张思远. 基于 QAR 数据分析的飞行安全风险预测方法研究 [Z]. 天津: 中国民航大学, 2015.

[104] Chen T, Carlos G. XGBoost: A scalable tree boosting system[J]. Proceedings of the 22nd ACM SIGKDD International Conference on Knowledge Discovery and Data Mining (KDD '16). Association for Computing Machinery, 2016: 785-794.

[105] LeCun Y, Bengio Y, Hinton G. Deep learning[J]. Nature, 2015, 521(7553): 436-444.

[106] Dupond S. A thorough review on the current advance of neural network structures[J]. Annual Reviews in Control, 2019, 14: 200-230.

[107] Hochreiter S, Schmidhuber J. Long short-term memory[J]. Neural Computation, 1997, 9(8): 1735-1780.

[108] Schmidhuber J, Gers F, Eck D. Learning nonregular languages: A comparison of simple recurrent networks and LSTM[J]. Neural Computation, 2002, 14(9): 2039-2041.

[109] Christopher Olah. Understanding LSTM Networks[Z]. http://colah.github.io/posts/2015-08-Understanding-LSTMs/, 2015.

[110] Controlled Flight Into Terrain (CFIT) Accident Analysis[R]. International Air Transport Association, Montreal, Canada, 2018.

[111] Kelly D, Efthymiou M. An analysis of human factors in fifty controlled flight into terrain aviation accidents from 2007 to 2017[J]. Journal of Safety Research, 2019, 69: 155-165.

[112] 刘清贵. 警惕可控飞行撞地风险 [N]. 中国民航报, 2017-0807(4). DOI:10.28110/n.cnki.ncmhb.2017.001104.

[113] 郭超超, 赵慧冰. 基于 QAR 超限事件的可控飞行撞地风险分析与对策研究 [J]. 安阳工学院学报, 2020, 19(4): 1-4. DOI:10.19329/j.cnki.1673-2928.2020.04.001.

[114] 王洁宁, 钟彬. 人为差错导致的可控飞行撞地风险研究 [J]. 中国民航大学学报, 2019, 37(3): 38-43.

[115] Performance Assessment of Pilot Compliance with Traffic Collision Avoidance System Advisories Using Flight Data Monitoring Guidance Material(2nd Edition)[R]. International Air Transport Association, Montreal, Canada, 2018.

[116] Peng L, Lin Y. Study on the model for horizontal escape maneuvers in TCAS[J]. IEEE Transactions on Intelligent Transportation Systems, 2010, 11(2): 392-398.

[117] Romli F, King J, Li L, et al. Impact of automatic dependent surveillance-broadcast (ADS-B) on traffic alert and collision avoidance system (TCAS) performance[C]. AIAA Guidance, Navigation and Control Conference and Exhibit, 2008.

[118] Gallego C E V, Nieto S, Javier F. Discussion on complexity and TCAS indicators for coherent safety net transitions[J]. Proceedings of the SESAR Innovation Days, 2016.

[119] Tang J, Zhu F, Piera M A. A causal encounter model of traffic collision avoidance system operations for safety assessment and advisory optimization in high-density airspace[J]. Transportation Research Part C: Emerging Technologies, 2018, 96: 347-365.

[120] Munoz C, Narkawicz A, Chamberlain J. A TCAS-II resolution advisory detection algorithm[J]. AIAA Guidance, Navigation, and Control (GNC) Conference, 2013.

[121] Bakare A K, Junaidu S B. Integration of radar system with GPS-based traffic alert and collision avoidance system (TCAS) for approach control separation[J]. Journal of Aviation Technology and Engineering, 2013, 2(2): 52-56.

[122] Tang J, Piera M A, Ling Y, et al. Extended traffic alert information to improve TCAS performance by means of causal models[J]. Mathematical Problems in Engineering, 2015(2): 1-11.

[123] Saint-Jalmes B, Zaneboni J, Rumeau B. Aircraft tail: US, USD624484 S1[P]. 2010.

[124] Chan P W. A tail strike event of an aircraft due to terrain-induced wind shear at the Hong Kong International Airport[J]. Meteorological Applications, 2014, 21(3): 504-511.

[125] Ho K H. Ground strike protection function for aircraft autopilot: US, US5901927 A[P]. 1999.

[126] 汪磊, 杨星月, 高杉. 基于时间序列模型的民航擦机尾事件预测研究 [J]. 安全与环境工程, 2020, 27(2): 216-220.

[127] 汪磊, 杨星月. 基于蒙特卡洛方法的着陆擦机尾风险预测 [J]. 中国安全生产科学技术, 2019, 15(2): 45-50.

[128] 孙瑞山, 杨绎煊. 飞机起飞擦机尾事件的风险预测研究 [J]. 安全与环境工程, 2016, 23(2): 153-156.

[129] 毛吉星. 波音 737 飞机机尾擦地的检查和维修 [J]. 航空维修与工程, 2012(5): 78-80.

[130] 王旭辉, 舒平, 曹力. 基于模糊加权 Markov 方法的飞机重着陆风险控制研究 [J]. 安全与环境学报, 2010, 10(6): 184-187.

[131] 许桂梅, 黄圣国. 应用 LS-SVM 的飞机重着陆诊断 [J]. 系统工程理论与实践, 2010, 30(4): 763-768.

[132] 郑薇. 基于 QAR 数据的重着陆风险评估及预测研究 [D]. 天津: 中国民航大学, 2014, 63.

[133] 汪磊, 孙瑞山, 吴昌旭, 等. 基于飞行 QAR 数据的重着陆风险定量评价模型 [J]. 中国安全科学学报, 2014, 24(2): 88-92.

[134] 郑磊, 池宏, 许保光, 等. 飞机重着陆预警分析方法 [J]. 数学的实践与认识, 2019, 49(3): 56-72.

[135] 陈思, 孙有朝, 郑敏. 基于支持向量机的飞机重着陆风险预警模型 [J]. 兵器装备工程学报, 2019, 40(9): 154-158.

[136] 陈爽, 刘世贵. 通用航空器重着陆结构损伤及修理 [J]. 中国科技信息, 2016(19): 70.

[137] Performance assessment of pilot response to enhanced ground proximity warning system (EGPWS) [R]. International Air Transport Association: Montreal, Canada, 2018.

[138] 苏翼, 蔡俊. 地形提示与告警系统试飞研究 [J]. 民用飞机设计与研究, 2014(4): 38-42.

附录 1　缩写对照表

缩写	全称	解释
ADS-B	Automatic Dependent Surveillance Broadcast	广播式自动相关监视系统
AIC	Akaike Information Criterion	赤池信息准则
AMDAR	Air-craft Meteorological Data Relay	航空器气象资料下传
AP	Auto Pilot	自动导航
APV	Approaches with Vertical Guidance	垂直制导进近
ARINC	Aeronautical Radio Inc	航空无线电公司
ASR	Air Safe Report	空中安全报告
ATC	Air Traffic Control	空中交通管制
CD	Contrastive Divergence	对比散度
CDFA	Continuous Descent Final Approach	连续下降最终方法
CDR	Commander	指挥员
CFIT	Controlled Flight into Terrain	可控飞行撞地
CPC	Cabin Pressure Controller	座舱压力控制器
CRM	Cabin Resource Management	客舱资源管理
CTA	Control Terminal Area	弥补控制终端区
CV	Cross Validation	交叉检验
CVR	Cockpit Voice Recorder	驾驶舱话音记录器
DAR	Digital ACMS Recorder	数字式飞机状态监控系统记录器
DBSCAN	Density-Based Spatial Clustering of Applications with Noise	基于密度的聚类算法
DEM	Digital Elevation Model	数字高程模型
DEVG	Derived Equivalent Vertical Gust	等效垂直阵风速
DFDAU	Digital Flight Data Acquisition Unit	数字式飞行数据采集组件
ECVR	Easy Cockpit Voice Recorder	快速舱音记录器
EDR	Eddy Dissipation Rate	湍流耗散率
EGPWS	Enhanced Ground Proximity Warning System	增强型地面接近预警系统
FAA	Federal Aviation Administration	美国联邦航空管理局
FADEC	Full Authority Digital Engine Control	全权限数字式发动机控制
FAF	Final Approach Fix	最后进近定位点
FD	Flight Director	飞行导航
FDR	Flight Data Recorder	飞行数据记录器
FOQA	Flight Operational Quality Assurance	飞行品质监控
FR	Flight Recorder	飞行记录器
GPS	Global Position System	全球定位系统
GPWS	Ground Proximity Warning System	地面接近预警系统
GTWR	Geographical and Temporal Weighted Regression	时空地理加权回归分析
GWPCA	Geographically Weighted Principal Components Analysis	地理加权主成分分析

续表

缩写	全称	解释
GWR	Geographically Weighted Regression	地理加权回归分析
GWSS	Geographically Weighted Summary Statistics	地理加权汇总统计
HH	High-High	高-高
HL	Hard Landing	硬着陆
HL	High-Low	高-低
HOL	Hard Overweight Landing	重着陆
HPRL	High Pitch-rate Landing	高俯仰率着陆
IATA	International Air Transport Association	国际航空运输协会
IATA	International Air Transport Association	国际航空运输协会
ICAO	International Civil Aviation Organization	国际民航组织
ILS	Instrument Landing System	仪表着陆系统
KDE	Kernel Density Estimation	核密度估计
LH	Low-High	低-高
LISA	Local Indicators of Spatial Association	局部空间自相关系数
LL	Low-Low	低-低
LOC	Localizer	水平航向
MDA	Minimum Descent Altitude	最低下降高度
MEA	Minimum Enroute Altitude	沿航线最低高度
MGWR	Multiscale Geographically Weighted Regression	多尺度地理加权回归分析
MLW	Maximum Landing Weight	最大着陆重量
MOCA	Minimum Obstruction Clearance Altitudes	最低超障高度
MOR	Mandatory Occurrence Report	强制事故报告
MRA	Minimum Receptive Altitude	最低可接受高度
MSA	Minimum Safe Altitudes	最低安全高度
MSAW	Minimum Safe Altitude Warning	地面最低安全警告系统
NTSB	National Transportation Safety Board	美国国家运输安全委员会
NTZ	No Transgression Zone	非侵入区
OFP	Operational Flight Path	操作飞行路径
OLS	Ordinary Least Squares	普通最小二乘法
PAPI	Precision Approach Path Indicator	精密进近航道指示器
PBN	Performance Based Navigation	基于性能的导航
PEP	Performance Engineers Programs	性能工程师方案
PF	Pilot Flying	主驾驶
PNF	Pilot Not Flying	副驾驶
QAR	Quick Access Recorder	快速存取记录器
RA	Resolution Advisory	解决建议
RSS	Residual Sum of Squares	残差平方和
SHL	Severe Hard Landing	严重硬着陆
SHOL	Severe Hard Overweight Landing	严重重着陆
SMS	Safety Management System	安全管理系统
TA	Traffic Advisory	交通咨询
TAWS	Terrain Awareness Warning System	地形感知预警系统

续表

缩写	全称	解释
TCAS	Traffic Alert and Collision Avoidance System	空中防撞系统
TCF	Terrain Clearance Floor	地形净空
TSO	Technical Standard Order	技术标准条例
TVASI	Visual Approach Slope Indicator	目视进近下滑道指示器
VASIS	Visual Approach Slope Indicator System	视觉进场坡度指示器系统
VGSI	Visual Glideslope Indicator	视觉滑降指示器
VRTG	Vertical Overload	垂直过载
WMO	World Meteorological Organization	世界气象组织

附录 2　QAR 字段名对照表

字段名	字段含义	字段解释	字段单位
AC_TYPE	Aircraft type	飞机型号	—
AILL	Aileron position left	左副翼位置	(°)
AILR	Aileron position right	右副翼位置	(°)
ALT_STD	Altitude	飞行高度	ft
AOAL	Angle of attack left	左侧攻角	(°)
AOAR	Angle of attack right	右侧攻角	(°)
DATE_R	Recorded date	日期	
DRIFT	Drift angle	偏航角	(°)
ELEV	Elevation	高度	m
ELEV_CHANGE	Elevation difference	高度差	m
FLIGHT_PHASE	Flight phase	飞行阶段	—
GS	Ground speed	对地速度	kt
GSC	Ground speed	地速	kt
GW	Aircraft gross weight	总重	lb
HEAD_MAG	Heading angle	航向角	(°)
IASC	Air speed	空速	kt
IVV	Instantaneous lifting velocity	瞬时升降率	ft/min
LATG	Lateral acceleration	侧向 (横向) 加速度	g
LATP	Present position latitude	纬度	(°)
LONG	Longitudinal Acceleration	纵向加速度	g
LONP	Present position longitude	经度	(°)
MACH	Mach number	马赫数	—
N11	Nominal thrust of left-side engine	左侧发动机推力	rpm
N12	Nominal thrust of right-side engine	右侧发动机推力	rpm
PITCH	Pitch angle	俯仰角	(°)
PITCH_RATE	Pitch rate	俯仰率	(°)/s
ROLL	Roll angle	翻滚角	(°)
TAT	Total air temperature	总温	℃
TIME_R	Recorded time	时间	
TLA1	Throttle resolver angle sys 1	油门分解器角度 1	(°)
TLA2	Throttle resolver angle sys 2	油门分解器角度 2	(°)
VRTG	Vertical acceleration	垂直加速度	g
WIN_DIR	Wind direction	风向	kt
WIN_SPD	Wind speed	风速	kt